TEUBNER-TEXTE zur Informatik Band 9

J. Heistermann

Genetische Algorithmen

TEUBNER-TEXTE zur Informatik

Herausgegeben von
Prof. Dr. Johannes Buchmann, Saarbrücken
Prof. Dr. Udo Lipeck, Hannover
Prof. Dr. Franz J. Rammig, Paderborn
Prof. Dr. Gerd Wechsung, Jena

Als relativ junge Wissenschaft lebt die Informatik ganz wesentlich von aktuellen Beiträgen. Viele Ideen und Konzepte werden in Originalarbeiten, Vorlesungsskripten und Konferenzberichten behandelt und sind damit nur einem eingeschränkten Leserkreis zugänglich. Lehrbücher stehen zwar zur Verfügung, können aber wegen der schnellen Entwicklung der Wissenschaft oft nicht den neuesten Stand wiedergeben.

Die Reihe „TEUBNER-TEXTE zur Informatik" soll ein Forum für Einzel- und Sammelbeiträge zu aktuellen Themen aus dem gesamten Bereich der Informatik sein. Gedacht ist dabei insbesondere an herausragende Dissertationen und Habilitationsschriften, spezielle Vorlesungsskripten sowie wissenschaftlich aufbereitete Abschlußberichte bedeutender Forschungsprojekte. Auf eine verständliche Darstellung der theoretischen Fundierung und der Perspektiven für Anwendungen wird besonderer Wert gelegt. Das Programm der Reihe reicht von klassischen Themen aus neuen Blickwinkeln bis hin zur Beschreibung neuartiger, noch nicht etablierter Verfahrensansätze. Dabei werden bewußt eine gewisse Vorläufigkeit und Unvollständigkeit der Stoffauswahl und Darstellung in Kauf genommen, weil so die Lebendigkeit und Originalität von Vorlesungen und Forschungsseminaren beibehalten und weitergehende Studien angeregt und erleichtert werden können.

TEUBNER-TEXTE erscheinen in deutscher oder englischer Sprache.

Genetische Algorithmen

Theorie und Praxis evolutionärer Optimierung

Von Dr. Jochen Heistermann

Siemens AG München-Perlach

B. G. Teubner Verlagsgesellschaft
Stuttgart · Leipzig 1994

Dr. Jochen Heistermann

Geboren 1961 in Hilten. Abitur 1980 in Waltrop (Nordrhein-Westfalen). Von 1980 bis 1985 Studium der Informatik an der Universität Dortmund, 1985 Diplom. Seit 1985 im Zentrallabor für Forschung und Technik der Siemens AG in München-Perlach beschäftigt. Promotion 1993 bei Prof. Waldschmidt in Frankfurt.
Arbeitsschwerpunkte: Parallele Datenverarbeitung, Neuronale Netze, Genetische Algorithmen, Modellierung und Optimierung Komplexer Systeme.

Die Deutsche Bibliothek – CIP-Einheitsaufnahme

Heistermann, Jochen:
Genetische Algorithmen:
Theorie und Praxis evolutionärer Optimierung /
von Jochen Heistermann.
– Stuttgart ; Leipzig : Teubner, 1994
(Teubner-Texte zur Informatik ; Bd. 9)
ISBN 978-3-8154-2057-7 ISBN 978-3-322-99633-6 (eBook)
DOI 10.1007/978-3-322-99633-6

NE: GT

Umschlaggestaltung: E. Kretschmer, Leipzig

Für Sabine-Dorothee und Fiona

Vorwort

Das Prinzip der Evolution wurde von Charles Darwin vor nur wenig mehr als hundert Jahren entdeckt. Die Lebewesen in der Natur unterliegen einer steten Veränderung, die durch Kooperation und Konkurrenz zwischen einzelnen Arten und deren Anpassungsfähigkeit an ihre Umwelt vorangetrieben wird. Inwieweit die heute existierenden Lebewesen ausschließlich durch den Evolutionsprozeß entstanden sind, ist eine philosophische und theologische Streitfrage, die in diesem Buch nicht weiter behandelt werden soll.

Das grundlegende Prinzip besteht in der iterativen Abfolge von Rekombination, Mutation und Selektion, wobei eine Tendenz zum Überleben der stärkeren und besseren Individuen besteht. Dieses Prinzip ist in der Natur sehr erfolgreich.

Optimierung ist eine der wichtigsten Aufgaben in der modernen Industrie. Prozesse müssen schneller und sicherer ablaufen, Material wird gespart, die Produktivität soll ständig steigen. Diejenigen Firmen, denen das gelingt, haben im Wettbewerb um die Märkte die besten Überlebenschancen. Die freie Marktwirtschaft hat sich dieses Prinzip zu eigen gemacht und große Erfolge erzielt (allerdings oft zum Schaden der Umwelt, weil die dort entstandenen Schäden meistens keine finanziell meßbaren Kosten verursachen).

Optimierung wird als Wissenschaft vor allem im Bereich des Operations Research untersucht. In der Mathematik sind ebenfalls viele Verfahren vorgeschlagen und entwickelt worden. Seit Mitte der 80er Jahre sind darüber hinaus Neuronale Netze zur Lösung von Optimierungsproblemen attraktiv geworden.

Im Grunde liegt es nahe, das so erfolgreiche Prinzip der Evolution ebenfalls zur Optimierung technischer Systeme heranzuziehen. Dazu müssen die Verfahren der Natur - die Genetischen Algorithmen - verstanden, modelliert und auf konkrete Problemstellungen angewandt werden. Im Rahmen dieses Buches werden die grundlegenden Prinzipien erläutert.

Mit dem Buch möchte ich mich gleichermaßen an Studenten, Anwender oder Entscheidungsträger wenden. Die Prinzipien der Evolution bieten ein hohes Potential, welches sicherlich für praktische Anwendungen genutzt werden kann.

Ich möchte all denen danken, die zu diesem Buch beigetragen haben. An erster Stelle gilt mein Dank Prof. K. Waldschmidt. Aus Diskussionen mit ihm und seinen Mitarbeitern sind zahlreiche wertvolle Anregungen entstanden. Ich bedanke mich für seine Bemühungen und seine Unterstützung während der letzten Jahre. Dr. L. Spaanenburg (IMS Stuttgart) hat sich lange Zeit sehr für die Arbeit engagiert. Durch ihn ist der Kontakt zum Lehrstuhl von Prof. Waldschmidt zustande gekommen. Die komplette Arbeit haben M. Höhfeld, L. Pfefferer und E. Thurner (alle Siemens AG) kritisch gelesen.

Die Siemens AG hat mir viel Freiraum gelassen zur Verfolgung meiner akademischen Ambitionen. Dafür möchte ich insbesondere meinen direkten Linienvorgesetzten G. Watzlawik und R. Kober meinen Dank aussprechen. Als wesentlich für meine Arbeit hat sich der Simulator für neuronale Netze von J. Nijhuis (IMS Stuttgart) erwiesen. Ferner habe ich Datenmaterial von Dr. F. Hergert und A. Aktas (beide SIEMENS AG) zur Verfügung gestellt bekommen. M. Schulz (Universität Frankfurt) hat den genetischen Basisalgorithmus implementiert und die Testreihen auf dem AM3 durchgeführt. Der Springer Verlag und der Verlag Freie Akademie haben mir die Verwendung einiger Abbildungen (Kap.4, Abb.1-6) erlaubt. Mit meinem langjährigen Arbeitskollegen Prof. Dr. M. Hulin (FH Ravensburg) habe ich große Teile meiner Ideen diskutieren können. Meine Frau Sabine-Dorothée hat mich während der ganzen Dauer der Arbeit liebevoll unterstützt. Ihr gebührt besonderer Dank, weil sie mir viel Freiraum für meine Studien gelassen hat.

München, im März 1994 Jochen Heistermann

Inhalt

1. Einleitung

Ziele. Im Rahmen dieser Arbeit werden die Arbeitsweise und Anwendungsgebiete Genetischer Algorithmen (GA) beschrieben und darüber hinaus weitere, praktisch verwertbare Erkenntnisse gewonnen. Dazu werden die relevanten Algorithmen vorgestellt und in ihrer Arbeitsweise miteinander verglichen. Zahlreiche Anwendungen von GA werden vorgestellt, mit der Intention, dem Leser zu verdeutlichen, welche Problemklassen mittels GA bearbeitet werden können.

Optimierung. GA werden für die Optimierung eingesetzt. Optimierungsprobleme stellen sich bei vielen technischen, mathematischen oder ökonomischen Systemen. Bekannte Optimierungsmethoden versagen aber häufig bei Aufgaben mit vielen Parametern, oder nicht-konvexer Zielfunktion und dadurch bedingt vielen lokalen Optima. Die Evolution in der Natur stellt eine Optimierung von Lebewesen dar, die erstaunlich gute Ergebnisse erzielt. Deshalb ist die Entwicklung und Anwendung sogenannter "naturanaloger Problemlösungsstrategien" von erheblichem Interesse. Es liegt nahe, die Methoden der Evolution - die Genetischen Algorithmen - zu erforschen und mit ihnen technische Optimierungsaufgaben zu lösen.

Begründung für den Einsatz von GA. Zur Optimierung technischer Systeme wurde in der Vergangenheit mit GA experimentiert ([Gol89], [Sch77], [Hol75], [Rec73]). Diese Verfahren basieren auf sogenannten genetischen Operatoren, mit deren Hilfe die Optimierung durchgeführt wird. Ein genetischer Operator ist z.B. die Rekombination, welche bei der Schaffung eines neuen Individuums die Gene beider Eltern in geeigneter Weise zusammenstellt. Oberflächlich betrachtet stehen mathematisch-technische Optimierungsverfahren und Evolutionsverfahren in krassem Gegensatz zueinander. Während letztere sehr stark unter Verwendung von Zufall arbeiten, sind mathematische Optimierungsverfahren ökonomisch und zielgerichtet. Dieser Gegensatz ist aber nur scheinbar vorhanden. In der Natur müssen sich Individuen in ihrer Umgebung bewähren. Diejenigen Lebewesen überleben, die eine möglichst gute Anpassung an die Umwelt erreichen. Dabei können die bestangepaßten Individuen im Mittel mehr Nachkommen erzeugen, da ihre Lebensdauer am höchsten ist. Dieses entspricht dem Darwinschen Prinzip "survival of the fittest". So setzt sich gutes Genmaterial bevorzugt durch und führt zu einer Optimierung der Lebewesen. Um schnelle Anpassung an wechselnde Umweltbedingungen zu gewährleisten, sollten auch die Strategien, nach denen neue Individuen erzeugt werden, möglichst optimal arbeiten. Auf der Meta-Ebene der Evolutionsstrategien findet damit ebenfalls eine Evolution statt. Die in der Natur zu beobachtenden Vererbungsstrategien sind das Produkt einer über vier Milliarden Jahre währenden Evolution. Allein schon aus diesem Grunde ist eine Beschäftigung mit den Grundprinzipien der Evolution interessant.

Kapitel 2. Es gibt viele Möglichkeiten, GA praktisch zu implementieren. In der Vergangenheit haben zwei Implementierungen viele Anhänger gewonnen: zum einen die sogenannten Evolutionsstrategien (ES) [Rec73] und zum anderen die "Genetic Algorithms" (GenA) [Hol75]. Die grundlegenden Algorithmen werden in Kapitel 2 ausführlich erläutert. Im weiteren Verlauf dieses Buches wird GA als Oberbegriff zu allen möglichen Ausprägungen praktischer Implementierungen verstanden.

Die Theorie Genetischer Algorithmen wurde von J. Holland geprägt. Er entwickelte ein Verfahren, das das Verhalten eines GA innerhalb einer Generation mittels einer Formel beschreibt. Holland untersuchte dieses Verhalten anhand der von ihm entwickelten sogenannten Schema-Theorie, wobei sein Algorithmus die Operatoren Crossing Over, Mutation und Selektion verwandte. Mittels dieser Formel kann die Arbeitsweise des GA sehr gut verstanden werden. Daß diese Arbeitsweise optimal ist, beweist Holland mit einem Analogieschluß zur Lösung des k-armigen-Banditen Problems.

Nachdem die grundlegenden Algorithmen verstanden worden sind, ergibt sich die Frage, wie GA in die Welt der "konventionellen Optimierungsverfahren" einzuordnen sind. GA werden am Ende von

Kap.2 insbesondere mit Gradientenverfahren und Simulated Annealing verglichen.

Kapitel 3. Zum tieferen Verständnis der Funktionsweise der GA wird ein abstraktes Modell vorgestellt [Hei93], welches das Verhalten von GA über die gesamte Laufzeit betrachtet. Das grundlegende Modell wird anschließend um genetische Operatoren erweitert, die einen klar meßbaren Einfluß auf das Modell haben. Die gewonnenen Ergebnisse lassen dann Rückschlüsse auf Sinn und Zweck der einzelnen genetischen Operatoren zu. Zu diesem sehr wesentlichen Themenkomplex existieren bisher noch kaum Arbeiten in der einschlägigen Fachliteratur.

Das Ziel der hier vorgenommenen Analyse der genetischen Operatoren ist die Vertiefung des Kenntnisstandes über deren Funktionsweise. Der vorgeschlagene Formalismus führt zu Aussagen über den Zweck der einzelnen Operatoren. Diese Hypothesen werden sowohl theoretisch anhand von errechneten Kurvenscharen, als auch empirisch anhand von Beispielen untermauert. Die gewonnenen Ergebnisse sind auch über den Rahmen der Arbeit hinaus z.B. für Biologen interessant.

Kapitel 4. GA wurden in den vergangenen 30 Jahren erfolgreich an vielen Problemen angewendet. Einige dieser Anwendungen werden vertieft untersucht im Rahmen dieses Buches. Die Anwendungen sind in zwei Unterkapitel gegliedert, nämlich Anwendungen mit der Evolutionsstrategie (im deutschsprachigen Raum) und Anwendungen mit "Genetic Algorithms" (in den USA).

Kapitel 5. GA sind in dieser Arbeit als Lernverfahren für Neuronale Netze (NN) eingesetzt worden, mit dem Ziel, komplexe Probleme mittels NN zu lösen. Dabei wird von einem einfachen abstrakten Modell von NN ausgegangen, welches sich stark an das Modell aus [Rum86] anlehnt. Danach wird der Begriff des Lernens analysiert, wobei festgestellt wird, daß "Lernen" in der KI ganz allgemein mit "Optimieren" in der konventionellen Informatik/Mathematik gleichgesetzt wird.

Schon in den 60er Jahren hat es Lernalgorithmen für NN gegeben. Diese Verfahren waren in ihrer Leistung stark eingeschränkt und haben sich für praktische Anwendungen nicht bewährt. Seit Mitte der 80er Jahre erleben die NN eine Renaissance, die durch stark verbesserte Lernverfahren ausgelöst worden ist.

Im Rahmen dieses Buches wird die Geschichte der wesentlichen Lernalgorithmen zusammengefaßt. Danach wird vorgeschlagen, wie GA das Lernen in NN unterstützen können. Aus den Überlegungen zum Vergleich der Verfahren ergeben sich Vorschläge verschiedener hybrider Lern- bzw. Optimierungsverfahren, welche eine geeignete Kombination dieser Verfahren darstellen. Für den Einsatz in NN empfehlen sich dabei zwei Verfahren, die GA mit Gradientenverfahren kombinieren. Für größere Probleme erweist sich ein Verfahren als günstig, welches mit einem GA beginnt und zu einem günstigen Zeitpunkt auf ein Gradientenverfahren zur Konvergenz zum nächsten Optimum umschaltet. Mittelgroße Probleme werden sehr gut unterstützt von einem Gradientenverfahren, dessen Schrittweite mittels GA berechnet wird. Hybride Verfahren als Kombination von GA und Gradientenverfahren sind darum sehr effizient, weil sie die Vorteile beider Verfahren vereinigen. In dieser Arbeit sind verschiedene Lernverfahren für unterschiedlich komplexe Probleme untersucht worden. Als Ergebnis wurden Problemklassen identifiziert, für die bestimmte Verfahren geeigneter sind als andere. Es hat kein Verfahren gegeben, welches generell für alle behandelten Probleme die besten Ergebnisse liefert.

Kapitel 6. Der große Vorteil von GA ist der flexible Einsatz einer Population einzelner Individuen. Diese wird künstlich sequentialisiert durch die Von-Neumann-Architektur. Damit wird die Verwaltung der Population zu einem Engpaß des Algorithmus. Wesentlich ist deshalb der Vorschlag einer Architektur, die GA unterstützt. In dieser Arbeit wird versucht, GA mittels Assoziativspeichern zu verwalten. Es wird geklärt, inwieweit assoziatives paralleles Suchen gegenüber herkömmlichen ortsadressierten Speichern Vorteile bietet. Zur Beschleunigung der Laufzeit der GA sind diese Analysen von großem Wert. Deshalb sind zwei konkrete Architekturen untersucht worden - nämlich der AM^3 und der ARAM. Praktische Meßergebnisse sind für den AM^3 gewonnen worden. Die Ergebnisse zeigen, daß Assoziativspeicher den Einsatz von GA sehr gut unterstützen können.

Zusammenfassung. Lernen bzw. Optimieren ist eines der Zentralprobleme, welches die Forscher verschiedener Gebiete beschäftigt. Die bisherigen Ansätze erweisen sich gerade für schwierigere Probleme als unzureichend, so daß die Fokussierung auf ein spezielles Optimierungsverfahren im Rahmen eines Buches gerechtfertigt erscheint. Die theoretischen und praktischen Resultate dieser Arbeit legen den Schluß nahe, daß GA gerade Fortschritte bei der Lösung komplexer Optimierungsprobleme bringen.

2. Die Arbeitsweise Genetischer Algorithmen

2.1 Biologischer Hintergrund

Einführung. In der Natur schreitet der Evolutionsprozeß voran, indem sich die existierenden Lebewesen immer besser an ihre Umgebung anpassen. Die dazu in der Natur verwendeten Konzepte (die Genetischen Algorithmen) müssen abstrahiert, modelliert und verstanden werden, um im Rahmen eines Optimierungsverfahrens von Nutzen zu sein. Von einem abstrakten Standpunkt aus kann ein Lebewesen betrachtet werden als ein Phänotyp oder ein Genotyp.

Nach [Bro70] versteht man unter einem Genotyp "die Summe der in den Genen lokalisierten genetischen Information eines Organismus. Ein bestimmter Genotyp legt nur im Rahmen, nicht aber im Detail das Erscheinungsbild fest ...". Der gesamte Aufbau des Menschen, seine Organe, sein Äußeres und sogar bestimmte geistige Fähigkeiten liegen jedoch schon vor seiner Geburt durch seine Gene fest. Jede Zelle eines hochentwickelten Lebewesens beinhaltet in ihrem Kern die sogenannte DNS (Desoxyribonukleinsäure), welche in kodierter Form die vollständige Erbinformation des Individuums enthält. Der Genotyp eines Menschen als Summe seiner Erbanlagen ist demnach in der DNS kodiert. Der Phänotyp ist nach [Bro70] "das Erscheinungsbild eines Individuums. Der Phänotyp ergibt sich aus der Gesamtheit aller erblich bedingten und durch Außenfaktoren modifizierten Merkmale...". Der Phänotyp eines Menschen z.B. ist der Mensch selbst, wie er sich uns darstellt.

Der Aufbau der DNS sowie die komplizierten Entschlüsselungsmechanismen, die den Genotyp auswerten und daraus ein Lebewesen "konstruieren", sind nicht weiter Diskussionsgegenstand dieser Arbeit. Es interessiert im wesentlichen nur das Konzept der Differenzierung eines Individuums in Genotyp und Phänotyp.

Prozeß der Evolution. Nach heutigem wissenschaftlichen Erkenntnisstand wird die Genstruktur zur Lebenszeit des Individuums nicht verändert. Erreicht ein Individuum sein fortpflanzungsfähiges Alter, kann es seine Gene an seine Nachkommen weitergeben. Die Erbinformation "lebt" quasi weiter [Daw78]. Führt die Erbinformation zu Individuen, die hervorragend den Umwelterfordernissen angepaßt sind, haben diese eine größere Chance, Nachkommen zu erzeugen. Weiterentwicklung einer Species geschieht dadurch, daß die Gene der bestangepaßten Individuen in den nachfolgenden Generationen häufiger auftauchen als zuvor.

Wenn verschiedene Species um begrenzte Ressourcen konkurrieren, dann ist es wichtig für das Überleben der Species, sich möglichst schnell und gut weiterzuentwickeln. Die Species, der dieses gelingt, wird schließlich alle anderen Konkurrenten verdrängen. Vonnöten ist dazu ein Verfahren (abstrakt beschrieben durch eine Menge sogenannter genetischer Operatoren), welches eine möglichst gute Anpassung der resultierenden Individuen an die Umwelt erreicht. Die einzelnen genetischen Operatoren seien mit ω und ihre Gesamtmenge mit Ω bezeichnet.

Evolution als Lernprozeß. Nach einer vier Milliarden Jahre dauernden parallelen Evolution des Lebens auf der Erde ist anzunehmen, daß die am weitesten entwickelten Lebewesen auch über extrem leistungsfähige Vererbungsmechanismen verfügen. Der Mensch z.B. ist hervorragend an die Erde angepaßt (kann fast in sämtlichen klimatisch völlig unterschiedlichen Bereichen der Erde leben) und hat sogar im Verlaufe seiner Entwicklung Fähigkeiten entwickelt, die sich jeder wissenschaftlichen Erklärung bis heute entziehen, wie z.B. das Bewußtsein. Inwieweit sich diese Fähigkeiten alleine auf die Evolution stützen, sei dahingestellt, doch erscheint ein Studium der Vererbungsmechanismen in Bezug auf ihre Eignung zur Unterstützung der Weiterentwicklung einer Species äußerst interessant zu sein.

Was haben diese Erläuterungen mit Lernen zu tun? Die Antwort ist einfach, denn die Entwicklung einer Species stellt einen Anpassungs- bzw. Optimierungsprozeß an eine gegebene Umwelt dar. Da sich die in der Natur beobachtbaren genetischen Operatoren selbst durch die

Evolution herausgebildet haben, soll der Versuch unternommen werden, die in den hochentwickelten Lebewesen vorhandenen Operatoren so zu kodieren, daß mit ihrer Hilfe technische Optimierungsprobleme gelöst werden können.

2.2 Praktische Implementierungen

Übersicht. Zu Anfang dieses Kapitels wird die Terminologie zur formalen Beschreibung Genetischer Algorithmen definiert. Die Terminologie wird anhand eines kleinen Beispiels motiviert. Danach wird ein allgemeiner GA festgelegt. In der Praxis haben zwei verschiedene Implementierungen der GA große Bedeutung erlangt: die "Evolutionsstrategien" (ES) (Rechenberg und Schwefel) und die "Genetic Algorithms" (GenA) (Holland und Goldberg). Die beiden Algorithmen werden vorgestellt und miteinander verglichen.

Für den interessierten Leser, der Genetische Algorithmen gerne praktisch ausprobieren möchte, sei darauf hingewiesen, daß sehr gut verwendbare Public Domain Software zu Genetischen Algorithmen existiert, die von der Univiersität Dortmund gewartet wird. Das grundlegende Softwaretool - welches GENEsYs genannt wird - wurde von J. Grefenstette [Gre87] entwickelt und von T. Bäck [Bäc92a] um die wesentlichen Algorithmen der Evolutionsstrategie erweitert.

2.2.1 Ein allgemeiner Genetischer Algorithmus

Ein simples Beispiel. Das grundlegende genetische Verfahren wird anhand eines einfachen Beispiels eingeführt. Gesucht seien $a,b,c,d,e \in \mathbb{R}$, so daß die Formel

$$F = |(a - b)| + |(b - c)| + |(c - d)| + |(d - e)| + |(e - a)|$$

minimiert wird. Es ist einfach zu sehen, daß die Formel F den Minimalwert 0 genau dann annimmt, wenn $a = b = c = d = e$ gilt. Es gibt demnach unendlich viele Optimallösungen für das Problem. Dieses simple Problem wird mittels eines GA beschrieben. Die grundsätzliche Vorgehensweise bei der Entwicklung der GA wird Schritt für Schritt entwickelt und dabei auch der notwendige Formalismus eingeführt.

1. Schritt: Festlegen der Zielfunktion
Die Zielfunktion ergibt sich direkt aus der Aufgabenstellung und lautet:

$$F = |(a - b)| + |(b - c)| + |(c - d)| + |(d - e)| + |(e - a)| \dashrightarrow \min!$$

Der zu entwerfende GA hat demnach die Aufgabe, sukzessive bessere Lösungsvorschläge für die fünf freien Variablen der Formel F zu machen.

2. Schritt: Bestimmen eines Abbruchkriteriums
Irgendwann soll das Optimierungsverfahren natürlich abbrechen. Aufgrund von Rundungsfehlern mag es sein, daß die Zahlen nicht ganz genau identisch sind. Deshalb legen wir fest, daß abgebrochen wird sobald $F < 0.1$ ist.

3. Schritt: Vornehmen der Kodierung
Mit F ist der sogenannte Phänotyp des Problems gegeben. Der Phänotyp ist das gesamte zu optimierende System, wie es sich uns darstellt. Der Genotyp stellt eine Kodierung verschiedener Parameter des Systems dar. Zusätzlich wird noch ein Übersetzungsmechanismus benötigt, welcher die Parameter aus dem Genotyp ausliest und in das System einsetzt. Ein Genetischer Algorithmus kodiert die freien Variablen des zu optimierenden Systems. In der Formel F sind die einzigen Veränderlichen die Variablen a, b, c, d und e.

Im einfachsten Falle kodieren die Gene die freien Variablen; selbstverständlich lassen sich z.B. auch zusätzliche Informationen über Abhängigkeiten zwischen den Genen kodieren. Da das genetische Verfahren sich an unterschiedlichste Situationen anpassen muß (z.B. Konvergenz zu lokalen Optima, Verlassen lokaler Optima u.s.w.) sollten sich die Operatoren auch zur Laufzeit der Evolution ändern lassen. Damit ist die genaue Wirkungsweise genetischer Operatoren auch über

Gene steuerbar. Dieses Prinzip der Meta-Evolution wird in Kap.3.2.3 am Beispiel der Mutation näher erläutert.

Ein System S wird kodiert; dabei werden die kodierten Werte linear aufgelistet. Für das Beispiel von F ergibt sich das System S = (a, b, c, d, e). Die fünf kodierten Variablen werden jeweils als Gene interpretiert. Die Menge der Gene wird mit Γ bezeichnet. Jedem dieser Gene ist eine Wertemenge zugeordnet, z.B. {0,1} oder die reellen Zahlen $\mathbb{R}$. Eine Instanz Ξ_i von S belegt jedes seiner Gene γ_k mit einem Wert aus dieser Wertemenge. Die konkrete Belegung eines Gens wird Allel genannt. Zu jedem Gen aus Γ gehört eine Menge von Allelen $A=\{\alpha_{k_1}, \alpha_{k_2}, \dots, \alpha_{k_l}\}$, wobei λ einer Instanz genau ein α_{k_i} zu jeder Genposition zuordnet. Mittels der Abbildung

$$\forall\, \gamma_k \in \Xi_i\colon \quad \lambda\colon \Gamma \rightarrow A$$

erhält Ξ_i an jeder Genposition einen eindeutigen Wert. Eine Instanz eines Systems S wird einfach dargestellt als

$$\Xi_i = (\lambda(\gamma_1), \lambda(\gamma_2), \dots, \lambda(\gamma_n)).$$

Diese Instanz stellt den Genotyp dar. Die Umsetzung der Gene in die Parameter von S geschieht einfach dadurch, daß jedem Allel durch die Reihenfolge der Kodierung eindeutig ein Gen zugeordnet ist.

Für das Beispiel kann die oben eingeführte Terminologie wie folgt interpretiert werden:

- Für die fünf Variablen werden fünf Gene bereitgestellt.
- Jedem Gen ist die gleiche Menge A von Allelen zugeordnet - nämlich $A=\mathbb{R}$.
- Die fünf Gene bilden den Genotyp der Formel.
- Eine Instanz der Formel wird geschaffen durch einen String von fünf reellen Zahlen, so stellt $\Xi_1 = (2.7, 11.3, 4.2, -0.7, 3.9)$ eine Instanz dar, wobei die fünf Zahlen jeweils Allele sind.

4. Festlegen der genetischen Operatoren

Als genetische Operatoren werden im folgenden Rekombination, Selektion und Mutation verwendet. Diese werden weiter unten ausführlicher erklärt.

5. Anfangsbelegung vornehmen

GA arbeiten mit Populationen. Eine Population besteht dabei aus verschiedenen Individuen. Der Terminus "Individuum" wird bei GA synonym mit dem oben eingeführten Begriff "Instanz" benutzt. So ist eine Population $\rho=(\Xi_1,\Xi_2,...,\Xi_n)$ durch n Instanzen des Problems gegeben. Für n=4 wären z.B. folgende Instanzen/Individuen eine Kodierung des Problems:

Ξ_1 = (2.7, 11.3, 4.2, -0.7, 3.9)
Ξ_2 = (-2.5, -81.3, 7.9, 0.2, -7.1)
Ξ_3 = (3.0, 1.7, -5.9, -2.5, 1.1)
Ξ_4 = (0.5, -2.1, -5.3, -0.1, 4.4)

6. Rekombination

GA beruhen auf der Zusammenarbeit einer Reihe von Individuen. Die "Zusammenarbeit" sieht im wesentlichen so aus, daß mittels zweigeschlechtlicher Fortpflanzung eine Nachkommenschaft entsteht. Diese Nachkommen bilden später eine neue Population.

Zur Durchführung der Rekombination sind viele verschiedene Mechanismen denkbar. Für das einfache Beispiel der Formel F wird ein einfaches Crossing Over verwendet. Dabei werden willkürlich zwei Individuen herausgegriffen und es wird eine Zahl co ($1 \leq co \leq 4$) ausgewählt. Ein neues Individuum wird derart produziert, daß es die Allele Nr.1 bis co von dem einen Elternteil und co+1 bis 5 vom anderen Elternteil kopiert. Dabei können Kopierfehler entstehen, so daß einige Werte nur ungenau kopiert werden. Diese Kopierfehler entsprechen der Mutation.

In dem Beispiel könnte man die Individuen Nr.2 und 4 auswählen mit co=3. Das neue Individuum wäre dann Ξ_5 = (-2.5, -81.3, 7.9, -0.1, 4.6), wobei das Allel an der letzten Stelle durch eine zufällige Mutation um +0.2 "verrutscht" wäre.

Auf diese Art und Weise werden neue Individuen erzeugt.

7. Bestimmen der Qualität
Die Individuen erhalten jedes einen eigenen Qualitätswert, indem sie ihre Allele in F einsetzen und den resultierenden Wert als ihren Qualitätswert erhalten.

8. Selektion
Die neuerzeugten Individuen sind mehr oder weniger zufällig erzeugt worden. Sie stellen zwar eine Kombination des Erbmaterials ihrer Eltern dar - aber warum sollten sie besser sein?

In den bisherigen Ausführungen ist deutlich geworden, wie Allele erzeugt und rekombiniert werden können. Es gibt aber noch keinen Unterschied zwischen guten und schlechten Allelen. Dieser Unterschied wird durch die Selektion hervorgebracht, welche Individuen mit "guten Allelen" bevorzugt. Der Selektionsoperator $\Psi(\rho_i)$ hat die Aufgabe, eine Menge von Individuen $\{\Xi_{i_1},\Xi_{i_2},...,\Xi_{i_s}\} \subseteq \{\Xi_1,\Xi_2,...,\Xi_n\}$ aus der Bevölkerung auszuselektieren. Das ist auf zwei grundsätzlich verschiedene Arten möglich. Bei der expliziten Selektion werden Individuen mit geringer Qualität gesucht und ausselektiert. Die implizite Selektion legt die Lebensdauer oder die Reproduktionswahrscheinlichkeit aller Individuen im Einzelfall fest, d.h. Individuen mit geringer Qualität haben nur eine geringere Wahrscheinlichkeit sich zu reproduzieren. Durch die Selektion wird die Anzahl der Individuen begrenzt. Es kommt damit zum sogenannten Selektionsdruck; die Überlebenden haben sich als geeignet erwiesen. Auf Dauer gesehen haben Individuen mit Allelen geringer Qualität keine große Überlebenschance und werden aus der Bevölkerung eliminiert.

Für das Beispiel könnte so vorgegangen werden, daß man n Individuen in der Population hat, k Nachkommen erzeugt und aus den n+k

Individuen die besten n weiterleben läßt. Dadurch steigt die durchschnittliche Qualität der Population langsam an.

Implementierung des Beispiels. Das einfache Beispiel ist implementiert worden. Eine Anfangspopulation von 50 Individuen wurde zufällig erzeugt. Aus diesen wurden mittels Rekombination 50 neue Individuen erzeugt. Von diesen 100 Individuen bildeten jeweils 50 die nächste Population (auch nächste Generation genannt). In der Anfangspopulation bekommen alle Individuen Werte zwischen 1 und 100 zufällig zugeordnet. Probeläufe haben ergeben, daß etwa 1000 Individuen bzw. 20 Generationen bis zur Auffindung der Lösung notwendig sind.

Allgemeiner Genetischer Algorithmus. Nach den bisherigen Ausführungen kann ein möglichst abstrakter Algorithmus definiert werden, welcher die praktisch verwendbaren Genetischen Algorithmen als Spezialfall enthält:

Allgemeiner Genetischer Algorithmus:

1. [Zielfunktion festlegen]. Vorgabe einer beliebigen, problemangepaßten Zielfunktion μ.
2. [Abbruchkriterien festlegen]. Das Kriterium μ_{ABB} muß festgelegt werden, dessen Erreichen zur Terminierung des Verfahrens führt.
3. [Genetische Kodierung vornehmen]. Die lernrelevanten Parameter des Systems sind durch Gene eindeutig zu kodieren. Jedes der Gene hat eine festgelegte Wertemenge.
4. [Festlegen der genetischen Operatoren]. Eine Menge genetischer Operatoren Ω wird festgelegt.
5. [Anfangsbelegung vornehmen]. Erzeugen einer Anfangspopulation $\rho_1 = (\Xi_1, \Xi_2, \ldots, \Xi_n)$. Dabei erhält jedes Individuum Ξ_i pro Genposition ein Element aus der Wertemenge per Zufall zugeteilt. Dieses Element

wird Allel genannt. Alle Individuen der Anfangspopulation erhalten einen Wert, der ihre Qualität bestimmt.

6. [Rekombination]. Erzeugen einer Menge $\{\Xi_{n+1}, \Xi_{n+2}, ..., \Xi_{n+k}\}$ von Individuen durch sukzessive Anwendung genetischer Operatoren $\omega \in \Omega$.
7. [Qualität bestimmen]. Anhand der Zielfunktion μ_{ANN} (Bewertung der Individuen) berechnen.
8. [Selektion]. Bilden einer neuen Population durch Selektion von Individuen in Abhängigkeit von deren Qualität.
9. [Abbruchkriterien testen]. Falls μ_{ABB} nicht erfüllt ist: goto 6.
10. [Terminierung]. Ende.

Dieser Algorithmus gibt einen Rahmen vor, in den sich konkrete Optimierungsalgorithmen einordnen lassen.

2.2.2 Das Evolutionsverfahren nach Rechenberg und Schwefel

Anfänge. I. Rechenberg hat schon 1964 erste Versuche zu GA angestellt. Er hat die Einstellung eines Plattensystems im Windkanal untersucht. Rechenberg [Rec73] hat dieses Experiment und weitere Anwendungen sowie die theoretischen Grundlagen seines von ihm "Evolutionsstrategie" genannten Verfahrens beschrieben. In späteren Veröffentlichungen sind die grundlegenden Ideen insbesondere von H.-P. Schwefel [z.B. Sch77] weiterentwickelt worden.

Verfahren nach Rechenberg. In den ersten Versuchen wurde auf die Rekombination verzichtet, so daß der evolutionäre Fortschritt nur durch das sogenannte Mutations-Selektions Schema zustande kommen konnte. Die freien Variablen des zu optimierenden Systems sind als reelle Zahlen kodiert, d.h. an jeder Genposition steht als Wert (Allel) genau eine reelle Zahl. Der Phänotyp (das Gesamtsystem) wird anschließend einer Bewertungsfunktion unterzogen (z.B. Strömungswiderstand im Windkanal bei der Leiterplatte).

Anfangs wurde ein System verwendet, bei dem ein Elternteil genau einen Nachkommen erzeugte. Dieses ist dergestalt geschehen, daß das Kind jedes Gen seines Vorfahren mutiert mit einem normalverteilten Zufallswert erbte. Das bessere der beiden Individuen überlebte.

Zur Terminologie. Die grundlegende Terminologie hat Rechenberg im o.g. Buch eingeführt. Diese Terminologie ist von Schwefel [Sch77] weiterentwickelt worden. Die Anzahl der Eltern wird mit μ und die der Kinder mit λ bezeichnet. Die ursprüngliche von Rechenberg verwendete Strategie wird als $(1+1)$-Strategie (1 Elternteil, 1 Kind) bezeichnet. Das Verfahren wird mehrgliedrige Evolutionsstrategie genannt, wenn $(\mu+\lambda)$ mit $\mu \geq 2$ und $\lambda \geq 2$ gilt. Das "+"-Zeichen bei der $(\mu+\lambda)$-Evolutionsstrategie legt die Art der Selektion fest. Es wird genau dann selektiert, wenn λ Kinder entstanden sind. Die besten μ Individuen der gesamten Population überleben.

Eine weitere Möglichkeit der Selektion ist durch die (μ,λ)-Strategie gegeben. Diese Strategie ist entwickelt worden, um die Dominanz des besten gefundenen Individuums nicht zu stark werden zu lassen. Die jeweils λ besten Individuen der Nachkommenschaft ersetzen in nächster Generation ihre Eltern. Kein Individuum lebt länger als eine Generation, deshalb muß $\lambda \geq \mu$ sein. Ein sinnvoller evolutionärer Fortschritt wird in der Praxis nur erreicht, wenn λ mindestens 10mal größer ist als μ.

Mutation. Direkt bei der Vererbung der Genwerte findet bei der Evolutionsstrategie eine Mutation statt. Die von Rechenberg vorgeschlagene Mutation (normalverteilt um den Genwert) ist von allen Varianten der Evolutionsstrategie beibehalten worden.

Zusätzlich hat sich als Meta-Mutation eine ebenfalls von Rechenberg vorgeschlagene Mutationsstrategie fest etabliert. Dabei wird die Mutationsschrittweite (Streuwert der Normalverteilung) als eigenständiges Gen mit vererbt. Die genetische Einstellung der Mutationsschrittweite ist ebenfalls standardmäßig in allen wesentlichen Algorithmen zur Evolutionsstrategie implementiert worden.

Selektion. Alle Individuen werden nach jeder Generation bezüglich ihrer Qualität sortiert. Die schwächsten Individuen werden aussortiert. Wie oben erwähnt, wird mittels der "+"- bzw. ","-Strategie zusätzlich entschieden, ob die Eltern nach einer Generation automatisch ersetzt werden, oder aber die Selektion auf die gesamte Population angewendet wird.

Rekombination. Die Rekombination hat in den ersten Algorithmen von Rechenberg keine Rolle gespielt. Selbst bei $(\mu+\lambda)$- oder (μ,λ)-Strategien, für die $\mu \geq 2$ gilt, entstand ein Kind aus einem Vorfahren mittels Vererbung und Mutation. Um die Gene verschiedener Individuen zu mischen, wurden später die sogenannten $(\mu/\rho+\lambda)$- und $(\mu/\rho,\lambda)$-Strategien entwickelt. Das "/"-Zeichen bedeutet, daß eine Rekombination stattfindet. Von μ Eltern werden ρ Individuen zufällig ausgewählt, die einen Nachkommen produzieren.

Es gibt verschiedene Strategien, den Genwert des Nachkommen zu bestimmen. Eine häufig verwendete Methode besteht darin, das Mittel der Genwerte der Eltern als Genwert für das Kind zu nehmen, so daß sich dieser Wert als

$$\frac{1}{\rho} * (E_{1\,a_x} + E_{2\,a_x} + \ldots + E_{\rho\,a_x})$$

ergibt, mit a_x als Genwert des entsprechenden Elternteils an der Genposition x.

Beispiele zur Terminologie. Die Terminologie ist stark gewöhnungsbedürftig und wirkt anfangs etwas unübersichtlich. Deshalb werden an dieser Stelle ein paar Beispiele untersucht:

<u>(1+1)-Strategie</u>

1 Elternteil, 1 Kind; das beste der beiden Individuen überlebt.

(5 + 10)-Strategie
5 Eltern, 10 Kinder; nach der Erzeugung von jeweils zehn Nachkommen durch Kopieren und Mutieren der fünf Eltern werden die fünf besten Individuen aus den 15 selektiert.

(10,100)-Strategie
Aus den 10 Eltern werden durch Kopieren und Mutieren 100 Kinder erzeugt; die besten 10 dieser Kinder ersetzen in der nächsten Generation ihre Eltern.

(50/2 + 50)-Strategie
Mittels Rekombination von jeweils zwei Eltern werden 50 Nachkommen erzeugt; die besten 50 dieser 100 Individuen bilden in nächster Generation die Elternpopulation.

Algorithmus. Die Evolutionsstrategie ist erfolgreich an vielen Beispielen aus technischen, naturwissenschaftlichen, volkswirtschaftlichen oder anderen Bereichen angewendet worden. Eine umfangreiche Liste von mehr als 250 Anwendungen ist von [Bäc92b] erstellt worden. Einige wesentliche Anwendungen sind von [Mül86] ausführlich beschrieben worden, darüber hinaus finden sich im Kap.4 dieses Buches eine Reihe von erfolgreichen Anwendungen der Evolutionsstrategie (ES). ES läßt sich mittels des allgemeinen Schemas von Kap.2.2.1 wie folgt formulieren:

Evolutionsstrategie (ES):

1. [Zielfunktion festlegen]. Vorgabe einer beliebigen, problemangepaßten Zielfunktion Z.
2. [Abbruchkriterien festlegen]. Das Kriterium Z_{ABB} muß festgelegt werden, dessen Erreichen zur Terminierung des Verfahrens führt.
3. [Genetische Kodierung vornehmen]. Die lernrelevanten Parameter des Systems sind durch Gene eindeutig zu

kodieren. Jedes der Gene erhält als Wert eine reelle Zahl.

4. [Festlegen der genetischen Operatoren]. Eine Menge genetischer Operatoren Ω wird festgelegt, nämlich Rekombination, Mutation und Selektion.

5. [Anfangsbelegung vornehmen]. Erzeugen einer Anfangspopulation $P_1 = (\Xi_1, \Xi_2, ..., \Xi_n)$. Dabei erhält jedes Individuum Ξ_i pro Genposition ein Element aus der Wertemenge per Zufall zugeteilt. Dieses Element wird Allel genannt. Alle Individuen der Anfangspopulation erhalten einen Wert, der ihre Qualität bestimmt.

6. [Rekombination].

   Einfache Strategie:

   Ein Individuum wird zufällig bestimmt und jeder Genwert kopiert.

   Komplexe Strategie:

   Eine Menge von ρ Individuen der μ Eltern wird bestimmt ($(\mu/\rho..)$-Strategie). Aus diesen wird ein Kind rekombiniert. Als mögliche Vererbungsstrategie kann das Kind einen konkreten Wert eines der Eltern für jede Genposition oder auch den Mittelwert der Genwerte der Eltern erben.

7. [Mutation]. Bei jedem vererbten Genwert wird eine Mutation vorgenommen. Der bei der Rekombination errechnete Wert dient als Mittelwert einer normalverteilten Variable, deren Streuwert durch einen weiteren Mutationsparameter ermittelt wird.

8. [Qualität bestimmen]. Anhand der Zielfunktion Z_{ANN} werden alle Individuen einzeln bewertet.

9. [Selektion].

   $(\mu + \lambda)$-Strategie

Nach dem Erzeugen von λ Nachkommen überleben die besten μ Individuen der gesamten Population.

(μ,λ)-Strategie

Von den λ Nachkommen ($\lambda \geq \mu$) werden μ ausgewählt und ersetzen die Eltern, die genau eine Generation gelebt haben.

10. [Abbruchkriterien testen]. Falls Z_{ABB} nicht erfüllt ist: goto 6.

11. [Terminierung]. Ende.

2.2.3 Der Genetische Algorithmus nach Holland und Goldberg

Einführung. Der grundlegende "Genetic Algorithm" (GenA) ist von J. Holland [Hol75] entwickelt worden. GenA lehnt sich eng an die Natur an und ist zunächst lediglich theoretisch betrachtet worden, während der Ansatz von Rechenberg von Anfang an stark praxisorientiert war.

Hollands erster Ansatz. Holland setzt eine Binärkodierung seiner Individuen voraus, was auch für spätere Implementierungen erhalten geblieben ist. Der grundlegende Algorithmus von Holland beinhaltet fünf grundsätzliche Schritte:

1) Auswahl eines Individuums aus der aktuellen Population in Abhängigkeit von seiner Qualität
2) Kopieren dieses Individuums
3) Anwenden einer Menge von genetischen Operatoren auf das neuerzeugte Individuum
4) Ersetzen eines zufällig ausgewählten Individuums der Population durch das neue Individuum
5) Berechnen der Qualität des neuen Individuums

Besonderheiten. Die Selektion arbeitet nur sehr schwach im Verhältnis zu Rechenbergs Ansatz, denn jedes neue Individuum bekommt automatisch einen Platz in der Population zugewiesen, ohne daß sortiert wird. Die Selektion findet - analog zur Natur - nur dadurch statt, daß jedes Individuum in Abhängigkeit von seiner Qualität Nachkommen erzeugt - die Elimination aus der Population geschieht rein zufällig.

Holland stellt die Wichtigkeit der Rekombination im Rahmen seines Buches ganz besonders heraus. Mit dem oben erwähnten Algorithmus kann aber keine Rekombination stattfinden.

Hollands zweiter Ansatz. Holland hat (im gleichen Kapitel seines Buches) eine Modifikation seines Algorithmus vorgeschlagen, der auch die Anwendung der Rekombination erlaubt. Die grundlegenden Schritte des Verfahrens sehen wie folgt aus:

1) Auswahl eines Individuums aus der aktuellen Population in Abhängigkeit von seiner Qualität
2) Kopieren dieses Individuums
3) Iteratives Anwenden von 1) und 2), bis die Anzahl der neuen Kinder gleich der Anzahl der Elternpopulation ist
4) Anwenden einer Menge von genetischen Operatoren auf die neuerzeugten Kinder
5) Ersetzen der Eltern durch ihre Kinder
6) Die Qualität der Kinder wird berechnet

Goldbergs Algorithmus. Im Laufe der Jahre nach dem Erscheinen von Hollands Buch hat sich eine Implementierung des zweiten Ansatzes von Holland bei praktischen Problemen durchgesetzt. Dieser Algorithmus ist von D. Goldberg [Gol89] erläutert worden:

1) Auswahl eines Individuums aus der aktuellen Population in Abhängigkeit von seiner Qualität
2) Kopieren dieses Individuums
3) Iteratives Anwenden von 1) und 2), bis die Anzahl der neuen Kinder gleich der Anzahl der Elternpopulation ist
4) Jedes Kind führt per Zufall mit einem der anderen erzeugten Kinder Crossing Over durch und ersetzt sich selbst durch das neue

Individuum. Bei diesem neuen Individuum findet in seltenen Fällen eine Mutation statt, bei der zufällig ein Bit geändert wird
5) Ersetzen der Eltern durch ihre Kinder
6) Die Qualität der Kinder wird berechnet

Dieser Algorithmus ist anhand vieler Anwendungen ausprobiert worden und hat sich in den USA als Standardalgorithmus (Genetic Algorithm) ebenso durchgesetzt wie ES in Deutschland.

Genetic Algorithm (GenA):

1. [Zielfunktion festlegen]. Vorgabe einer beliebigen, problemangepaßten Zielfunktion Z.
2. [Abbruchkriterien festlegen]. Das Kriterium Z_{ABB} muß festgelegt werden, dessen Erreichen zur Terminierung des Verfahrens führt.
3. [Genetische Kodierung vornehmen]. Die lernrelevanten Parameter des Systems sind durch Gene eindeutig zu kodieren. Jedes der Gene erhält als Wert eine binärkodierte Zahl.
4. [Festlegen der genetischen Operatoren]. Eine Menge genetischer Operatoren Ω wird festgelegt, nämlich Rekombination, Mutation und Selektion.
5. [Anfangsbelegung vornehmen]. Erzeugen einer Anfangspopulation $P_1 = (\Xi_1,\Xi_2,...,\Xi_n)$. Dabei wird jedes Individuum Ξ_i als Bitstring dargestellt, wobei die einzelnen Bitpositionen per Zufall zugeteilt werden. Alle Individuen der Anfangspopulation erhalten einen Wert, der ihre Qualität bestimmt.
6. [Selektion]. Jedes Individuum erzeugt Kopien seiner selbst, wobei die Anzahl dieser Kopien von seiner Qualität abhängt.
7. [Rekombination]. Jede erzeugte Kopie produziert mit einem Zufallspartner aus der Population der Kopien

mittels Crossing Over ein neues Individuum und ersetzt sich selbst durch dieses.

8. [Mutation]. Einzelne Bits werden zufällig - sehr selten - geändert.

9. [Abbruchkriterien testen]. Falls Z_{ABB} nicht erfüllt ist: goto 6.

10. [Terminierung]. Ende.

2.2.4 Ein Vergleich beider Algorithmen

Unterschiede zwischen Evolutionsstrategie (ES) und Genetic Algorithm (GenA). Grundlage dieser Gegenüberstellung ist der allgemeine Genetische Algorithmus (GA) von Kap.2.1. Er liefert das geeignete Gerüst, um die Unterschiede zwischen ES und GenA herauszuarbeiten. Die Gegenüberstellung von GenA und ES ist z.B. auch in [Hof91] geschehen.

Kodierung. Der erste Unterschied ergibt sich bei Punkt 3 "Genetische Kodierung vornehmen". ES kodieren die Gene mittels reeller Zahlen; GA sind i.a. binär kodiert. Dieser Unterschied erscheint zunächst einmal künstlich zu sein, da im Computer letztendlich jede Zahl binär dargestellt wird - er hat jedoch einige Bedeutung insbesondere bei der Mutation.

Rekombination. Dieser unbedeutend erscheinende Unterschied hat jedoch wesentliche Folgen, da die genetischen Operatoren auf unterschiedlichen Repräsentationsebenen arbeiten. Die Rekombination der ES geschieht nur an den Stellen zwischen reellen Zahlen. GenA verwendet Crossing Over an jeder beliebigen Position.

Population dargestellt mittels reeller Zahlen

Ξ_1: 32.0 17.0

Ξ_2: 93.0 85.0

Population dargestellt mittels binärer Zahlen

Ξ_1:00100000 00010001

Ξ_2:01011101 01100101

Crossing Over ES

Ξ_3:32 85 oder 93 17

Crossing Over GA

z.B.: Ξ_3: 00101101 00010101

45 21

Abb.2.1: Rekombination bei ES und GenA

In Abb.2.1 wird ein Beispiel zur Funktionsweise von Crossing Over bei GenA und ES demonstriert. ES verändert die reellen Zahlen durch Crossing Over zunächst einmal nicht. So gibt es in der Nachfolgegeneration keine neuen reellen Zahlen. Anders sieht es bei GenA aus: da der Übergang an jeder Bitposition erfolgen kann, liegt die neuerzeugte reelle Zahl zwischen den beiden alten Zahlen. Dieser Effekt ist bei ES aber auch üblich (wie in Kap.2.2.2 dargestellt), wenn nämlich die neue Zahl als gewichtete Summe der beiden Werte der Eltern berechnet wird, also z.B. 0.8*32 + 0.2*93. Andererseits können bei GenA die Crossing Over Stellen auf die Grenzen zwischen den Genen beschränkt werden. Die Rekombination ist deshalb bei beiden Algorithmen ähnlich.

Mutation. Bei der Mutation liegt der Fall allerdings vollkommen anders. Das wird am besten durch Abb.2.2 veranschaulicht. Die Mutation von ES ändert die Allele (reelle Zahlen) in einem meist eng begrenzten Bereich. Bei GenA bewirkt die Mutation die Komplementierung eines Bits. In dem Beispiel aus Abb.2.2 führt die Änderung eines Bits zu den Werten 173 (statt 45) und 85 (statt 21). Wenn höherwertige Bits verändert werden, hat die Mutation bei GA einen sehr einschneidenden Einfluß. Bei dem gewählten Beispiel ist kein Zusammenhang der Nachkommen zu ihren Eltern mehr sichtbar.

Population dargestellt mittels reeller Zahlen

Ξ_1: 32.0 17.0

Ξ_2: 93.0 85.0

Population dargestellt mittels binärer Zahlen

Ξ_1:00100000 00010001

Ξ_2:01011101 01100101

Mutation ES

Ξ_1: 32.4 16.1

Ξ_2: 91.8 84.9

Mutation GA

z.B.: Ξ_3: $\underline{1}$0101101 0$\underline{1}$010101

173 (45) 85 (21)

Abb.2.2: Rekombination bei ES und GenA mit Mutation

Aufgrund der Wichtigkeit der Mutation bei ES wird standardmäßig eine Schrittweitensteuerung mit implementiert, welche meßbare Vorteile für die Ergebnisse bringt. GenA verwenden diese Steuerung (Meta-Mutation) nicht. Deshalb wird in Kap.3.2.3 vorgeschlagen, GenA um solche Parameter zu erweitern, wobei der Nutzen den (geringen) Aufwand im allgemeinen übertrifft.

Auswirkungen der Mutation auf ES und GenA. Die Mutation bei ES führt zur Feineinstellung der Parameter. Zu viel Mutation kann dabei natürlich auch schaden, wenn die Werte danach zu stark streuen. Dieser Effekt wird durch die adaptive Mutation vermieden. Bei GenA bewirkt Mutation einen sehr massiven Eingriff in die Werte der Allele. Deshalb kann die Bedeutung der Mutation lediglich sein, verloren gegangene Bits wiederzufinden und in die Population wieder neu aufzunehmen. Die Mutation muß untergeordnet bleiben, weil häufige Mutation den Ablauf des Algorithmus massiv stört.

Selektion bei ES und GenA. ES und GenA verwenden unterschiedliche Formen der Selektion, die stark an die Rolle der Mutation gekoppelt sind. Die Selektion wirkt sich sehr stark auf die Qualität von GA aus, was insbesondere aus den Untersuchungen in Kap.3.2.2 hervorgeht.

Dort werden verschiedene Selektionsverfahren miteinander verglichen. Diese Untersuchung ist deshalb von großem Wert, weil

a) die Auswahl des Selektionsverfahrens wichtig ist für die Qualität des Algorithmus.
b) in der einschlägigen Literatur kein Wert auf Vergleich dieser Verfahren gelegt wird.

Die in Abb.3.17 dokumentierten Ergebnisse des Vergleichs der Selektionsverfahren lassen einen erstaunlich hohen Einfluß der Selektion auf die Qualität der Ergebnisse erkennen. Die Selektion nach Holland bzw. Goldberg hat dort zu Algorithmen mit sehr schwacher Leistung geführt, während die Selektionsverfahren $(\mu+\lambda)$ und (μ,λ) nach Rechenberg/Schwefel die besten Ergebnisse erzielen konnten. Der Vergleich der Selektionsmechanismen führt zu dem Ergebnis, daß die Selektion bei ES ist wesentlich schärfer als die Selektion bei GA.

Bedeutung der unterschiedlichen Selektion. Die Aussagen zur Selektion aus dem Kapitel 3.2.2 werden auch einige Aussagen enthalten, die die unterschiedliche Bedeutung der Mutation bei ES und GenA klären. Es werden Untersuchungen vorgenommen über die Dauer der Homogenisierung der Population. Bei einer Populationsgröße von 100 dauert dieser Prozeß bei schwacher Selektion über 100 Generationen, während starke Selekion den Erwartungswert bis zur Homogenisierung auf fünf Generationen absenkt. Darum muß bei ES viel stärker mutiert werden, um noch eine gewisse Allelvielfalt in der Population zu gewährleisten.

Der wesentliche Vorteil der GA gegenüber anderen Optimierungsverfahren liegt in der sogenannten horizontalen Informationsübertragung [Jan79]. Unter horizontaler Informationsübertragung versteht man, daß das Genmaterial von zwei oder mehr verschiedenen Individuen zu einem neuen Individuum kombiniert werden kann. Im Gegensatz dazu steht die vertikale Informationsübertragung, bei der die Gene genau eines Individuums an sein Kind weitergegeben werden. Die horizontale Informationsüber-tragung kann aber nur wirkungsvoll arbeiten, wenn die Population relativ inhomogen ist, d.h. bei schwacher Selektion, wie sie bei GenA üblich ist. Bei einem Verfahren wie ES, welches eine ausgesprochen starke Selektion voraussetzt, kann die horizontale Informationsübertragung nicht so recht wirken. Deshalb bringt die Rekombination dort sehr wenig. Damit ES dennoch effizient arbeiten kann, ist eine kleine Population notwendig, welche durch zahlreiche Mutationen Veränderungen erfährt. Im Gegensatz dazu steht ein GenA, der die Rekombination wegen der schwachen Selektion gut ausnutzt. Mutation spielt bei GenA deshalb eine nur marginale Rolle.

Zusammenfassende Bemerkungen. Beide Algorithmen (ES und GenA) sind spezielle Ausgestaltungen eines allgemeineren Genetischen Algorithmus (Kap.2.1). Durch die unterschiedlich verwendeten Operatoren ergibt sich ein vollkommen anderes Verhalten beider Algorithmen: ES strebt schnell ein lokales Optimum an, während GenA mehr den Suchraum mittels Rekombination durchforstet. ES erreicht schnell eine weitestgehend homogene Population und GenA vermeidet gerade diesen Effekt. ES ist zu sehr starker Mutation gezwungen, um diesen Effekt zu vermeiden, während GenA die Mutation vermeiden muß, um nicht zu große Sprünge in den Genwerten zu machen. ES braucht die starke Selektion, da sonst die vielen Mutationen das Verfahren schnell vom rechten Kurs abbringen, während GenA die schwache Selektion zum Erhalt einer Genvielfalt benötigt.

Damit ist geklärt, daß im Prinzip beide Ansätze recht haben in ihrer unterschiedlichen Interpretation der Bedeutung der Mutation. Nicht nur durch die Festlegung der Arbeitsweise der einzelnen genetischen Operatoren, sondern gerade durch deren Zusammenspiel kann deren Bedeutung für die jeweils gewählte Ausgestaltung des GA ermittelt werden.

2.3 Theoretische Arbeiten

2.3.1 Das Schema-Konzept

Optimieren als Suchprozeß. Zum Verständnis der Abläufe in Genetischen Algorithmen ist ein gewisser Formalismus vonnöten. Mit Hilfe dieses Formalismus kann die Bedeutung der einzelnen genetischen Operatoren erfaßt werden. Der hier gewählte Formalismus entspricht im wesentlichen dem Schema-Konzept von J. Holland [Hol75].

Wie groß ist die Anzahl möglicher Individuen? - Bei n Genen und k Allelen pro Gen doch offenbar k^n. Möchte man die Individuen als Punkte in einem Suchraum interpretieren, ist jedem Gen eine Achse zuzuordnen, wobei die Allele die Werte dieser Achse darstellen. Der Evolutionsprozeß ist so als Suche in hochdimensionalen Suchräumen interpretierbar. Jeder Genotyp eines Individuums als Vektor seiner Allele entspricht einem genau definierten Punkt dieses Suchraumes und die Population einer solchen "Punktwolke". Alle Punkte besitzten bekanntlicherweise eine Qualität $\mu(\Xi)$, welche während des Evolutionsprozesses maximiert werden soll. Geometrisch entspricht dieser Prozeß einer Wanderung der Punktwolke durch den Suchraum, bis ein Gebiet gefunden worden ist, welches der gewünschten Qualität genügt. Diese Gebiete sollen gewissermaßen als Attraktor wirken, so daß die Punktwolke sich in einem solchen Gebiet zum Optimum hin zusammenzieht.

Unter praktischen Gesichtspunkten ist klar, daß nicht jeder Punkt des Suchraumes explizit getestet werden kann; es wird vielmehr nur eine winzig kleine Stichprobe an Punkten durchprobiert. Trotzdem soll ein gutes relatives Optimum gefunden werden. Ein weiteres praktisches Problem liegt darin, daß Gradientenverfahren durch lokale Änderungen einzelner Gewichte globale Verbesserungen erzielen, während ein genetisches Verfahren lediglich den Phänotyp als Ganzes bewertet. Es muß einsichtig gemacht werden, wie die Bedeutung einzelner guter

Gene einzuschätzen ist. Dazu soll die Schema-Theorie im Verlaufe der ganzen weiteren Arbeit nützlich sein.

Schema-Konzept. Zwei Individuen Ξ_1 und Ξ_2 unterscheiden sich genau durch diejenigen Genpositionen, an denen sie unterschiedliche Allele aufweisen. Für die Differenz $\mu(\Xi_1)$ - $\mu(\Xi_2)$ sind gerade diese Allele verantwortlich. Es sei ein Individuum durch sechs Gene $(\gamma_1,\gamma_2,...,\gamma_6)$ kodiert und jedes Gen habe zwei mögliche Allele, so daß $\lambda(\gamma_i)=\alpha_i$ und $\alpha_i \in \{0,1\}$. Gegeben seien $\Xi_1=(101101)$ und $\Xi_2=(100101)$, wobei für die Qualität der Individuen $\mu(\Xi_1)=3.0$ und $\mu(\Xi_2)=3.7$ gelte. Die Qualitätsdifferenz von 0.7 zugunsten von Ξ_2 ist einzig und allein auf das unterschiedliche Allel an der Position γ_3 zurückzuführen.

Mittels eines Schemas wird genau die Teilmenge von Individuen identifiziert, die diesem Schema entspricht. Diese Individuen haben die durch das Schema spezifizierten Merkmale gemeinsam.

Alle anderen Genpositionen sind gleichgültig. Zur Analyse bestimmter Gengruppen bei gleichzeitiger Vernachlässigung ihres Kontextes wird der "*" als sogenanntes Don't Care Symbol eingeführt. $\xi=(***1*1)$ ist das Schema, welches alle Individuen bezeichnet, die an der vierten und sechsten Stelle eine 1 haben - gleichgültig, welchen Wert die anderen Gene besitzen. Ξ_1 und Ξ_2 sind beides solche Individuen. Allgemein sei

$$\xi = (\kappa_1 \kappa_2 ... \kappa_n)$$

mit $\kappa_i \in \{\lambda(\gamma_i)\} \cup \{*\}$. Die ξ werden im folgenden Schemata genannt und stellen ein wesentliches Hilfsmitel bei der Analyse der Bedeutung des Verfahrens dar.

Jedes Schema $\xi=(\kappa_1 \kappa_2 ... \kappa_n)$ spezifiziert eine Subpopulation ρ_{sub} auf folgende Art:

$\Xi_l \in \rho_{sub}$, wenn

1) $\forall i \in \{1,2,...,n\}$: $(\xi_i = *) \wedge (\Xi_{li} \in A)$

oder

$$2) \forall i \in \{1,2,\dots,n\}: (\xi_i \neq *) \wedge (\Xi_{li} = \xi_i)$$

Damit fällt jedes Individuum der Population in die Subpopulation ρ_{sub}, wenn es an den nicht mit einem "*" versehenen Positionen jeweils das gleiche Allel besitzt wie das Schema.

Die durchschnittliche Qualität der Bevölkerung zu einem diskreten Zeitpunkt t ist durch die Formel

$$\mu(\rho) = \frac{1}{n} * \sum_{s=1}^{n} \mu(\Xi_s)$$

gegeben, mit n Anzahl der Individuen in der Population ρ und s als Laufindex über die einzelnen Individuen. Funktioniert der Selektionsoperator einigermaßen gut, so wird er diejenigen Individuen bevorzugt zur Reproduktion zulassen, für welche $\mu(\Xi) > \mu(\rho)$ gilt. Damit verbreitet sich das Erbmaterial gut geeigneter Individuen rasch, und für aufeinanderfolgende Populationen gilt, daß der Erwartungswert $E(\mu(\rho))$ eine monoton steigende Folge

$$E(\mu(\rho_1)) \leq E(\mu(\rho_2)) \leq \dots \leq E(\mu(\rho_n))$$

ergibt, wenn die Qualitätsfunktion μ maximiert werden soll.

Verbreitung von Schemata. Die Verbreitung geeigneter Individuen soll durch die Selektion gewährleistet werden. Was gilt aber für einzelne Gengruppen, also die oben eingeführten Schemata? Es ist wesentlich, daß auch gut geeignete Gengruppen in der Population "Fuß fassen" und sich schnell ausbreiten. Von Interesse ist damit μ_ξ, also die Einschränkung der Bewertung auf spezielle Schemata. Da jedes Schema eine Subpopulation von Individuen definiert, welche dieses Schema enthalten, errechnet sich die Qualität eines Schemas durch die Formel

$$\mu_\xi = \frac{1}{r} * \sum_{s=1}^{r} \mu(\Xi_s)$$

wobei r die Anzahl der Individuen ist, welche unter das Schema ξ fallen und s einen Laufindex über diese darstellt. So erhält jedes Schema in der Population seinen eigenen spezifischen Selektionswert.

Impliziter Parallelismus. Die Aufgabe eines GA läßt sich einfach interpretieren als Erzeugen und Testen von Schemata und Selektion der Besten unter ihnen. Dazu müssen die Schemata natürlich in eine Reihenfolge gebracht werden bezüglich ihres Selektionswertes μ_ξ. Wie leicht nachgewiesen werden kann, ist die Anzahl der Schemata eines Individuums $(k+1)^l$, da der "*" einfach als zusätzliches Allel interpretiert werden kann. Besteht eine Population aus n Individuen, ist deshalb die Gesamtzahl der betrachteten Schemata N_ξ durch

$$(k+1)^l \leq N_\xi \leq n * (k+1)^l$$

festgelegt, wobei k die Anzahl der Allele pro Gen und l Anzahl der Gene pro Individuum ist. Diese Schemata explizit zu bewerten und in eine Reihenfolge zu bringen ist extrem aufwendig und für größere Probleme praktisch nicht machbar. Schaut man sich jedoch die Definition von μ_ξ an, so fällt ins Auge, daß dieser Wert direkt abhängt von der Qualität der Individuen, in denen ξ vorkommt. Weil das Evolutionsverfahren genau diejenigen Individuen favorisiert, deren Qualität über dem Mittelwert $\mu(\rho)$ liegt, werden die dazu gehörigen Schemata implizit mitselektiert. Durch die spezielle Art des Evolutionsverfahrens, Gene überdurchschnittlicher Individuen bevorzugt zu vermehren, geschieht automatisch eine Selektion überdurchschnittlicher Schemata. Nach Holland [Hol75] wird das Konzept des Verbreitens geeigneter Gene impliziter Parallelismus genannt. Eine immense Anzahl von Schemata wird ständig neu erzeugt und getestet, ohne daß explizit irgendwelche Berechnungen notwendig sind.

2.3.2 Formale Beschreibung des Verhaltens

Schemata. Das wesentliche Hilfsmittel zur Beschreibung der Funktionsweise des Verfahrens ist die im vorhergehenden Kapitel beschriebene Schema-Theorie. Anhand dieser wird die Funktionsweise

Genetischer Algorithmen verständlich. Mittels dieses Konzeptes werden im folgenden Formeln entwickelt, die das Verhalten von GA beschreiben. Ähnliche Formeln sind in [Hol75] oder [Gol89] entwickelt worden.

1.	0**011***0	$K_\xi=5$	$L_\xi=9$
2.	****11111*	$K_\xi=5$	$L_\xi=4$
3.	***11*****	$K_\xi=2$	$L_\xi=1$
4.	*******1**	$K_\xi=1$	$L_\xi=0$

Abb.2.3: Kardinalität und Länge ausgesuchter Schemata

Eine Population läßt sich als Menge von N Strings der Länge n vorstellen. Als Anzahl der kodierten Schemata pro Individuum ergibt sich $(k+1)^n$, wenn die Zahl der möglichen Allele pro Gen k beträgt. Zusätzlich zu den Bezeichnungen des letzten Kapitels seien zwei Variablen eingeführt. Die Kardinalität eines Schemas K_ξ ist die Anzahl der definierten Positionen und die Länge L_ξ die Differenz des Abstandes der beiden äußersten definierten Positionen des Schemas am Anfang und am Ende des Strings. Abb.2.3 enthält Beispiele für die Kardinalität und Länge ausgesuchter Schemata.

Entwicklung von Schemata. Im folgenden wird eine Formel entwickelt, die die Entwicklung von Schemata in der Bevölkerung beschreibt. Ein wesentlicher Einflußfaktor ist die Anzahl des Schemas ξ zum Zeitpunkt (t-1), also $N(\xi,t-1)$.

Die Selektion kommt in dieser Formel zum Ausdruck, indem der Selektionsoperator $\Psi(\rho_i)$ dergestalt arbeitet, daß Schemata sich proportional dem Verhältnis ihrer Qualität zur Gesamtqualität der Population vermehren. Damit ergibt sich als erste Näherung für die Formel

$$N(\xi,t) = N(\xi,t-1) * \left(\frac{\mu_\xi}{\mu_{\rho_{i-1}}} \right)$$

wobei $\mu_{\rho_{i-1}}$ die Qualität der Population ρ_{i-1} als Summe der Qualität der Einzelindividuen durch deren Anzahl darstellt. Die Qualität eines beliebigen Schemas errechnet sich durch die Formel

$$\mu_\xi = \frac{1}{r} * \sum_{s=1}^{r} \mu(\Xi_s)$$

wobei r die Anzahl der Individuen ist, die unter das Schema ξ fallen und s einen Laufindex über diese darstellt.

Aus diesen Formeln wird unmittelbar ersichtlich, daß Schemata proportional zu ihrem Selektionswert wachsen. Bezeichnet man den Ausdruck μ_ξ/μ_{ρ_i} als g_i, dann ist die Entwicklung eines Schemas durch Selektion proportional zu g_i^t - also eine Exponentialfunktion. Da die durchschnittliche Qualität der Population im Mittel ansteigt, sinkt g_i dementsprechend langsam ab - bei Schemata überdurchschnittlicher Qualität bedeutet dieser Sachverhalt, daß sich mit ihrem Durchsetzen in der Population g_i an 1 annähert. Schemata mit stark überdurchschnittlicher Qualität verbreiten sich rasch, aber je mehr sie sich durchsetzen, desto höher wird das Gesamtniveau der Population und die Wachstumsrate g_i geht dementsprechend zurück. So tritt eine gewisse Sättigung ein für Schemata, die bereits große Teile der Population beinhalten.

Die Verbreitung überdurchschnittlicher Schemata geschieht zwar exponentiell in der Population, aber die Selektion erzeugt keine neue Information. Dieses geschieht in Genetischen Algorithmen durch die beiden genetischen Operatoren Rekombination und Mutation. Deren Rolle sei an dieser Stelle nur kurz für die Entwicklung von Schemata begutachtet; eine genauere Analyse dieser Operatoren erfolgt in Kapitel 3.

Rekombination. Bei der Rekombination stellt sich bekanntlich die Aufgabe, aus zwei Individuen ein neues Individuum zu "erstellen". Der einfachste Mechanismus, der dazu in der Natur verwendet wird, ist das sogenannte Crossing Over. Beim Crossing Over lagern sich zwei Chromosomen (Individuen in unserem einfachen Fall) Ξ_i und Ξ_j aneinander an. In der Natur kommt es vor, daß zwei Chromosomen c_p

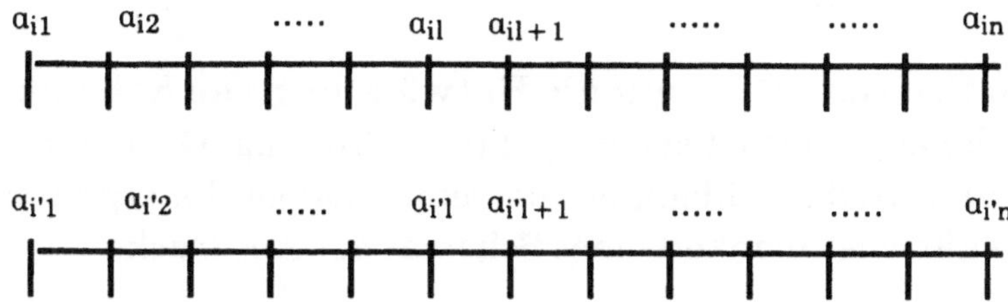

Abb.2.4: Anlagerung zweier Chromosome

und $c_{p'}$ an einer Stelle l mit $2 \leq l \leq n$ aufgebrochen werden. Danach werden die beiden Chromosomenreststücke vertauscht und neu zusammengesetzt. Dieses Verfahren wird Crossing Over genannt und in den Abbildungen 2.4 und 2.5 illustriert.

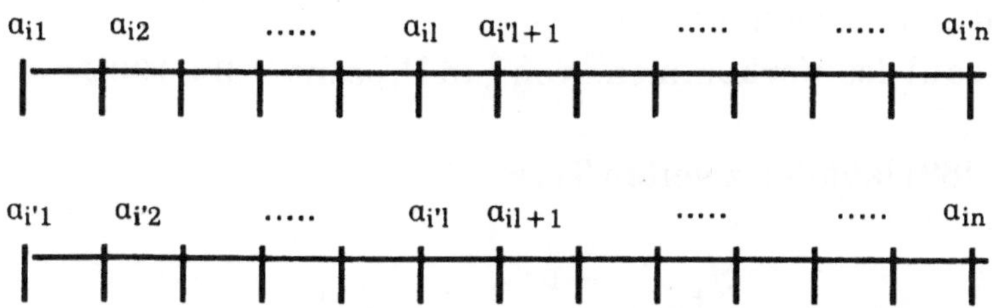

Abb.2.5: Crossing Over

Bedeutung des Crossing Over. Crossing Over bewirkt dreierlei Veränderungen von Schemata:

1) Schemata, deren Elemente auf beiden Bruchstücken liegen, werden zerstört
2) Neue Schemata, die bisher nicht in der Population vorhanden waren, entstehen beim Zusammenfügen der Bruchstücke
3) Schemata, welche auf nur einem Bruchstück liegen, werden nach dem Zusammenfügen in einem neuen Kontext getestet

Einfluß von Crossing Over auf die Entwicklung von Schemata. Die Wahrscheinlichkeit eines Schemas, durch Crossing Over zerstört zu werden, ist unmittelbar abhängig von seiner Länge. Es ergibt sich als Überlebenswahrscheinlichkeit eines Schemas der Ausdruck

$$P_{surv,\xi} \approx (1 - P_{cro} * \left(\frac{L_\xi}{n-1}\right)) + \frac{N_{\xi_{Rest}} - 1}{N - 1} * (P_{cro} * \left(\frac{L_\xi}{n-1}\right))$$

mit den Unbekannten:

$P_{surv,\xi}$: Wahrscheinlichkeit des Schemas ξ, nach dem Crossing Over noch zu existieren

P_{cro}: Wahrscheinlichkeit, daß Crossing Over stattfindet

ξ_{Rest}: Rest des Schemas ξ in Prozent, nachdem Crossing Over stattgefunden hat

N_ξ: Anzahl des Vorkommens von ξ in Prozent (1.0 = 100%).

Goldberg [Gol89] läßt den zweiten Term

$$\frac{N_{\xi_{Rest}} - 1}{N - 1} * (P_{cro} * \left(\frac{L_\xi}{n-1}\right))$$

weg und erreicht so nur Aussagen über die Untergrenze überlebender Schemata. Mit Hilfe des hier neu eingeführten zweiten Terms kann aber die Entwicklung von Schemata sehr viel genauer beschrieben werden.

Dieser Term fällt nämlich mit zunehmender Homogenisierung der Population immer stärker ins Gewicht.

Die obige Formel bedarf einiger Erklärungen. (L_ξ / (n-1)) ist die Wahrscheinlichkeit eines Schemas, durch Crossing Over zerstört zu werden. Durch Multiplikation mit der Wahrscheinlichkeit, daß Crossing Over überhaupt stattfindet, scheint der Wert von $P_{surv,\xi}$ festzustehen. Es ist aber so, daß das neueingefügte Stück an den für ξ relevanten Positionen dem alten Stück entsprechen kann, so daß in einem solchen Fall die "Zerstörung" wieder aufgehoben wird. Diesem Sachverhalt wird durch den zweiten Ausdruck der Formel Rechnung getragen. Zu Anfang des Evolutionsverfahrens ist dieser zweite Term der Formel zu vernachlässigen, jedoch durch zunehmende Homogenisierung der Population werden sich die einzelnen Individuen immer ähnlicher, so daß der zweite Term das Überleben von Schemata fördert.

Bedeutung der Formel. Die Bedeutung der Formel für den Ablauf des Genetischen Algorithmus wird unmittelbar ersichtlich. Zu Anfang werden lange Schemata immer wieder durch Crossing Over getrennt, während sich kurze Schemata mit hoher Qualität exponentiell vermehren. In späteren Phasen haben sich an verschiedenen Stellen der Population verschiedene Schemata mehr oder weniger durchgesetzt, so daß diese auch durch Crossing Over nicht mehr zu trennen sind. Dann können längere Schemata als Kombination benachbarter, bereits etablierter Teilschemata entstehen. Als Gesamtzahl des Schemas ξ zum Zeitpunkt t ergibt sich nach Anwendung von Rekombination und Selektion

$$N(\xi,t) \approx N(\xi,t-1) * \left(\frac{\mu_\xi}{\mu_{\rho_i}}\right) *\left(\left(1-P_{cro} * \left(\frac{L_\xi}{n-1}\right)\right) + \frac{N_{\xi_{Rest}} - 1}{N-1} * \left(P_{cro} * \left(\frac{L_\xi}{n-1}\right)\right)\right)$$

Mutation. Genetische Algorithmen verwenden einen dritten Operator, welcher Einfluß auf die Entwicklung von Schemata nimmt: die Mutation. Ist P_{mut} die Wahrscheinlichkeit, daß eine Genposition während des Vererbungsvorganges mutiert, ergibt sich die Überlebenswahrscheinlichkeit von ξ durch die Formel

$$P_{surv,\xi} = \prod_{i=1}^{l} 1 - P_{mut,\xi_i}$$

mit $1\text{-}P_{mut,\xi_i}$ als der Wahrscheinlichkeit, daß die Position ξ_i des Schemas die Mutation heil übersteht und i als Laufindex über die l Positionen des Schemas. Die Formel gilt unter der Voraussetzung, daß die Positionen der Gene voneinander unabhängig sind, was ihre Anfälligkeit gegen die Mutation angeht. Die Positionen mit einem Stern haben den Wert $P_{mut,\xi_i}=0$. Schemata mit vielen definierten Elementen werden daher mit großer Wahrscheinlichkeit durch die Mutation zerstört. $P_{surv,\xi}$ hängt wesentlich von K_ξ ab. Goldberg [Gol89] schätzt den Wert für das Überstehen der Mutation grob mittels $1\text{-}K_\xi{*}P_{mut,\xi_i}$ ab.

Gesamtformel für Genetische Algorithmen. Die Gesamtformel, die die Entwicklung von Schemata während des Evolutionsprozesses beschreibt, ergibt sich demnach als

$$(\xi,t) \approx N(\xi,t-1) * \left(\frac{\mu_\xi}{\mu_{\rho_i}}\right) * ((1 - P_{cro} * \left(\frac{L_\xi}{n-1}\right)) + \frac{N_{\xi_{Rest}} - 1}{N-1} * (P_{cro} * \left(\frac{L_\xi}{n-\right.$$

$$* \prod_{i=1}^{l} 1 - P_{mut,\xi_i}$$

Eine ähnliche Formel ist von Goldberg [Gol89] entwickelt worden, nämlich

$$N(\xi,t) \approx N(\xi,t-1) * \left(\frac{\mu_\xi}{\mu_{\rho_i}}\right) * (1 - P_{cro} * \left(\frac{L_\xi}{n-1}\right) - K_\xi * P_{mut,\xi_i})$$

Bedeutung der Formeln. Was ist die praktische Bedeutung dieser Formeln? Auffällig ist, daß die Entwicklung einzelner Schemata von vier Faktoren abhängt, welche miteinander zu multiplizieren sind. Die Bedeutung der vier einzelnen Komponenten sei im folgenden kurz dargestellt:

1) $N(\xi,t\text{-}1)$: Die Anzahl eines Schemas ξ ist direkt abhängig von seiner Anzahl zum Zeitpunkt t-1.

2) g: Jedes Schema hat einen Wachstumsfaktor, welcher proportional zu dem Quotienten der Qualität des Schemas und der Qualität der Gesamtpopulation ist.

3) Crossing Over: Linear mit L_ξ wächst die Wahrscheinlichkeit eines Schemas, durch Crossing Over zerstört zu werden - und zwar unabhängig von seiner Qualität. Ist die Bevölkerung sehr inhomogen, werden längere Schemata quasi mit der Wahrscheinlichkeit 1 zerstört. Kurze, eng zusammenliegende Schemata werden nicht berührt. So beeinflußt Crossing Over den Ablauf des Verfahrens insofern, als daß sich zunächst kurze Schemata in der Population durchsetzen müssen, die dann später zu größeren Schemata rekombiniert werden.

4) Mutation: Mutation tritt sehr selten auf und hat nicht so viel Einfluß auf das Verfahren wie Crossing Over. Jedoch steigt die Wahrscheinlichkeit eines Schemas, getroffen zu werden, linear mit K_ξ.

Als Quintessenz der Analyse kann festgehalten werden, daß sich kurze, eng zusammenliegende Schemata hoher Qualität exponentiell in der Population durchsetzen. Dieses sei durch ein einfaches Beispiel veranschaulicht:

Länge des Genstrings: 51
ξ_{eng} sei an den Positionen 7,8,9,10 definiert, also:$K_{\xi_{eng}} = 4$; $L_{\xi_{eng}} = 3$
ξ_{weit} sei an den Positionen 5,15,25,35 definiert, also:$K_{\xi_{weit}} = 4$; $L_{\xi_{weit}} = 29$
$N(\xi,t\text{-}1) = 10$ für beide Schemata
$N_{\xi_{Rest}} = 0.1$ für beide Schemata
$\mu_\xi/\mu_{\rho_i} = 1.5$ für beide Schemata.

Nach der in diesem Kapitel entwickelten Formel berechnen sich $N(\xi_{eng},t)$ als $10*1.5*(1\text{-}0.06+0.1*0.06) = 15*0.946 = 14.19$ und $N(\xi_{weit},t)$ als $10*1.5*(1\text{-}0.58+0.1*0.58) = 15*0.478 = 7.17$. Demnach würden in der Phase einer inhomogenen Population auch Schemata sehr guter Qualität zerstört, da sie nicht eng zusammenliegen.

Anders sieht die Situation aus, wenn die Population schon sehr homogen ist. Dazu bleibe das Beispiel so wie oben definiert - nur $N_{\xi_{Rest}}$ sei 0.8 für beide Schemata. Dann ist $N(\xi_{eng},t)$ $10*1.5*(1\text{-}0.06+0.8*0.06) = 15*0.988 = 14.82$ und $N(\xi_{weit},t)$ als $10*1.5*(1\text{-}0.58+0.8*0.58) = 15*0.884 = 13.26$.

2.3.3 Untersuchungen zum k-armigen Banditen

Es ergibt sich direkt eine einfache Frage: Ist es gut, daß das genetische Verfahren so ist, wie es ist, oder sind bessere Ansätze denkbar?

Zur Beantwortung dieser Frage werden Betrachtungen vorgestellt, die aufzeigen, daß die Vorgehensweise eines GA (exponentielles Wachstum qualitativ hochwertiger Allele) tatsächlich besser als andere denkbare Vorgehensweisen ist.

Vermehrungsraten. Die Situation in der Bevölkerung ist folgende: Da die Anzahl der Individuen bzw. Schemata begrenzt ist, konkurrieren die Individuen bzw. Schemata miteinander. Die Besten unter ihnen setzen sich exponentiell durch. Die Frage ist dann, ob eine andere Vermehrungsrate als das exponentielle Wachstum dem Problem nicht angemessener wäre. Eine Antwort auf dieses Problem geben Eigen und Winkler in [Eig75]. Dort werden die Einflüsse von linearem, exponentiellem und hyperbolischem Wachstum von Subpopulationen untersucht, die um begrenzte Ressourcen konkurrieren.

Darstellung verschiedener Wachstumsstrategien. Ist das Wachstum konstant, dann nimmt die Menge direkt proportional zur Zeit zu (lineares Wachstumsgesetz). Die Geschwindigkeit des Wachstums hängt nicht von der bereits vorhandenen Menge ab.

Wenn das Wachstum linear ist, dann ist die Geschwindigkeit des Wachstums proportional zur bereits vorhandenen Menge. Insbesondere verdoppelt sich die Menge in konstanten Zeiträumen. Damit liegt ein exponentielles Wachstum der Menge vor.

Ist der Zuwachs jedoch stärker als linear (z.B. quadratisch), liegt hyperbolisches Wachstum vor. Das Kennzeichen des hyperbolischen Wachstums ist, daß die Verdopplungszeit der Menge ständig kürzer wird. So ergibt sich bereits nach endlicher Zeit eine sogenannte singuläre Stelle, an der die Gesamtmenge unendlich groß wird.

Kugelspiele zur Illustration der Wachstumsgesetze. Bei einem GA ergibt sich das Wachstum von Schemata aus der Differenz von Erzeugung und Abbau. Da die Populationsgröße als konstant angenommen wird, ist der Vermehrung eine natürliche Grenze gesetzt. Eigen hat anhand von verschiedenen Kugelspielen mit unterschiedlichen Wachstumsraten deren Konsequenzen für die Entwicklung von Subpopulationen untersucht. Diesen Spielen liegt ein Brett mit 8x8 Feldern zugrunde. Durch zwei Würfel mit je 8 Flächen (Oktaeder) wird mit einem Wurf jeweils ein Feld des Spielbrettes eindeutig festgelegt. Zwei Spieler erhalten weiße bzw. schwarze Kugeln.

Koexistenz von Subpopulationen. Bei dem ersten Spiel werden 62 Felder mit schwarzen, ein Feld mit einer weißen Kugel und ein Feld gar nicht besetzt. Es wird abwechselnd gewürfelt, wobei der erste Wurf eine Kugel selektiert, welche entfernt wird. Beim nächsten Wurf wird die getroffene Kugel verdoppelt und die neu ins Spiel kommende Kugel ersetzt. Die Wahrscheinlichkeit des Auf- und Abbaus ist für schwarze Kugeln 62/64 und für weiße Kugeln 1/64. Das Ende des Spieles ist erreicht, wenn eine der beiden Kugelsorten ausstirbt.

Die beiden Kugelsorten geraten nicht in Konkurrenz zueinander. Sie existieren in friedlicher Koexistenz und driften zufällig durch alle möglichen Populationsgrößen. Ist die Populationsgröße einer Kugel zufällig irgendwann 0, dann ist das Spiel beendet. Da die Aufbaurate beider Sorten immer gleich der Abbaurate ist, ist die Verbreitung der Subpopulationen rein zufällig. Trotzdem stirbt Weiß so gut wie immer aus, da es in der Anfangsverteilung deutlich unterrepräsentiert war.

Sind beide Kugelsorten anfangs gleichverteilt, dann stirbt zwar eine der beiden nach endlicher Zeit aus (siehe für eine quantitative Analyse des Problems Kap.3.1) - aber nur rein zufällig.

Konkurrenz von Subpopulationen. Das zweite Spiel wird nach den gleichen Spielregeln wie das erste gespielt unter Hinzufügung einer weiteren Regel. Wird bei dem Abbauwurf eine weiße Kugel getroffen, erfolgt ein zusätzlicher Wurf mit einem "normalen" sechsseitigen Würfel. Zeigt dieser eine sechs, wird die selektierte weiße Kugel entfernt, ansonsten ist der Abbauwurf zu wiederholen.

Beim zweiten Spiel gewinnt Weiß relativ sicher, wenn Weiß die kritische Anfangsphase übersteht. Insgesamt ist die Gewinnwahrscheinlichkeit für Weiß und Schwarz etwa gleich. Das Wachstumsgesetz ist ein exponentielles und Weiß hat die bessere Wachstumsrate durch die geringere Abbauwahrscheinlichkeit. Ist dieser Vorteil nur gering, ist die Wahrscheinlichkeit des Hochwachsens von Weiß dementsprechend und Weiß kann dennoch aussterben. Die Erfolgswahrscheinlichkeit von

Weiß hängt davon ab, um wieviel das Verhältnis von Aufbau- und Abbaurate günstiger ist als von Schwarz. In der Natur entspricht diesem Vorgehen das Hochwachsen von Mutanten mit Selektionsvorteil in der Population. Entstehen Mutanten mit hohem Selektionsvorteil, dominieren diese nach kurzer Zeit die gesamte Population. Mutanten mit nur geringen Selektionsvorteilen variieren in ihrer Gesamtanzahl ebenso wie die Gesamtpopulation und sind aufgrund ihrer geringen Zahl ständig vom Aussterben bedroht. Diese Fakten sind sehr nützlich für die Evolution der Population, da nicht jeder gute Mutant sofort hochwächst, sondern verschiedene Mutanten mit geringen Selektionsvorteilen koexistieren, wobei eine zufällig günstige Kombination guter Mutanten mit sehr hohem Selektionswert sich dann doch sehr schnell durchsetzen könnte.

Unterdrücken von Konkurrenz durch hyperbolisches Wachstum. Das dritte Spiel beginnt mit einer Anfangsverteilung von 48 schwarzen und 6 weißen Kugeln. Zehn Felder bleiben leer. Es werden wieder alternierend Aufbau- und Abbauwürfe durchgeführt. Für den Aufbau wird zweimal nacheinander gewürfelt. Es wird nur dann aufgebaut, wenn zweimal hintereinander dieselbe Kugelfarbe getroffen wird. Wird Weiß zweimal selektiert, werden 10 neue weiße Kugeln gesetzt. Beim Abbau wird jeweils mit einem Wurf eine Kugel selektiert und auch entfernt. Darf Weiß zehn Kugeln setzen, erfolgen danach gleich 10 Abbauwürfe.

Diesem Spiel liegt ein hyperbolisches Wachstumsgesetz zugrunde, denn die Chance, eine Kugel einer bestimmten Farbe zu treffen, ist gleich dem Quadrat der Wahrscheinlichkeit eines einzelnen Treffers. Da die Trefferwahrscheinlichkeit von der Besetzungsdichte der Kugelsorte abhängt, verdoppeln sich die schwarzen Kugeln in immer kürzeren Perioden. Bei der Anfangsverteilung ist das Wachstumsverhältnis von Schwarz zu Weiß durch die Formel

$$\frac{\left(\frac{48}{54}\right)^2}{\left(\frac{6}{54}\right)^2} = 64$$

gegeben. Obwohl Weiß eine zehnfach bessere (also 1000% bessere Aufbaurate) besitzt als Schwarz, können sich die weißen Kugeln kaum vermehren, da Schwarz sich in erdrückender Weise vermehrt. Sinkt die Zahl der weißen Kugeln gar auf 3 ab, ist das Wachstumsverhältnis beider Sorten durch

$$\frac{\left(\frac{51}{54}\right)^2}{\left(\frac{3}{54}\right)^2} = 289$$

gegeben, welches eine dramatische Verschlechterung der Chancen von Weiß trotz dessen gewaltigen Selektionsvorteils ergibt. Durch einen glücklichen Zufall ist es möglich, daß Weiß am Anfang gleich durch einen Zufallstreffer seine Anzahl von 6 auf 16 erhöhen kann. In diesem Falle erhöht sich die Chance von Weiß auf

$$\frac{\left(\frac{38}{54}\right)^2}{\left(\frac{16}{54}\right)^2} = 5.5.$$

Da aber die Chance für solch einen anfänglichen Glückstreffer bei nur etwa 1,4% liegt, ist ein Ausbreiten von Weiß trotz 1000% Selektionsvorteils bei hyperbolischem Wachstum fast unmöglich. Dieses Chancenverhältnis würde bei in der Natur typischen Populationszahlen von 10^6 bis 10^9 noch sehr viel schlechter für Weiß werden, so daß in diesem Falle auch gewaltige Selektionsvorteile nicht mehr durchschlagen.

Mathematisch gesehen besteht der einzige Unterschied zwischen exponentiellem und hyperbolischem Wachstum darin, daß beim hyperbolischem Wachstum Singularitäten auftreten. Dieser Unterschied ist bei begrenzten Lebensräumen scheinbar unerheblich, da die Population nicht über einen bestimmten Betrag hinauswachsen kann. Dazu ist anzumerken, daß das Wachstum - gleich, ob exponentiell oder hyperbolisch - zwar zu einer Sättigung an der Grenze zur Maximalgröße der Gesamtmenge führt, aber wie anhand der Kugelspiele demonstriert worden ist, verhalten sich die Untermengen, in die die Population aufgeteilt werden kann, höchst differenziert.

Zusammenfassung. Je nachdem, ob das Wachstum linear, exponentiell oder hyperbolisch ist, ergibt sich ein unterschiedliches Verhalten der Subpopulationen zueinander. Bei linearer Zunahme gibt es eine Koexistenz der Arten ohne gegenseitige Konkurrenz. Dieses Vorgehen ist für ein genetisches Verfahren denkbar ungeeignet, da es einer zufälligen Suche in einem normalerweise gewaltigen Suchraum entspricht. Eine vollständige Suche scheitert an der Komplexität des Suchraumes. Exponentielles Wachstum von Subpopulationen (Schemata) bezüglich ihrer Qualität führt zu dem Durchsetzen der besten Subpopulationen, die sich in konstanten Zeiträumen verdoppeln. Dadurch ist es fast gleichgültig, ob die Population nur einige Tausend oder gar Milliarden von Individuen enthält, da durch die exponentielle Vermehrung nach relativ wenigen Generationen die Population vollständig mit dem neuen Erbmaterial ausgestattet werden kann. Tritt eine neue Subpopulation auf, welche einige Prozent besser ist bezüglich der Qualitätsfunktion, verdrängt diese die dominante Population. Ist der Selektionsvorteil sehr gering, ist es nicht unbedingt möglich, zur dominanten Subpopulation aufzusteigen. Es ist aber jederzeit ein Konkurrenz- und Selektionsverhalten zwischen verschiedenen Subpopulationen spürbar. Ganz anders verhält sich die Sache bei hyperbolischem Wachstum. Wie aus dem dritten Kugelspiel einsichtig geworden ist, wird bei Selektionsvorteilen um Größenordnungen von mehreren Zehnerpotenzen auch bei kleinen Populationen eine einmal getroffene Selektionsentscheidung nicht mehr rückgängig gemacht. Solch ein Verhalten wäre in der Natur fatal und würde Evolution unmöglich machen.

Als Ergebnis der Eigenschen Untersuchungen kann festgehalten werden, daß das exponentielle Wachstum guter Subpopulationen bei beschränkter Populationsgröße dem genetischen Verfahren am besten angemessen ist. Aber ist es auch wirklich optimal? Dieser Frage soll im folgenden nachgegangen werden.

Problem des zweiarmigen Banditen. Es gibt ein Problem, welches Genetischen Algorithmen artverwandt ist und im Rahmen von mathematischer Optimierung untersucht worden ist, nämlich den zweiarmigen bzw. mehrarmigen Banditen [Bel61], [Hol75]. Abb.2.6 zeigt einen zweiarmigen Banditen.

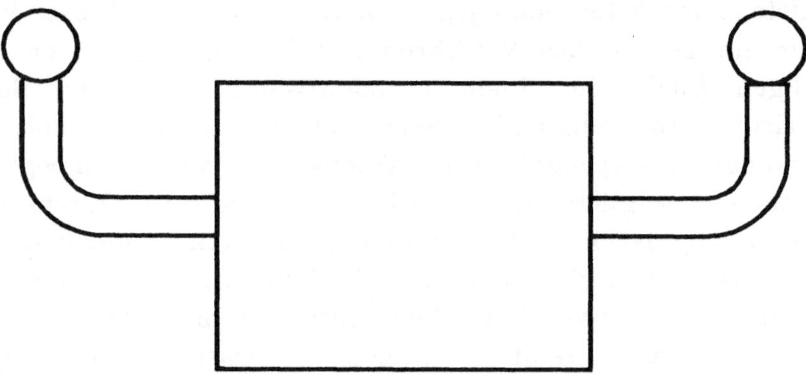

Abb.2.6: Zweiarmiger Bandit

Ein Spieler möchte an dem Spielautomaten von Abb.2.6 spielen und zwar so, daß sein Gewinn maximiert wird. Jeder der beiden Arme A_1 und A_2 liefert in jedem Spiel (ein Spiel bedeutet einfach das Ziehen eines der beiden Hebel) einen durchschnittlichen Gewinn von μ_1 bzw. μ_2. Dieser Betrag wird nicht in jedem Versuch ausgeschüttet, sondern nimmt Werte des Bereiches seiner Standardabweichung σ_1 bzw. σ_2 an. Der Spieler möchte selbstverständlich nur an dem Arm spielen, der den höheren Gewinn verspricht. Unglücklicherweise sind dem Spieler weder μ_1 und μ_2 noch σ_1 und σ_2 bekannt. Die einzige Möglichkeit, Information über diese Werte zu akkumulieren, besteht darin, daß er an beiden Armen spielt und sich irgendwann für einen dieser Arme entscheidet.

Der Spieler steckt in einem Dilemma. Wenn sich der Spieler für einen der Arme entscheidet, hat er sich lediglich für den nach seinen Beobachtungen besten Arm entschieden. Da er aber niemals über vollständige Information verfügt, besteht immer eine endliche Wahrscheinlichkeit q(n) für einen Irrtum.

Das Problem des k-armigen-Banditen ist analog zur Verbreitung von Schemata in GA. Individuen kodieren verschiedene Schemata, wobei sich diejenigen Individuen (und damit auch implizit die von ihnen kodierten Schemata) schnell vermehren. Die Schemata vermehren sich aber nicht gemäß ihrer wirklichen Qualität, sondern gemäß der beobachteten Qualität der Individuen, von denen sie ein Teil sind. Das Ziehen eines Armes des k-armigen-Banditen kann man vergleichen mit der Erzeugung eines Individuums, welches ein bestimmtes Schema beinhaltet und dieses in einem neuen Kontext testet. Beim Ziehen des Armes des k-armigen-Banditen erhält man eine neue Information über die Qualität des Armes und beim Testen eines Schemas in einem neuen Individuum erhält man neue Information über die Qualität des Schemas. Die Analogie zwischen den beiden Problemen wird am Ende des Kapitels wieder aufgegriffen.

Strategie bei unvollständiger Information. Die Strategie des Spielers beruht darin, in der ersten Phase jeden der beiden Arme jeweils n-mal zu spielen. Danach spielt er in einer zweiten Phase nur noch am beobachteten besten Arm, bis er die Gesamtzahl an Versuchen N verspielt hat. Dabei gibt es zwei potentielle Verlustquellen:

1) Da der Spieler an beiden Armen zunächst je n-mal spielt, nimmt er den Verlust in Kauf, der daraus resultiert, daß er auch am falschen Arm gespielt hat.

2) Es besteht die Wahrscheinlichkeit q(n), am falschen Arm weiterzuspielen, so daß noch zusätzlich (N - 2n) Fehlversuche hinzukommen.

Mathematische Beschreibung der potentiellen Verlustquellen. Die Formel, welche die potentiellen Verlustquellen beschreibt, setzt sich aus den oben genannten Verlustquellen 1) und 2) zusammen. Da die (N - 2n) Versuche der zweiten Phase mit der Wahrscheinlichkeit q(n) am falschen Arm gespielt werden, tritt in diesem Falle pro Versuch ein Verlust von $|\mu_1 - \mu_2|$ auf. Die Verlustquelle 2) bewirkt demnach einen Verlust von

$$|\mu_1 - \mu_2| * (N - 2n) * q(n)$$

Es sei angenommen, daß die Auswahl des Armes nach der ersten Phase tatsächlich richtig gewesen ist. Dann ergibt sich ein Verlust von $|\mu_1 - \mu_2| * n$. Dieses geschieht mit der Wahrscheinlichkeit (1 - q(n)); also eben mit der Wahrscheinlichkeit, daß der richtige Arm ausgewählt worden ist. Verlustquelle 1) führt zu einem Verlust von

$$|\mu_1 - \mu_2| * n * (1 - q(n)).$$

Als Formel für die Gesamtzahl der potentiellen Verlustquellen ergibt sich

$$L(N,n) = |\mu_1 - \mu_2| * [(N - 2n) * q(n) + n * (1 - q(n))]$$

wobei realistischerweise angenommen werden kann, daß q(n) eine normalverteilte Zufallsvariable ist, also dem Ausdruck

$$\frac{1}{\sqrt{2\pi} * e^{-\frac{x^2}{2}}}$$

genügt. Die Variable x aus der Formel für die Normalverteilung wird durch

$$x = \frac{(\mu_1 - \mu_2)}{\sqrt{(\sigma_1 + \sigma_2)} * \sqrt{n}}$$

gegeben.

Minimierung des Verlustes. Die zweite Verlustquelle kann dadurch minimiert werden, indem die Anfangsphase, in der beide Arme gespielt werden, möglichst kurz gehalten wird. Das bedeutet: der Betrag von 2n soll minimiert werden. Dadurch wird aber die Wahrscheinlichkeit größer, sich für den falschen Arm zu entscheiden. Ist N gegeben, stellt sich die Frage, wie n zu wählen ist, so daß der Wert L(N,n) minimal wird. Gesucht ist damit n*, so daß gilt:

$$\forall n \in \{1, \ldots, N\}: L(N,n^*) \leq L(N,n)$$

Die genauen Herleitungen der Ergebnisse sind im Rahmen dieser Arbeit nicht von besonderem Interesse, sondern lediglich deren Interpretation im Rahmen von Genetischen Algorithmen. Analysen von Holland [Hol75], die hier nicht weiter ausgeführt werden, ergeben einen Wert für das Optimum n* von

$$n^* \simeq b^2 * \ln \left[\frac{aN^2}{8\pi b^4 * \ln N^2} \right],$$

wobei für b der Wert

$$b = \frac{\sigma_1}{\mu_1 - \mu_2}$$

angenommen wird. Von Interesse für den Bezug zu Genetischen Algorithmen ist, wie sich n* verhält bei steigendem N. Diesen

Sachverhalt hat Goldberg [Gol89] untersucht. Das Ergebnis dieser Analyse zeigt, daß n* bei steigendem N lediglich logarithmisch wächst, bzw. daß bei steigendem n* der Wert von N exponentiell ansteigt. Die Anzahl der Versuche an dem für besser gehaltenen Arm wächst demnach insgesamt exponentiell im Vergleich zur Anzahl der Versuche am anderen Arm. Praktisch bedeutet diese Aussage, daß bei unbekanntem N die optimale Spielstrategie darin besteht, daß der Spieler zwar an beiden Armen zu spielen beginnt; mit zunehmender Spieldauer jedoch dem besseren Arm eine exponentiell ansteigende Zahl von Versuchen widmet.

K-armiger-Bandit. Das Problem des zweiarmigen Banditen ist leicht erweiterbar auf das Problem des k-armigen-Banditen. Für dieses allgemeinere Problem sind Untersuchungen angestellt worden von Holland [Hol73]. Als Ergebnis der Untersuchungen kommt eine ähnliche Aussage heraus wie beim zweiarmigen Banditen: alle Arme werden ausprobiert - der beste beobachtete Arm erhält einen exponentiell steigenden Anteil an der Gesamtanzahl der Versuche.

Der k-armige-Bandit und Genetische Algorithmen. Die Ergebnisse des k-armigen-Banditen sind im folgenden auf Genetische Algorithmen zu übertragen. Dazu ist die Verwandtschaft zwischen dem impliziten Verarbeiten von Schemata und der Aufteilung der Spiele an den einzelnen Armen des k-armigen-Banditen aufzuzeigen. GA verbreiten kurze, zusammenhängende Schemata guter Qualität exponentiell in der endlichen Population. Jedes Schema erhält einen Wert durch Summierung der beobachteten Qualität der Individuen, in denen es auftritt, geteilt durch die Anzahl dieser Individuen. Die Qualität eines Schemas ist abhängig von der Qualität der Stichprobe von Individuen, die die aktuelle Population bilden. Das Dilemma der GA besteht darin, daß das Ziel der Erforschung des Suchraumes und Förderung der als beste beobachten Schemata die Gefahr des "Error Propagation" mit sich bringt. Sind diese Schemata nämlich nicht die besten, sondern nur im Kontext der Stichprobe gut, dann verdrängen sie andere Schemata aus der Population, die aber besser sind. Andererseits soll ständig neue

Information durch Ausprobieren neuer Schemata und Testen bereits bekannter Schemata in neuem Kontext gewonnen werden.

Die Verwandtschaft zwischen dem Problem des k-armigen-Banditen und der Verbreitung von Schemata wird durch eine Analyse der Abb.2.7 offenkundig.

000
001
010
011
100
101
110
111

Abb.2.7: Konkurrierende Schemata

Nehmen wir an, daß Individuen, welche das Schema ***000*** enthalten, eine deutlich bessere Qualität aufweisen als andere Individuen. Das Ergebnis ist dann, daß in der nächsten Generation sehr viele Individuen mit diesem Schema auftauchen. Das Schema ***000*** ist dann in vielen neuen Kontexten getestet worden. Ist die Qualität der Individuen, in denen es enthalten ist, gleichbleibend hoch, dann vermehrt es sich exponentiell auf Kosten der anderen Schemata weiter. Das exponentiell zunehmende Testen des Schemas ***000*** entspricht dem exponentiellen Testen eines der acht Arme eines entsprechenden achtarmigen Banditen.

Konkurrierende Schemata. Für die Schemata aus Abb.2.7 gilt, daß sie in direkter Konkurrenz zueinander stehen. Zwei Schemata ξ_1 und ξ_2 stehen in Konkurrenz zueinander, wenn folgende Beziehungen gelten:

$$1)\ \forall\, i \in \{1,2,\ldots,n\}: (\xi_{1i} = \xi_{2i} = *) \vee ((\xi_{1i} \neq *) \wedge (\xi_{2i} \neq *))$$

und

2) $\exists\, i \in \{1,2,\ldots,n\}: \xi_{1i} \neq \xi_{2i}$.

Zwei Schemata stehen also genau dann in Konkurrenz, wenn sie an genau denselben Stellen definiert sind, aber an mindestens einer dieser Positionen einen unterschiedlichen Wert aufweisen. Eigentlich stehen auch überlappende Schemata in Konkurrenz zueinander, doch Konkurrenz wird hier in sehr engem Sinne gebraucht. Die Schemata aus Abb.2.7 lassen sich als Arme eines achtarmigen Banditen interpretieren. Der Wert μ_ξ eines jeden Schemas ist durch das dazugehörige Individuum bestimmt. Die Ermittlung des genauen Wertes eines Schemas scheitert an der Komplexität seiner Berechnung. Ein Ziehen an einem Arm mit dem Erhalten eines Wertes μ_{ARM} ist direkt vergleichbar mit der Kreation eines Individuums, welches ein bestimmtes Schema enthält und dessen anschließender Bewertung. So wird Information darüber akkumuliert, welche Werte ein Schema in verschiedenen Kontexten bekommt. Da die Anzahl der beobachteten Werte für jedes Schema guter Qualität exponentiell zunimmt, entspricht die Vorgehensweise des genetischen Algorithmus im Prinzip der optimalen Vorgehensweise beim k-armigen-Banditen. Die Schemata aus Abb.2.7 konkurrieren während der Laufzeit des genetischen Verfahrens um die Plätze in der Population, bis eines den Verdrängungswettbewerb gewonnen hat. Durch gelegentliche Mutationen kommt es zwar dann noch vor, daß Schemata in der Population auftauchen, die dem beobachteten Schema ähnlich sind; doch setzen sich diese nur dann durch, wenn ihre Qualität über einen längeren Zeitraum besser ist als diejenige des beobachteten besten Schemas. Am Schluß sieht es dann aber so aus, daß das beste Schema immer wieder neu rekombiniert wird, was dem fortwährenden Spielen am besten Arm entspricht. Die Mutation wäre so zu interpretieren, daß gelegentlich doch einer der anderen Arme noch gespielt wird.

Impliziter Parallelismus. Der GA behandelt das Problem des k-armigen-Banditen nicht explizit, sondern löst es implizit durch Verbreitung der besten Individuen. Wie viele solcher Probleme behandelt der Genetische Algorithmus parallel? Wie viele Arme haben die jeweils zugrunde liegenden Banditen?

Die beiden Fragen werden anhand des Beispiels aus Abb.2.7 erörtert. In Abb.2.7 sind Schemata der Kardinalität $K_\xi=3$ betrachtet. Von dieser Sorte gibt es acht verschiedene. Im allgemeinen sind es k^{K_ξ} Schemata, mit k als Anzahl der Allele pro Genposition, welche um Plätze in der Population direkt miteinander konkurrieren. Die Anzahl solcher Banditen mit fester Länge $K_\xi=3$ läßt sich aus den Rechenregeln der Kombinatorik einfach herleiten. Sie entspricht dem Ziehen von 3 unterscheidbaren Kugeln ohne Zurücklegen aus einer festen, endlichen Menge von Kugeln. Die Anzahl der Möglichkeiten der Ziehung solcher Kugeln ist $\binom{n}{k}$ - in dem obigen Beispiel $\binom{9}{3} = 84$. Im obigen Beispiel wird also an 84 achtarmigen Banditen gleichzeitig gespielt und zwar nach der optimalen Strategie!

Diese 84 Banditen stehen nicht in Konkurrenz zueinander, da sie verschiedene - obwohl teilweise überlappende - Slots der Population belegen. Die Anzahl der möglichen Banditen beliebiger Länge beträgt für unser Beispiel $2^9 = 512$. Im allgemeinen sind es k^n Banditenprobleme, die gleichzeitig von einem GA behandelt werden. Diese Probleme werden parallel betrachtet und implizit, ohne zusätzlichen Aufwand, abgehandelt.

Implizite Änderung von k zur Laufzeit des Verfahrens. Es werden k-armige-Banditen Probleme simultan behandelt. Allerdings werden diese Probleme nicht gleichwertig gelöst, sondern in unterschiedichen Phasen des Algorithmus werden Banditen unterschiedlicher Länge betrachtet. Am Anfang sind es die Banditen größerer Länge, welche durch das Crossing Over gestört werden. Haben sich jedoch im Laufe des Verfahrens die kurzen Schemata durchgesetzt, werden diese zu größeren Schemata rekombiniert. In dieser Phase werden Banditenprobleme mittlerer Länge betrachtet. Am Schluß wird das Banditenproblem der vollen Länge gelöst, wobei die kleineren Teilprobleme so gut wie nicht mehr betrachtet werden.

Vergleicht man die optimale Lösung des k-armigen-Banditen mit dem Verfahren der Lösung von Optimierungsproblemen mit GA, so ergibt sich eine offensichtliche Analogie der Vorgehensweisen. Das bedeutet, daß im Prinzip ein GA die richtige Antwort auf die Frage nach der Verbreitung von Schemata ist.

2.3.4 Irreführen von Genetischen Algorithmen

Probleme Genetischer Algorithmen. Im folgenden sollen bewußt die Schwierigkeiten aufgezeigt werden, unter denen GA zu leiden haben. Ähnliche Untersuchungen finden sich zum Thema "The Minimal Deceptive Problem" in [Gol89].

Arbeitsweise des GA. Bei Verwendung von Crossing Over bilden sich zunächst kurze, zusammenhängende Schemata hoher Qualität. Ein GA ist dann natürlich hervorragend geeignet, wenn das gesuchte Optimum sich im wesentlichen aus Teilschemata sehr hoher Qualität zusammensetzt. Es mag aber sein, daß Teilschemata das Optimum bilden, die alle für sich gesehen eine sehr niedrige Qualität aufweisen und nur gerade durch ihr gleichzeitiges, kumuliertes Auftreten ein Individuum hoher Qualität hervorbringen. Andererseits kann es dann möglich sein, daß die Zusammenfassung kurzer Schemata hoher Qualität sehr niedrige Qualität aufweist.

Da der GA dergestalt arbeitet, daß er zunächst unter den kurzen Schemata die vielversprechendsten selektiert, kann das Verfahren in einem oben genannten Falle irregeleitet werden. Wenn ein Problem vorliegt, welches mit einem Genetischen Algorithmus behandelt werden soll, muß der Programmierer die Definition seiner Menge genetischer Operatoren, der Qualitätsfunktion, der Kodierung des Problems u.ä. vornehmen. Ist das Problem nicht optimal der Arbeitsweise des Genetischen Algorithmus angemessen, kann der Programmierer dieses berücksichtigen, indem er aufwendigere genetische Operatoren wählt, welche viele Punkte des Suchraumes testen und die schnelle Konvergenz des Verfahrens verhindern. Die Struktur und

Dimensionalität des Suchraumes hängt von der gewählten Kodierung ab, so daß mittels verschiedener Kodierungen eventuell Suchräume gefunden werden, welche dem Problem gut angemessen sind. Das Hauptproblem ist aber die Wahl einer geeigneten Zielfunktion. Diese muß so gewählt werden, daß o.g. Schwierigkeiten nicht, oder in tolerierbarem Rahmen auftauchen. Gut ist dazu ein Problem, was sich in unabhängige Teilprobleme zerlegen läßt, denn dann können diese Teilprobleme mittels benachbarter Gene kodiert werden.

Irreführen des Genetischen Algorithmus. Es gibt einfache Probleme, welche Genetische Algorithmen dadurch irreführen, daß kurze Schemata minderer Qualität sich zu längeren mit hoher Qualität zusammenfügen. Wenn die geeigneten Kombinationen nicht gefunden werden, sterben geeignete, kurze Schemata aus.

γ_1	γ_2	N'_ξ	μ_ξ
w1	*	0.333	0.93
w2	*	0.333	0.97
w3	*	0.333	1.10
*	w1	0.333	0.97
*	w2	0.333	0.97
*	w3	0.333	1.10

Abb.2.8: Beispiel mit einelementigen Schemata

Beispiel für einelementige Schemata. Um das mögliche Irreführen Genetischer Algorithmen zu untersuchen, wird im folgenden ein Beispiel analysiert. In Abb.2.8 ist eine Tabelle gegeben, die die Qualität verschiedener Schemata anzeigt. Man stelle sich eine Population einzelner Individuen vor mit jeweils n Genen. Es seien nur die Genpositionen γ_1 und γ_2 betrachtet. Die Positionen γ_3 bis γ_n seien der Einfachheit halber unterschlagen. Für jede der Genpositionen kommen die drei Allele w1, w2 und w3 in Frage. Die Häufigkeit derselben in der imaginären Population sei durch N'_ξ gegeben. Dieser Wert stellt eine prozentmäßige Verteilung des Schemas ξ in der Population dar. Die

Qualität μ_ξ eines Schemas sei bekannt. Diese letzte Annahme ist stark idealisiert, denn dann müßte das Schema in allen möglichen Genkombinationen berechnet werden - und das sind immerhin 3^{n-K_ξ}. Aus der Abb.2.8 sieht man sofort, daß im Mittel w3 sowohl für die erste als auch für die zweite Position die besten Werte annimmt. Natürlich kann es aber gerade sein, daß das Optimum nicht an beiden Stellen w3 enthält, sondern jeweils zwei Allele, welche sich gerade nur in Kombination als gut erweisen.

Erweiterung auf zweielementige Schemata. Um wirklich brauchbare Aussagen über das Optimum zu finden, genügt im allgemeinen Falle nicht die isolierte Betrachtung einzelner Gene (Schemata mit nur einem Element). Es sollten auch Schemata größerer Länge betrachtet werden. Inwieweit die Qualität längerer Schemata in den Ablauf von Evolutionsverfahren eingeht, soll durch Weiterentwicklung des Beispiels aus Abb.2.8 plausibel gemacht werden. Es muß noch einmal darauf hingewiesen werden, daß die Entwicklung von Schemata implizit in der Population geschieht und nicht explizit berechnet wird. Die explizite Berechnung wird an dieser Stelle nur für zweielementige Schemata durchgeführt und ist selbst dafür im einfachen Fall von nur drei Allelen pro Gen bei Voraussetzung konstanter Populationsgröße mit ständig bekannten Werten μ_ξ schwer nachvollziehbar. Die Daten der zweielementigen Schemata sind in Abb.2.9 gegeben.

γ_1	γ_2	N'_ξ	μ_ξ
w1	w1	0.111	1.6
w1	w2	0.111	0.5
w1	w3	0.111	0.7
w2	w1	0.111	0.5
w2	w2	0.111	1.2
w2	w3	0.111	1.2
w3	w1	0.111	0.8
w3	w2	0.111	1.2
w3	w3	0.111	1.3

Abb.2.9: Beispiel mit zweielementigen Schemata

Durch Selektion zweier Allele nach Abb.2.8 wäre bei kurzsichtiger Betrachtungsweise die Kombination w3w3 selektiert worden. Überraschenderweise ist das Schema w1w1 jedoch das Beste. Bei einem Verfahren, welches nur einelementige Schemata betrachtet, wäre dieses bestimmt nicht selektiert worden. Die zu beantwortende Frage ist nun: Setzt sich w1w1 bei einem Genetischen Algorithmus durch? Außerdem ist zu klären, wie schnell sich diese Frage entscheidet. Zur Beantwortung dieser Fragen wird im Folgenden analysiert, wie sich der "Pool" der Schemata zur Laufzeit eines Evolutionsverfahrens weiterentwickeln würde.

Umrechnung der beiden Tabellen. Die Werte von Abb.2.8 sind willkürlich gewählt, während jene von Abb.2.9 aus diesen ableitbar sind. So berechnet sich N'_{w1*} einfach durch $\Sigma N'_{\xi_s}$ mit s als Index über alle Schemata, welche das Schema w1* enthalten. Der Wert von μ_{w1*} berechnet sich durch $\Sigma\mu_{\xi_s}*N'_{\xi_s}$. Wenn ein allgemeines genetisches Verfahren solch eine Situation vorfände, wäre es wünschenswert, wenn das Schema w1w1 innerhalb kurzer Zeit alle anderen Konkurrenten eliminiert und sich in der Bevölkerung konsequent etabliert.

Exponentielles Wachstum qualitativ hochwertiger Schemata. Nach [Hol75] wächst die Reihe $N'_\xi(t)$ exponentiell in der Zeit. Es berechnet sich $N'_\xi(t+1)$ proportional zu dem Produkt aus $N'_\xi(t)$ und μ_ξ. Da die Schemata im Verhältnis zu ihrer Qualität exponentiell wachsen, kann der zukünftige Anteil eines jeden Schemas in der Population iterativ berechnet werden.

Abschätzen der Verbreitung eines Schemas. Es soll z.B. der Anteil des Schemas w1w1 in der nachfolgenden Population geschätzt werden. Dabei geht das Produkt von N'_{w1w1} und μ_{w1w1} ein, also 0.111*1.6. Durch die Verbreitung einelementiger Schemata w1* und *w1 entstehen natürlich auch neue w1w1-Schemata. So muß zusätzlich noch das Produkt $(N'_{w1*}*\mu_{w1*})*(N'_{*w1}*\mu_{*w1})$ berechnet werden. Die beiden Produkte sind anschließend zu addieren und durch 2 zu dividieren. Um den konkreten Anteil an der Population jedes zweielementigen Schemas

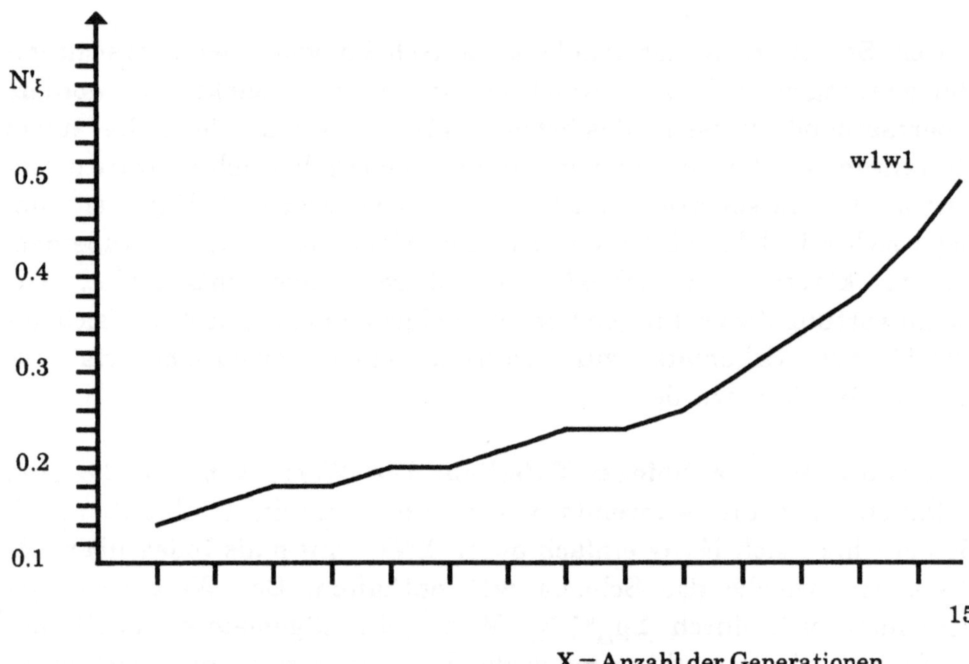

Abb.2.10: Entwicklung von w1w1 während der ersten 15 Generationen

zu berechnen, ist noch eine Normierung nötig. Dazu werden die neuen Werte $N'_\xi(t+1)$ aufsummiert und durch die Anzahl der Schemata geteilt. Dieser Wert sei Norm genannt. Für ein beliebiges zweielementiges Schema ergibt sich

$$N'_{\eta\nu}(t+1) = \frac{\left(N'_{\eta\nu} * \mu_{\eta\nu}\right) * \left(N'_{\eta *} * \mu_{\eta *}\right) * \left(N'_{\eta\nu} * \mu_{\eta\nu}\right)}{2 * \text{Norm}}$$

mit $\eta,\nu \in \{w1,w2,w3\}$.

Weil sich Individuen mit hoher Qualität in der Bevölkerung durchsetzen, sind die Werte für μ_ξ zu korrigieren, da der Durchschnittswert μ_ξ angehoben wird. Die neuen Werte für μ_ξ berechnen sich aus μ_ξ/Norm, wobei Norm durch die Formel

$$\text{Norm} = \sum_\xi N'_\xi(t+1) * \mu_\xi(t)$$

gegeben ist und die Summierung über alle zweielementigen ξ geschieht. Die Werte von μ_ξ der einelementigen Schemata errechnen sich analog zu denen der zweielementigen Schemata. In Abb.2.10 und 2.11 ist die Entwicklung ausgesuchter Schemata betrachtet.

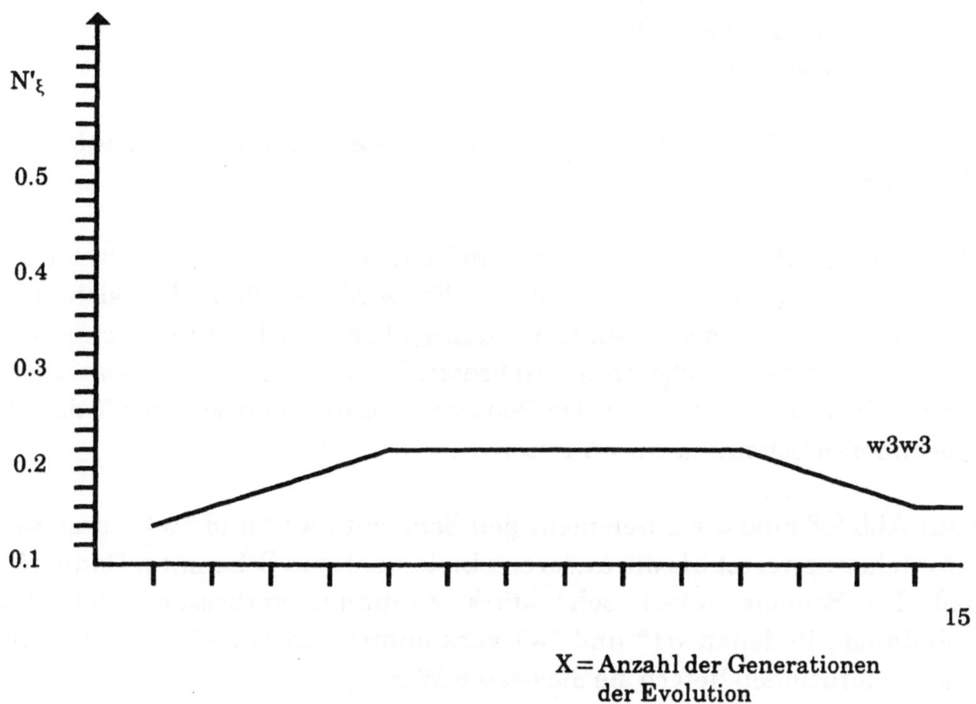

Abb.2.11: Entwicklung von w3w3 während der ersten 15 Generationen

Analyse der Ergebnisse. Zu Anfang zeigt das Schema w1w1 zwar schon steigende Tendenz, doch nach fünf Generationen ist das Schema w3w3 noch stärker vertreten (0.177 - 0.183). Nach sieben Generationen ist w1w1 häufiger als w3w3 (0.197 - 0.194). Nach 15 Generationen hat sich das Schema w1w1 deutlich durchgesetzt (0.492 - 0.112).

γ_1	γ_2	N'_ξ	μ_ξ
w1	w1	0.492	1.282
w1	w2	0.031	0.401
w1	w3	0.116	0.561
w2	w1	0.028	0.401
w2	w2	0.009	0.962
w2	w3	0.026	0.962
w3	w1	0.152	0.641
w3	w2	0.034	0.962
w3	w3	0.112	1.042

Abb.2.12: Tabelle der zweielementigen Schemata nach 15 Generationen

Durch die Verbreitung von w1w1 sind sogar die Schemata w3w1 und w1w3 häufiger vertreten als w3w3. Es wird deutlich, daß sich das Schema w1w1 zunächst langsam, dann aber jedoch immer schneller gegen alle anderen Schemata durchsetzt. Nach lediglich 30 Iterationen setzt sich w1w1 zu 100% in der Population durch und verurteilt damit alle anderen Schemata zum Aussterben.

Laut Abb.2.8 sind die einelementigen Schemata w1* und *w1 zunächst schwächer bewertet als die anderen einelementigen Schemata. Dadurch, daß das Schema w1w1 sehr stark zunimmt, verbessern sich die Individuen, in denen w1* und *w1 vorkommen, im Mittel. Bereits nach fünf Generationen liefern sie die besten Werte μ_ξ.

Zusammenfassung. Insgesamt zeigt das Beispiel, daß von genetischen Verfahren nicht nur einelementige Schemata betrachtet werden, sondern auch mehrelementige Schemata. Da sich Schemata exponentiell in der Population durchsetzen, führt die Verbreitung mehrelementiger Schemata dazu, daß ihre einelementigen Schemata meistens in für sie vorteilhaften Kontexten getestet werden und sich dadurch im Mittel ebenfalls verbessern. So konnte z.B. das Schema w1* nur in Individuen mit w1 als zweitem Allel auf Dauer überleben, da w1w2 und w1w3 sehr schlechte Bewertungen haben und zurückgehen. Dieser Effekt verstärkt sich durch die Betrachtung von Schemata mit größerer Länge als zwei.

2.4 Konventionelle Optimierungsverfahren und Genetische Algorithmen

Einführung. Es gibt inzwischen eine unübersehbare Anzahl von Optimierungsverfahren, deren ausführliche Darstellung den Rahmen dieses Buches sprengen würde. Ziel dieses Kapitels ist die grobe Einordnung der GA in den Rahmen bestehender Verfahren. Eine ausführlichere Übersicht über verschiedene Optimierungsverfahren wird z.B. in [Sch77], [Pre88] oder [Neu75] gegeben. Optimierung bedeutet in der Praxis immer, die Balance zu halten zwischen der Schnelligkeit der Approximation des Ziels und der Qualität der erreichten Lösung.

Es gibt viele Möglichkeiten, um Optimierungsverfahren zu klassifizieren. Eine davon ist die Unterteilung in Verfahren, die diskrete bzw. kontinuierliche Optimierungsprobleme lösen. ES sind eher zur Lösung kontinuierlicher Probleme geeignet und GenA werden meist für diskrete Probleme eingesetzt.

Kontinuierliche Verfahren. Diese Verfahren nutzen in der Regel die partiellen Ableitungen der Zielfunktion aus. Die bekanntesten dieser Verfahren sind die sogenannten Gradientenverfahren. Auf dem Prinzip des Gradientenabstiegs basierende Verfahren gibt es viele, ist die Zielfunktion annährend quadratisch, haben sich z.B. die konjugierten Gradientenverfahren als sehr leistungsfähig erwiesen. Wenn das Problem nicht zu groß ist, können oft noch die zweiten partiellen Ableitungen gebildet werden. Diese werden in der sogenannten Hesse-

Matrix zusammengefaßt. Die Newton-Verfahren, die gerade die Hesse-Matrix benötigen, sind als sehr leistungsfähige Problemlöser bekannt. Einen Kompromiß zwischen Effizienz und Qualität stellen die Quasi-Newton Verfahren dar, welche die Hesse-Matrix nicht explizit berechnen, sondern diese lediglich approximieren. Diese Verfahren sind sehr ausführlich in [Tro91] untersucht worden. Im folgenden Kapitel wird nur ein sehr allgemeiner Vergleich zwischen Gradientenverfahren und GenA angestrebt.

Diskrete Verfahren. In den letzten Jahren ist Simulated Annealing [Kir83] im Bereich der diskreten Optimierung wiederholt erfolgreich zum Einsatz gekommen. Simulated Annealing wird in Kap. 2.4.2 mit Genetischen Algorithmen verglichen. Das einfachste diskrete Verfahren ist das Hillclimbing. Es wird immer nur genau ein Parameter verändert, wobei die Änderung beibehalten wird, wenn sie zu einer Verbesserung des Gesamtsystems geführt hat. Die Gauß-Seidel-Strategie ist eine Variante des Hillclimbing, bei der so lange in eine Richtung gegangen wird, bis dort keine Verbesserung mehr gefunden werden kann. Diese Technik wird so lange für alle Richtungen systematisch ausgeführt, bis keine weiteren Verbesserungen mehr erreicht werden. Das Simplex Verfahren (nicht zu verwechseln mit dem Simplex Algorithmus der linearen Optimierung) geht von Punkten im Suchraum aus, die einen regulären Simplex bilden. Ein n-dimensionaler regulärer Simplex hat $n+1$ Ecken, wobei alle Eckpunkte die gleiche Entfernung voneinander besitzen (im dreidimensionalen Fall ist der Tetraeder ein solcher Körper). Die Ecke mit der schwächsten Bewertung wird jeweils gestrichen und durch eine gegenüberliegende Ecke ersetzt. Es wird Backtracking verwendet, um zyklische Iteration von Punkten zu vermeiden.

Ziele des Kapitels. Ein Vergleich von konventionellen Optimierungsverfahren und genetischen Verfahren ist wichtig, um einen Überblick über die Qualität der einzelnen Verfahren zu bekommen. Der Vergleich wird deutlich machen, daß

1) Gradientenverfahren und Genetische Algorithmen ihre Stärken und Schwächen in verschiedenen Phasen des Optimierungsprozesses haben
2) Simulated Annealing ein Spezialfall Genetischer Algorithmen ist.

2.4.1 Gradientenverfahren und Genetische Algorithmen

Gradientenverfahren allgemein. In der Optimierung werden Gradientenverfahren seit langem mit gutem Erfolg eingesetzt. Gemeinsam ist diesen Verfahren zunächst einmal, daß sie von einem Startvektor der Form

$$\Xi_1 = (\lambda(\gamma_1), \lambda(\gamma_2), \dots, \lambda(\gamma_n))$$

ausgehen. Die Zielfunktion μ ist als Funktion über diesen Vektor definiert. Gradientenverfahren nutzen die Tatsache, daß der Gradientenvektor der partiellen Ableitungen

$$g(\Xi) := \text{grad}\, \mu(\Xi) = \left(\frac{\partial \mu}{\partial \lambda(\gamma_1)}, \frac{\partial \mu}{\partial \lambda(\gamma_2)}, \dots, \frac{\partial \mu}{\partial \lambda(\gamma_n)} \right)$$

in Richtung des stärksten Abstieges der Funktionswerte $\mu(\Xi)$ zeigt. Bei einfachen Gradientenverfahren wird der Punkt Ξ_{i+1} aus den Punkten Ξ_i und der Gradienteninformation $g(\Xi_i)$ durch

$$\Xi_{i+1} = \Xi_i + \varepsilon * g(\Xi_i)$$

ermittelt, wobei ε eine Schrittweite ist, so daß der Wert der Zielfunktion sich möglichst stark verringert. Der Wert für ε muß mittels sogenannter Liniensuchverfahren gefunden werden. Der optimale Wert für ε ist derjenige, an dem μ ein Minimum bezüglich der durch den Gradienten vorgegebenen Suchrichtung annimmt. Diese Methode wird Gradienten-Abstiegs-Verfahren bzw. Methode des steilsten Abstiegs genannt. Es gibt auch komplexere Gradientenverfahren [z.B. Pre88], die der Methode des steilsten Abstiegs überlegen sein sollen.

Algorithmus eines einfachen Gradientenverfahrens. Ein einfaches Gradientenverfahren kann wie folgt als Algorithmus formuliert werden.

Grad 1. [Zielfunktion festlegen]. Eine mindestens einmal differenzierbare Zielfunktion μ wird gesucht.

2. [Abbruchkriterium festlegen]. Wird der Gradient 0 terminiert der Algorithmus.

3. [Anfangsbelegung vornehmen]. Eine Anfangsbelegung der Variablen $\Xi_1 = (\lambda(\gamma_1), \lambda(\gamma_2),\ldots,\lambda(\gamma_n))$ wird vorgenommen.

4. [Suchrichtung bestimmen]. Die Suchrichtung wird bestimmt durch Bildung des Vektors der partiellen Ableitungen $g(\Xi) := \text{grad } \mu(\Xi) = (\partial\mu/\partial\lambda(\gamma_1), \partial\mu/\partial\lambda(\gamma_2),\ldots,\partial\mu/\partial\lambda(\gamma_n))$.

5. [Schrittweite ermitteln]. Eine Schrittweite ε wird ermittelt, die mit dem Gradientenvektor zu multiplizieren ist.

6. [Neue Lösung generieren]. Setze $\Xi_{i+1} = \Xi_i + \varepsilon * g(\Xi_i)$.

7. [Qualität bestimmen]. Berechne $\mu(\Xi_{i+1})$.

8. [Abbruchkriterium testen]. Wird der Gradient 0, terminiert der Algorithmus, ansonsten goto 4.

9. [Terminierung]. Ende.

Die Vorgehensweise besteht darin, daß der Gradient an einem bestimmten Punkt berechnet wird. Anschließend wird mittels Liniensuche bezüglich dieser Richtung ein Minimum der Schrittweite gesucht. Diese Vorgehensweise wird so lange iteriert, bis entweder ein lokales Minimum oder ein zufriedenstellender Wert erreicht worden ist.

Sind zusätzliche Informationen (z.B. 2. Ableitung) vorhanden, dann kann die Hesse-Matrix gebildet werden. Solche Verfahren arbeiten zwar exakter als einfache Gradientenverfahren, erfordern aber sehr viel Rechenzeit und Speicherplatz.

In Kap.5 wird das Error Backpropagation Verfahren vorgestellt, welches das gängige Lernverfahren für Neuronale Netze darstellt. Dieses Verfahren ist ein Gradientenverfahren, welches die

Gradienteninformation lediglich in einfachster Form verarbeitet. Der Gradient wird multipliziert und mit einer festen Schrittweite auf den aktuellen Gewichtsvektor aufaddiert.

Schemaentwicklung in Gradientenverfahren. Während des Lern- bzw. Optimierungsprozesses bewirkt das zugrunde gelegte Optimierungsverfahren die Auswahl qualitativ hochwertiger Schemata. Bei einem Gradientenverfahren gibt es zu jedem Zeitpunkt t nur genau ein Individuum. Durch gezielte Änderung seines Gewichtsvektors wird das Individuum Ξ_i in Ξ_{i+1} verwandelt. Die Selektion entfällt, da das neue Individuum Ξ_{i+1} garantiert Ξ_i ersetzt. Ist ein Individuum Ξ_i gegeben durch

$$\Xi_i = (\lambda(\gamma_1), \lambda(\gamma_2), \dots, \lambda(\gamma_n))$$

dann führt eine gezielte Änderung des Gewichtsvektors zu einer Verbesserung bezüglich μ. Im Rahmen der Schema-Theorie wird bei Gradientenverfahren lediglich das Schema der Form

$$\xi = (\lambda(\gamma_1)\ \lambda(\gamma_2) \dots \lambda(\gamma_n))$$

betrachtet. Als Konvention gelte wie gehabt, daß Einzelpositionen von Schemata nicht durch "," getrennt sind. Auffällig ist, daß nur das Schema betrachtet wird, welches sämtliche Allele enthält. Dort wird nach neuen Allelen gesucht, so daß sich eine möglichst große Verbesserung (steilster Abstieg) bezüglich μ ergibt. Da die Population nur einelementig ist, wird jedes dieser Schemata nur einmal getestet. Augenfällig ist dabei die "Kurzsichtigkeit" des Verfahrens. Der Abstieg erfolgt nach der lokal steilsten Suchrichtung, welche für eng benachbarte Punkte schon wieder ganz anders aussehen kann. Positiv ist anzumerken, daß stetig Verbesserungen erzielt werden, so daß das Verfahren in der Regel schnell und zielsicher konvergiert.

Genetische Algorithmen testen Schemata in mehreren Kontexten - d.h. genau so oft, wie sie in Individuen der Populationen vorkommen. Im letzten Kapitel ist gezeigt worden, daß pro Individuum 2^n verschiedene Schemata simultan getestet werden. Die Schemata werden durch

Rekombination entweder vererbt, oder es entstehen jeweils neue Schemata mit 1 bis n Elementen.

Aussagen. Es wird deutlich, daß:

a) GA mehr Schemata testen als Gradientenverfahren,
b) GA Schemata variabler Länge testen, während Gradientenverfahren lediglich Schemata der Länge n testen,
c) Gradientenverfahren a priori gezielte Änderungen ausführen, während GA zufällig Allele auswählen und die besten a posteriori durch spätere Selektion erhalten.

Hypothesen. Aus diesen einfachen Überlegungen ergeben sich fast zwangsläufig zwei Hypothesen:

1.) Gibt es einen Weg zum absoluten Optimum, welcher von fast allen Startpunkten mittels monoton steigender Punkte erreicht werden kann, ist ein gutes Gradientenverfahren dem Problem besser angemessen als ein aufwendiger GA.

2.) Weist die Qualitätsfunktion μ sehr viele lokale Minima auf, ist ein genetisches Verfahren durch seine hohe Flexibilität besser geeignet als ein Gradientenverfahren.

Die erste Hypothese erscheint evident - jedes Gewicht wird in Richtung des steilsten Anstiegs geändert; das Optimum kann damit direkt approximiert werden, ohne Umwege einzuschlagen. So ist ein Gradientenverfahren logischerweise Problemen mit einer einfachen Struktur der Problemfunktion hervorragend angemessen. Bei den Beispielen, die in Kap.4 und 5 betrachtet werden, sind demnach auch einfache Verfahren für kleine Probleme am effizientesten.

Die zweite Hypothese wird im Verlauf dieses Kapitels z.B. durch die Aussage untermauert, daß Simulated Annealing (SA) lediglich ein Spezialfall der GA ist. SA aber wird gerade zur Lösung von Problemen benutzt, die sehr viele lokale Minima besitzen. Der Vorteil des besseren Suchens durch Einsatz einer Population wird in Kap.4 und 5 bei den großen Beispielen sehr augenfällig. Größere Beispiele sind dort ohne genetische Verfahren kaum lösbar.

Vor- und Nachteile von Gradientenverfahren. Die Vor- und Nachteile von Gradientenverfahren seien noch einmal kurz zusammengefaßt.

+ Der Gradient gibt die Richtung des steilsten Abstiegs an. In dieser Richtung kann der Funktionswert verbessert werden, wenn man nicht ein lokales Optimum erreicht hat
- Lokale Optima können nicht verlassen werden
- Die Qualitätsfunktion muß differenzierbar sein
- Das Rechnen mit zum Teil sehr kleinen reellen Zahlen führt zwangsläufig auf Computern zu Rundungsfehlern, welche unter Umständen zu gravierenden Fehlern werden können
- Die Qualität der Lösung ist stark abhängig vom Startpunkt des Verfahrens

Erläuterung. Einem einzigen Vorteil des Verfahrens sind fünf Nachteile gegenübergestellt. Aus diesem Grunde muß darauf hingewiesen werden, daß die Gradienteninformation sehr nützlich ist, während die Nachteile nicht unbedingt stark zu Buche schlagen müssen.

Der vielleicht größte Nachteil der Gradientenverfahren liegt darin, daß die Qualität der Lösung sehr stark abhängig ist vom Startpunkt des Verfahrens, was natürlich sehr unbefriedigend ist.

Bei der Annäherung eines Optimums tritt eine weitere gravierende Schwäche bei Verfahren auf, welche mit steilstem Abstieg und optimaler Liniensuche arbeiten. Im Prinzip muß in der Gradientenrichtung nur ein möglichst kleiner Schritt gemacht werden, da der Gradient sich von Punkt zu Punkt ändert. Theoretisch sind deshalb unendlich viele Gradienten zu berechnen und bei extrem kleiner Schrittweite immer noch "sehr viele". Die praktische Lösung dieses Problems ist, in der steilsten Abstiegsrichtung so lange voranzugehen, wie die Funktionswerte fallen. Die nächste Suchrichtung steht dabei zwangsläufig in rechtem Winkel zu der vorhergehenden, wie in [Pre88] bewiesen wird. Dadurch ergibt sich oft ein Zick-Zack-Kurs des Verfahrens und eine dem Problem unangemessen lange Laufzeit. Dieser Effekt kann oftmals durch den Einsatz konjugierter Gradientenverfahren oder von Quasi-Newton-Verfahren vermieden werden.

2.4.2 Simulated Annealing und Genetische Algorithmen

Zweck dieses Kapitels. GA sind losgelöst vorgestellt worden von anderen Optimierungsverfahren, obwohl sie SA sehr ähnlich sind. SA ist ein anerkanntes Optimierungsverfahren, welches in der Praxis mit gutem Erfolg eingesetzt wird. In diesem Kapitel wird demonstriert, daß SA ein Spezialfall von GA ist.

Grundlagen des Metropolis-Algorithmus. Simulated Annealing beruht auf dem Metropolis-Algorithmus [Met53]. Der Metropolis-Algorithmus (MA) ist ein Optimierungsverfahren, das auf Ideen aus der statistischen Physik aufbaut.

In der Optimierung beschränkt man sich auf das Suchen relativer Optima, da das globale Optimum angesichts der großen Komplexität des zugrunde liegenden Problems meist nicht gefunden werden kann. Konventionelle Optimierungsverfahren wie z.B. Gradientenverfahren sorgen für eine schnelle, iterative Verbesserung der Zielfunktion und bleiben damit im nächstliegenden lokalen Optimum stecken. Ein Versuch dieses Problem zu umgehen ist die ständige Wiederholung des Verfahrens mit verschiedenen Startwerten, was aber nur dann Erfolg verspricht, wenn es wenige lokale Optima im Verhältnis zur Anzahl der verwendeten Startwerte gibt. Bei dem GA werden verschiedene Startwerte "gleichzeitig" verfolgt. Durch die Rekombination sind zusätzlich die Ergebnisse einzelner Startwerte den anderen Individuen zugänglich.

Wünschenswert ist deshalb ein Optimierungsverfahren, welches nicht direkt konvergiert, sondern den Suchraum langsam auslotet und dadurch lokalen Minima entkommen kann. Natürlich ist die Laufzeit eines solchen Algorithmus wesentlich schlechter als die Laufzeit eines Gradientenverfahrens, andererseits sind die erzielten Ergebnisse mit hoher Wahrscheinlichkeit gut.

Statistische Physik. Eine Aufgabe der statistischen Mechanik ist das Finden von Zuständen niedriger Energie für komplexe physikalische Systeme. Dieses wird versucht durch Abkühlen des Systems auf eine niedrige Temperatur. Geschieht das Abkühlen des Systems zu schnell, treten sogenannte Frustrationseffekte auf, d.h. die Struktur des abgekühlten Systems wird unregelmäßig und es wird kein Zustand minimaler Energie erreicht. Solche Effekte sind natürlich unerwünscht und können nur durch langsames, sorgfältiges Abkühlen vermieden werden.

In der statistischen Physik spielt die Boltzmann-Verteilung eine wichtige Rolle. Das zugrundeliegende physikalische System besteht aus vielen einzelnen Komponenten, die Freiheitsgrade besitzen. In der bisher verwendeten Syntax läßt sich so ein System wieder durch $\Xi=(\lambda(\gamma_1),\lambda(\gamma_2),\ldots,\lambda(\gamma_n))$ darstellen. In der Physik betrachtet man allerdings i.a. Systeme mit $n > 10^{20}$ Teilchen, während Genetische Algorithmen normalerweise Systeme mit 10^2-10^3 Parametern betrachten. Befindet sich solch ein System im thermodynamischen Gleichgewicht, dann ist die Wahrscheinlichkeit des Auftretens jedes beliebigen Zustandes P(T,S) bei gegebener Temperatur T durch die Boltzmann-Verteilung

$$P(T,\Xi) = \frac{1}{\mathrm{Norm}(T)} * e^{-\frac{E(\Xi)}{T}}$$

gegeben, wobei die Normierungsfunktion

$$\text{Norm}(T) = \sum_{\Xi} e^{-\frac{E(\Xi)}{T}}$$

die Summe der Auftretenswahrscheinlichkeiten der einzelnen Zustände auf 1 normiert. Nimmt die Temperatur ab, werden Zustände niedrigerer Energie immer wahrscheinlicher. Wenn ein langsamer Abkühlungsprozeß simuliert wird, dann sollten auch für nicht-physikalische Systeme Zustände niedriger "Energie" (die Energie entspricht dann einer Zielfunktion) gefunden werden.

Metropolis-Algorithmus. Der von Metropolis vorgeschlagene Algorithmus benutzt gerade diese Verteilung, um technische Systeme zu optimieren. Dabei befindet sich das System immer in einem definierten Zustand und geht durch zufällige Änderungen in einen anderen Zustand über. Dieser Zustand wird akzeptiert, wenn er eine bessere Qualität aufweist als sein Vorgänger. Ein Zustand schlechterer Qualität wird mit der Wahrscheinlichkeit der Boltzmann-Verteilung in Abhängigkeit von dem Parameter T, welche die Temperatur in physikalischen Systemen simuliert, akzeptiert. Läßt man das Verfahren lange genug laufen, wird die Verteilung P(T,S) annährend erreicht. Formal sieht der Algorithmus wie folgt aus:

Metropolis-Algorithmus:

1. [Zielfunktion festlegen]. Vorgabe einer beliebigen, problemangepaßten Zielfunktion μ (auch Energie E genannt).
2. [Abbruchkriterien festlegen]. Das Kriterium μ_{ABB} muß festgelegt werden, dessen Erreichen zur Terminierung des Verfahrens führt.
3. [Kodierung vornehmen]. Die lernrelevanten Parameter des Systems sind eindeutig zu kodieren. Jeder der Parameter hat eine festgelegte Wertemenge.

4. [Festlegen der Transferregeln]. Das System Ξ geht von einem Zustand Ξ_i nach Ξ_j über durch Änderungen einiger Parameter. Wie diese Änderungen vonstatten gehen, wird durch Transferregeln festgelegt, welche im allgemeinen einen stochastischen Charakter haben.

5. [Anfangsbelegung vornehmen]. Ein Anfangszustand Ξ_1 wird erzeugt, wobei jedem Parameter ein Element aus seiner Wertemenge per Zufall zugeteilt wird. Die Parameter sind dadurch eindeutig festgelegt. Der Anfangszustand erhält einen Qualitätswert μ.

6. [Neuen Zustand festlegen]. Erzeugen eines neuen Zustandes Ξ_{i+1} durch sukzessive Anwendung der Transferregeln.

7. [Qualität bestimmen]. Anhand der Zielfunktion μ_Ξ (Bewertung des Systems) berechnen.

8. [Selektion]. Ist $\Delta\mu = \mu(\Xi_{i+1}) - \mu(\Xi_i) < 0$, dann Akzeptanz von Ξ_{i+1}. Ist $\Delta\mu > 0$, dann Akzeptanz von Ξ_{i+1} mit einer Wahrscheinlichkeit $e^{-(\Delta\mu/T)}$.

9. [Abbruchkriterien testen]. Falls μ_{ABB} nicht erfüllt ist: goto 6.

10. [Terminierung]. Ende.

Simulated annealing. Die Qualität des Metropolis-Algorithmus hängt stark ab von der Wahl des Parameters T. Es empfiehlt sich, bei hohen Temperaturen zu beginnen und dann langsam abzukühlen. Die Erweiterung des Metropolis-Algorithmus um solche Abkühlungsstrategien ist zuerst in [Kir83] untersucht worden und wird als Simulated Annealing (SA) bezeichnet. In Abhängigkeit vom Problem muß der Metropolis-Algorithmus um einen geeigneten Temperaturfahrplan erweitert werden.

Vor- und Nachteile von SA. Die Vor- und Nachteile von SA sind untenstehend aufgelistet und erläutert.

+ Der Suchraum wird relativ gründlich durchforstet

+ In der Anfangsphase können Gebiete mit lokalen Optima leicht verlassen werden

+ Der Algorithmus ist in seiner Leistung nicht sehr startwertabhängig

+ Die Qualitätsfunktion muß nicht differenzierbar sein

- Die Laufzeit ist groß im Verhältnis zu anderen Optimierungsverfahren

- Die Gradienteninformation ist unbekannt

Die zu investierende Rechenzeit liegt deutlich höher als bei einem Gradientenverfahren, weil SA nicht direkt ein lokales Optimum ansteuert. Ein weiterer Nachteil ist auch, daß aufgrund der fehlenden Gradienteninformation der Weg des steilsten Abstiegs auch in der späten Phase des Algorithmus (Konvergenz zu einem lokalen Optimum) nicht gefunden werden kann. Wählt man aber ein geeignetes Abkühlungsschema, so kann unter Umständen sogar das globale Optimum erreicht werden.

Vor- und Nachteile von GA. Ein Genetischer Algorithmus wurde in Kap.2.2.1 allgemein definiert. Die Vor- und Nachteile des Verfahrens werden gegenübergestellt.

+ Die Population bildet einen eigenen Untersuchraum

+ Der Suchraum wird relativ gründlich durchforstet

+ In der Anfangsphase können Gebiete mit lokalen Optima leicht verlassen werden

+ Der Algorithmus ist in seiner Leistung nicht sehr startwertabhängig

+ Die Qualitätsfunktion muß nicht differenzierbar sein

- Die Laufzeit ist groß im Verhältnis zu anderen Optimierungsverfahren

- Die Gradienteninformation ist unbekannt

Es fällt sofort auf, daß Vor- und Nachteile von GA unds SA fast deckungsgleich sind. Als einziger Unterschied ist angegeben, daß GA eine Population von Individuen verwaltet. Der Vorteil einer Population von Individuen wird in Kap.3 (insbesondere bei der Diskussion der Rekombination) ausführlich untersucht.

Vergleich. Der Vergleich von Simulated Annealing und Genetischen Algorithmen wird aufzeigen, daß SA/MA lediglich ein Spezialfall von Genetischen Algorithmen ist. Dazu ist jeder der Schritte des Metropolis-Algorithmus mittels eines in geeigneter Weise eingeschränkten Genetischen Algorithmus (EGA für "Eingeschränkter Genetischer Algorithmus") genau zu simulieren.

Kodierung

Das zu kodierende System/Individuum wird gleichermaßen als $\Xi=(\lambda(\gamma_1),\lambda(\gamma_2),...,\lambda(\gamma_n))$ dargestellt.

Population

Genetische Algorithmen können abstrakt als Verfahren aufgefaßt werden, die aus einer gegebenen Population jeweils eine neue Population erzeugen, also eine Abbildung $f:\rho \dashrightarrow \rho$ durchführen. Dagegen kann SA als Algorithmus aufgefaßt werden, der aus einem gegebenen Individuum jeweils ein Neues erzeugt, also eine Abbildung $g: \Xi \dashrightarrow \Xi$ durchführt. Wenn im Falle von EGA ρ nur aus einem Individuum besteht, dann ist das Konzept der Population SA entsprechend eingeschränkt.

Transferregeln und genetische Operatoren

Ein Genetischer Algorithmus produziert Nachkommenschaft durch Anwendung seiner genetischen Operatoren, während SA die Variablen seines Individuums kopiert und dabei einige dieser Variablen ändert. Da EGA auf ein Individuum eingeschränkt worden ist, kann keine Rekombination im üblichen Sinne durchgeführt werden. Als einziger genetischer Operator zur Rekombination verbleibt die Mutation, mittels derer die Transferregeln von SA nachgebildet werden.

Qualitätsfunktion

EGA benutzt zur Bewertung exakt die gleiche Qualitätsfunktion wie SA.

Selektion

Die Selektion bei SA arbeitet dergestalt, daß ein besseres Individuum sein Elternteil auf jeden Fall ersetzt und ein schlechteres Individuum mit der im Metropolis-Algorithmus angegebenen Wahrscheinlichkeit sein Elternteil ersetzt, wobei noch zusätzlich der Temperaturparameter T geeignet zu variieren ist. EGA kann dieselbe Selektionsregel anwenden.

Unterschiede zwischen den beiden Algorithmen. Wie leicht einzusehen ist, kann EGA perfekt SA simulieren. Allerdings leistet ein normaler Genetischer Algorithmus noch einiges mehr, weil der Algorithmus doch z.B. auf eine einelementige Population eingeschränkt worden ist und damit des Vorteils einer größeren Population beraubt wurde. Der Rest dieses Kapitels ist als eine eher allgemein gehaltene Begründung dieses Vorteils angegeben.

Arbeitsweise konventioneller Verfahren. Ein konventionelles Optimierungsverfahren beginnt mit einem Punkt Ξ_1 im Suchraum und überführt diesen unter Anwendung seiner Operatoren $\omega_i \in \Omega$ in einen Punkt Ξ_2, allgemein gilt: $\Xi_{j+1} = \omega_i(\Xi_j)$. Der neu bestimmte Punkt wird so ausgewählt, daß er mit hoher Wahrscheinlichkeit (bei Gradienten-Verfahren oft mit der Wahrscheinlichkeit $P=1$) eine höhere Qualität aufweist als Ξ_j. So wird sukzessive Ξ_{j+1} aus Ξ_j berechnet, bis sich keine Verbesserung mehr finden läßt, welche eine höhere Qualität als Ξ_j aufweist.

Vertikale Informationsübertragung. Konventionelle Optimierungsverfahren lassen sich leicht parallelisieren, indem von mehreren Startpunkten gleichzeitig ausgegangen wird. Dabei berechnet sich ein Nachfolgepunkt immer nur aus genau einem Vorgängerpunkt. Es findet nach [Jan79] ausschließlich vertikale Informationsübertragung statt (vertikal in der Zeit). Abhängigkeiten zwischen den Punkten (horizontale Abhängigkeiten) finden keine Berücksichtigung. Verfahren mit ausschließlich vertikaler Informationsübertragung entsprechen in der Natur der Vermehrung durch Zellteilung mit hoher, allerdings zielgerichteter Mutationsrate. Diese Vererbungsstrategie hat sich in der Natur nur bei primitiven Organismen bewährt.

Horizontale Informationsübertragung. Beim Lernverfahren mittels Evolution wird mit einer zufällig gewählten Anfangspopulation $\rho_1 = (\Xi_1, \Xi_2, \ldots, \Xi_n)$ begonnen, wobei die Startpunkte willkürlich gewählt sind. Die genetischen Operatoren Ω erfüllen drei Grundfunktionen:

1) Erzeugung neuer Punkte durch Rekombination
2) Erzeugung neuer Punkte durch Mutation
3) Löschen von Punkten mittels Selektion

Ein neu erzeugtes Individuum stellt eine Mischform zweier in der Population vorhandener Individuen dar. Im Suchraum liegt ein neuerzeugtes Individuum "zwischen" seinen Eltern. Diese Form der Informationsübertragung wird nach [Jan79] horizontale Informationsübertragung genannt. In der Natur vermehren sich alle höherentwickelten Lebewesen mittels zweigeschlechtlicher Vermehrung und nutzen dabei die horizontale Informationsübertragung aus. Bezeichnenderweise erreichen Lebewesen, die diesen Vorteil nicht nutzen, keine höheren Entwicklungsstufen.

Eine Population ρ_k ist deshalb nicht nur als eine Ansammlung von Punkten anzusehen, sondern als Suchraum, der von den Individuen aufgespannt wird. Durch die horizontale Informationsübertragung kooperieren die einzelnen Individuen miteinander.

Illustration des Vorteils. Von einem abstrakten Standpunkt aus gesehen kann gleich ein grundsätzlicher Unterschied zwischen dem Optimierungsverfahren mittels GA und den konventionellen Verfahren festgestellt werden: die oben erwähnte horizontale Informationsübertragung. So ist ein konventionelles Lernverfahren mit einem Bergsteiger vergleichbar, der in einer hügeligen Landschaft im Nebel einen möglichst hohen Gipfel sucht und dann aufhört, wenn er einen Gipfel gefunden hat, der der höchste in einem gewissen Umkreis ist. Das Lernverfahren mittels Evolution hingegen ist mit einer Gruppe von

Bergsteigern vergleichbar, die miteinander durch Sprechfunk kommunizieren können. Findet einer dieser Bergsteiger einen guten Aufstieg, werden die anderen Bergsteiger, die er informiert hat, langsam in seine Richtung gehen, wobei sie den dazwischenliegenden Suchraum mit durchkämmen. Das Auffinden eines besseren Gipfels, als es unserem allein suchenden Bergsteiger möglich ist, ist sehr wahrscheinlich.

2.4.3 Hybride Optimierungsverfahren

Vorschlag hybrider Verfahren. Zum einen gibt es Verfahren, die sehr schnell konvergieren (z.B. steilster Abstieg) und zum anderen Verfahren, die den Suchraum gründlich durchforsten (GA mit großer Population). Es lassen sich leicht Probleme finden, für die Verfahren der einen Sorte jeweils Verfahren der anderen Sorte überlegen sind. Wünschenswert sind natürlich Verfahren, welche gute Ergebnisse liefern, indem sie gerade die Vorteile beider Verfahren kombinieren. Solche Verfahren, welche im Rahmen dieses Kapitels entwickelt werden, werden in Kap.5.2 bzw. 5.3 an verschiedenen Beispielen getestet.

In diesem Kapitel werden zwei Vorschläge für hybride Verfahren diskutiert. Das erste Verfahren beruht auf einem GA, der zum geeigneten Zeitpunkt von einem Gradientenverfahren abgelöst wird. Das zweite Verfahren ist ein Gradientenverfahren mit genetisch gesteuerter Schrittweite.

Arbeitsweise des GA. Der große Vorteil Genetischer Algorithmen liegt in der Ausnutzung der Information, welche in der Population steckt. Dadurch wird der Suchraum relativ gründlich durchsucht. Nach einiger Zeit jedoch konzentriert sich die Punktwolke der Population im Suchraum auf ein eng begrenztes Gebiet und konvergiert dann in Richtung eines lokalen Minimums. Diese Konvergenzphase ist extrem langsam, da sich wie z.B. bei Simulated Annealing nicht nur ein Punkt in diese Richtung bewegt, sondern die ganze Population. Deshalb wirde auch in Kap.3.2.2 in den Untersuchungen zur Selektion klar ersichtlich, daß ein genetisches Verfahren, welches nur ein Individuum betrachtet, wesentlich schneller zu einem lokalen Optimum konvergiert - allerdings das globale Optimum so gut wie nie erreicht.

Ein genetisches Verfahren hat eindeutig seine Stärke in der Anfangsphase eines Optimierungsalgorithmus. Es wird mit hoher Wahrscheinlichkeit ein Teilgebiet des Suchraums mit guten lokalen Optima gefunden. Gradientenverfahren hingegen sind stark startwertabhängig und haben ihre Stärke in der schnellen Konvergenz. Aus diesen Überlegungen wird deutlich, daß ein kombiniertes Verfahren, bei dem ein Genetischer Algorithmus beginnt und von einem Gradientenverfahren zum geeigneten Zeitpunkt abgelöst wird, wesentliche Stärken beider Verfahren verbindet und entscheidende Schwächen vermeidet.

Ein hybrider Algorithmus. Zunächst wird ein GA angewendet und daran anschließend ein Gradientenverfahren. Die Terminologie für diesen Algorithmus lautet GA + Grad. Der hybride Optimierungsalgorithmus sieht wie folgt aus:

Hybrider Optimierungsalgorithmus:

1. [Zielfunktion festlegen]. Vorgabe einer mindestens einmal differenzierbaren Zielfunktion μ.
2. [Abbruchkriterien festlegen]. Der Zielfunktionswert μ_{ABB} wird festgelegt, dessen Erreichen zur Terminierung des Verfahrens führt.
3. [Genetische Kodierung vornehmen]. Die lernrelevanten Parameter des Systems sind durch Gene eindeutig zu kodieren. Jedes der Gene hat eine festgelegte Wertemenge.
4. [Festlegen der genetischen Operatoren]. Eine Menge genetischer Operatoren Ω wird festgelegt.
5. [Anfangsbelegung vornehmen]. Erzeugen einer Anfangspopulation $\rho_1 = (\Xi_1, \Xi_2, \ldots, \Xi_n)$. Dabei erhält

jedes Individuum Ξ_i pro Genposition ein Element aus der Wertemenge per Zufall zugeteilt. Dieses Element wird Allel genannt. Alle Individuen der Anfangspopulation erhalten einen Wert, der ihre Qualität bestimmt.

6. [Rekombination]. Erzeugen einer Menge $\{\Xi_{n+1},\Xi_{n+2},\ldots,\Xi_{n+k}\}$ von Individuen durch sukzessive Anwendung genetischer Operatoren $\omega \in \Omega$.

7. [Qualität bestimmen]. Anhand der Zielfunktion μ_{ANN} (Bewertung der Individuen) berechnen.

8. [Selektion]. Bilden einer neuen Population durch Selektion von Individuen in Abhängigkeit von deren Qualität.

9. [Abbruchkriterien testen]. Falls μ_{ABB} erfüllt ist: goto 17.

10. [Umschaltkriterien testen]. Ermittlung des Grades der Homogenität der Population. Ist ein vorher festgelegter Grad der Homogenität erreicht wird mittels des Gradientenverfahrens der Optimierungsprozeß fortgesetzt; ansonsten goto 6.

11. [Anfangsbelegung vornehmen]. Als Startpunkt des Gradientenverfahrens $\Xi_1=(\lambda(\gamma_1), \lambda(\gamma_2),\ldots,\lambda(\gamma_n))$ wird das beste vom genetischen Algorithmus erzeugte Individuum selektiert.

12. [Suchrichtung bestimmen]. Die Suchrichtung wird bestimmt durch Bildung des Vektors der partiellen Ableitungen $g(\Xi):=\text{grad } \mu(\Xi)=(\partial\mu/\partial\lambda(\gamma_1), \partial\mu/\partial\lambda(\gamma_2), \ldots,\partial\mu/\partial\lambda(\gamma_n))$.

13. [Schrittweite ermitteln]. Eine Schrittweite ε wird ermittelt, die skalar mit dem Gradientenvektor zu multiplizieren ist.

14. [Neue Lösung generieren]. Setze $\Xi_{i+1}=\Xi_i+\varepsilon^*g(\Xi_i)$.

15. [Qualität bestimmen]. Berechne $\mu(\Xi_{i+1})$.

16. [Abbruchkriterium testen]. Wird der Gradient größer als 0, dann terminiert der Algorithmus; sonst gehe zu 12.

17. [Terminierung]. Ende.

Genetisches Variieren der Schrittweite. Da die optimale Schrittweite ε_1 während des Gradientenabstiegs oftmals variiert, ist eine ständige Anpassung an den Optimalwert vonnöten. Das Bestimmen der optimalen Schrittweite (die sogenannte Liniensuche) verlangt häufiges Berechnen der Zielfunktion. Deshalb bietet sich ein einfaches genetisches Verfahren an. Nach dem Berechnen des Gradienten werden zufällig neue Schrittweiten ausgelost, für die auch die Zielfunktion berechnet werden muß. Die beste neue mutierte Schrittweite ist dann auch die Ausgangsschrittweite für den nächsten Gradientenschritt. Dieses Verfahren GA+Grad ist für kleine Probleme nicht sehr geeignet, da es relativ häufig die Zielfunktion berechnen muß. Es ist zu erwarten, daß GA+Grad mit der Komplexität des Problems immer besser im Vergleich zu simplen Gradientenverfahren wird. Die üblichen Nachteile von Gradientenverfahren bezüglich Startwertabhängigkeit und Konvergenz zu einem gut erreichbaren lokalen Optimum bleiben erhalten.

Die beiden hier vorgeschlagenen hybriden Optimierungsverfahren sind in Kap.5 als Lernverfahren für Neuronale Netze anhand von praxisrelevanten Beispielen implementiert und getestet worden. Die gleichen Beispiele sind auch mit den gängigen Lernverfahren implementiert worden, so daß in Kap.5.3 ein Vergleich verschiedener Lernverfahren möglich wird.

3. Evaluierung Genetischer Algorithmen

Übersicht. Im Rahmen dieses Kapitels wird ein Formalismus entwickelt, der zum tieferen Verständnis der Funktionsweise Genetischer Algorithmen hilfreich ist. Die Sichtweise des entwickelten abstrakten Modells ist die folgende: Der GA kopiert Genmaterial von einer Generation zur nächsten und wählt gutes Genmaterial bevorzugt aus. Er erreicht schließlich einen Zustand, in dem sich an jeder Genposition einer der möglichen Werte durchgesetzt hat.

Das Erstellen der nächsten Generation erfolgt unter Einsatz sogenannter genetischer Operatoren. Das Ziel von Kap.3.1 ist die Entwicklung eines mathematischen Modells, welches zunächst lediglich das Kopieren des Genmaterials untersucht. Das grundlegende Modell wird später um verschiedene genetische Operatoren erweitert, die einen meßbaren Einfluß auf das Modell haben. Die gewonnenen Ergebnisse lassen dann Rückschlüsse auf Sinn und Zweck der einzelnen genetischen Operatoren zu.

Das mathematische Modell rechnet dem Anwender Erwartungswert und Streuung einer Zufallsvariablen aus, die die Anzahl der zu erzeugenden Generationen beschreibt. Eine Generation bedeutet analog zu dem Begriff in der Umgangssprache in etwa das Auswechseln der aktuellen Population gegen deren Nachkommenschaft. Das Modell wird so weit ausgebaut, daß der Anwender Antworten auf Fragen bekommt, wie z.B. "Wie groß ist der Erwartungswert der Generationen, wenn ich eine Population von 100 Individuen habe mit je 50 Genen mit einer Mutationshäufigkeit von 0.1% und einer Selektion, die gute Gene im Mittel mit 2:1 gegenüber den schlechten Genen vorzieht".

Einen weiteren Schwerpunkt bildet die Analyse der wesentlichen genetischen Operatoren. Als Hilfsmittel bei der Untersuchung stehen das zuvor entwickelte mathematische Modell und die aus der Schemata-Theorie abgeleitete Formel aus Kap.2 zur Beschreibung von GA zur Verfügung. Damit können neue wichtige Ergebnisse über die Funktionsweise von GA gewonnen werden. Diese theoretischen

Ergebnisse werden überprüft mittels eines synthetischen Beispiels, welches eine Reihe von lokalen Minima aufweist. Das globale Optimum ist nur sehr schwer zu erreichen, weil fast alle Wege zu lokalen Minima führen.

3.1 Ein Modell für die Arbeitsweise Genetischer Algorithmen

Genetische Drift. Genetische Algorithmen leiden unter einem Effekt, der sich sehr zum Nachteil des Verfahrens auswirkt. Dabei geht es darum, daß die Anzahl eines Allels pro Genort statistisch sehr stark schwankt - auch unabhängig von der Qualität des Allels. Ist die Anzahl eines Allels zufällig einmal Null, dann ist es natürlich ausgestorben und kann erst wieder durch eine seltene Mutation wiederentdeckt werden. Im Rahmen elementarer Wahrscheinlichkeitslehre (siehe z.B. [Fel68]) läßt sich zeigen, daß die Anzahl unterscheidbarer Allele pro Genposition mit Wahrscheinlichkeit 1.0 auf 1 zurückgeht, wenn ausgestorbene Gene nicht wieder neu entstehen dürfen. Dieser Effekt ist bei rein zufälliger Selektion unerwünscht, da zwar ein Allel pro Genposition übrig bleibt, aber dieses nicht aufgrund seiner Qualität selektiert worden ist, sondern durch zufällige statistische Schwankungen alle anderen Allele verdrängt hat. Dieser Effekt wird genetische Drift genannt. Diese qualitätsunabhängige Art der Selektion nennt Eigen in [Eig75] "survival of the survivor".

Die genetische Drift trägt stark zur Verminderung der Qualität eines GA bei. Durch die vorzeitige Konvergenz sterben natürlich auch zufällig gerade solche Allele aus, die zu einem späteren Zeitpunkt nützlich wären. Eine theoretische Analyse des Problems der genetischen Drift ist darum so wichtig, weil dann untersucht werden kann, inwieweit Faktoren wie z.B. die Populationsgröße oder der Einsatz zusätzlicher genetischer Operatoren den Einfluß der genetischen Drift eindämmen können. Aufgrund der theoretischen Analysen können dann Erkenntnisse über den Ablauf des Verfahrens gewonnen werden, was die praktische Verwendbarkeit der GA deutlich steigert.

Einfache quantitative Aussagen über genetische Drift sind im wesentlichen von Goldberg [Gol87] durchgeführt worden.

Konvergenz bei GA. Unter bestimmten Bedingungen kann gezeigt werden, daß ein GA mit Wahrscheinlichkeit 1 das globale Optimum findet [z.B.Eib90]. Diese Aussage ist jedoch ohne praktischen Wert, da ihr Beweis darauf beruht, daß durch Mutation im Grunde irgendwann einmal jeder Punkt gefunden wird - also auch das globale Optimum. Da die Anzahl der Punkte exponentiell wächst in der Zahl der Gene, ist der zu durchsuchende Raum viel zu groß.

GA finden normalerweise lokale Optima (wie andere Optimierungsverfahren auch). Wenn sich der Algorithmus für ein Gebiet des Suchraumes "entschieden" hat, beginnen sich die Punkte im Suchraum aufeinander zuzubewegen, bis alle Individuen identisch sind. Dann kann der GA nichts sinnvolles mehr tun, da im wesentlichen nur noch redundante Informationen kopiert werden. Aufgrund der Mutation wird eine total identische Population aber in der Praxis nicht vorkommen. Zusätzlich gibt es noch das Problem der Inzucht - je kleiner die Population ist, desto schneller werden sich die Individuen ähnlicher. Damit ergibt sich die Frage:

<u>Was sind Erwartungswert und Streuung des Zeitpunktes, zu dem alle Individuen homogen sind?</u>

Wenn klare quantitative Aussagen zu dieser Frage getroffen werden können, wird ein Anwender von vornherein die erwartete Laufzeit des genetischen Verfahrens ausrechnen können in Abhängigkeit von seiner Populationsgröße und der von ihm implementierten genetischen Operatoren.

Das verwendete Modell. Im folgenden wird ein Modell entwickelt, welches dazu dient, die oben gestellte Frage zu beantworten.

Im allgemeinen lassen sich die meisten Probleme so beschreiben, daß jedes Gen genau eine Variable kodiert, wobei jede Variable durch eine

Zahl repräsentiert wird. In der Anfangspopulation wird an jeder Genposition gelost, welche konkreten Zahlen dort auftauchen.

Aus einer Population wird die nächste Generation ermittelt, indem das Genmaterial der vorherigen Population gemäß seiner Qualität weiterverbreitet wird. Jedes Allel wird mit einer Wahrscheinlichkeit zur Rekombination herangezogen, die proportional zu seiner Qualität ist, wodurch das Geschehen innerhalb der einzelnen Gene als unabhängig betrachtet werden kann.

Grundlegende Überlegungen. Wenn an einer Genposition bei jedem Individuum der Population identisches Genmaterial vorhanden ist, dann arbeitet das genetische Verfahren sehr ineffizient, da nur noch identische Information kopiert werden kann. Durch den Einfluß der Mutation wird dieser Zustand zwar verhindert, doch gilt bei Konvergenz, daß alle Allele dicht verteilt um einen Mittelwert liegen. Ignoriert man die Mutation, läuft das Verfahren, bis alle Individuen identisch sind. Von Interesse ist dann noch die Frage nach Erwartungswert und Varianz der vollständigen Homogenisierung der Population, da spätestens zu diesem Zeitpunkt die Weiterführung eines genetischen Verfahrens sinnlos wird.

Soll die Mutation berücksichtigt werden, sollte das genetische Verfahren dann abbrechen, wenn alle Allele in einem der Mutationshäufigkeit und -varianz entsprechenden Bereich liegen. Dadurch eliminiert man den Einfluß der Mutation auf die Konvergenz des Verfahrens und erhält im wesentlichen die gleichen Ergebnisse wie bei der Analyse ohne Mutation - wenn diese Analyse dann konsequent bis zum Durchsetzen genau einer Kugelsorte vonstatten geht.

Das Verfahren an einer Genposition. Das Geschehen an den einzelnen Genpositionen ist im wesentlichen unabhängig von anderen Genpositionen. Deshalb ist es zweckmäßig, zunächst die Untersuchungen an einer Genposition vorzunehmen und dann die Ergebnisse zu verallgemeinern.

Es stellt sich also die Aufgabe, an einer Genposition i Erwartungswert und Varianz für die Dauer des Prozesses A zu bestimmen, daß alle Individuen während des Evolutionsprozesses an dieser Position das gleiche Allel besitzen.

Dazu muß ein abstraktes mathematisches Modell konstruiert werden, welches die Anwendung von Methoden der Wahrscheinlichkeitsrechnung gestattet. Eine Genposition sei als Urne interpretiert und die n verschiedenen Allele seien n unterscheidbare Kugeln, die von 1 bis n durchnumeriert werden. Der aktuelle Zustand wird als n-dimensionaler Vektor **Z** interpretiert, wobei jedes Vektorelement die Anzahl der Kugeln mit der betreffenden Nummer angibt. Das Evolutionsverfahren wird nun dergestalt simuliert, daß aus den n numerierten Kugeln eine Stichprobe der Größe n gezogen wird, wobei die selektierten Kugeln jeweils einzeln zufällig ausgewählt, kopiert und wieder zurückgelegt werden. Die neuen n Kugeln ersetzen die n Kugeln aus der Urne. Dieser Vorgang des Erzeugens von n neuen Kugeln und Ersetzen der Vorgänger simuliert eine Generation im Evolutionsprozeß an einer ausgezeichneten Genposition.

Wird zufällig keine Kugel K_x mit der Nummer x ($x \in \{1,2,...,n\}$) während einer Generation kopiert, ist diese Kugelsorte ausgestorben und kann auch nicht wieder neu entstehen. Die Frage ist nun, wie lange es dauert, bis alle Kugelsorten bis auf eine ausgestorben sind. Präziser formuliert (in Analogie zu der oben formulierten Fragestellung) lauten die zu lösenden Fragestellungen wie folgt:

1) Wie groß ist der Erwartungswert für die Anzahl A der Ziehungen von Stichproben vom Umfang n mit Zurücklegen aus einer Gesamtheit von Kugeln des Umfanges n bis nur noch eine Kugelsorte K_x in der Stichprobe vertreten ist?

2) Welchen Wert hat die Varianz bzw. Standardabweichung dieser Anzahl A von Ziehungen?

Vorüberlegungen für die Markov-Ketten-Analyse. Abstrakt kann man sich einen Prozeß vorstellen, bei dem eine Transformation f: **Z** -> **Z** stattfindet; es wird also ein Zustandsvektor in einen neuen Zustandsvektor transformiert. Ist ein beliebiger Zustand Z gegeben, so gibt es n_1^n Nachfolgezustände. Dabei gibt n_1 die Anzahl der Elemente von Z an, welche nicht Null sind. Praktisch ist es schon für relativ normale Werte von n unmöglich ($n \approx 100$) alle möglichen Nachfolgezustände mit ihren Wahrscheinlichkeiten zu bestimmen. Deshalb muß ein geeigneteres Modell geschaffen werden.

Schaut man sich genauer an, was mit den Kugeln passiert, dann sieht man, daß die meisten von ihnen während der ersten Generationen zufällig einmal nicht kopiert werden und damit ausgestorben sind. Die restlichen Kugelsorten sind dann in mehrfacher Kopie vorhanden und es stirbt immer seltener eine aus. Am Schluß ist zwar nur noch eine Kugelsorte vorhanden; aber welche das ist, bleibt offen. Für die Zwecke der Überlegungen zur Konvergenz des Kopierprozesses ist es allerdings auch unerheblich, welche Kugelsorte sich durchsetzt - es ist nur wichtig, daß sich eine durchsetzt und wie lange dieser Prozeß dauert.

Betrachtet man eine beliebige ausgezeichnete Kugelsorte K_x, dann wird diese mit hoher Wahrscheinlichkeit sehr schnell aussterben. Es ist aber gerade von Interesse, diejenige Kugelsorte zu betrachten, welche am Schluß übrig bleibt, weil sie die Dauer des Kopierprozesses (also Erwartungswert und Varianz) bestimmt. Mittels Ziehen einer Stichprobe der Größe n mit Zurücklegen wird jeweils die nächste Generation erzeugt. Sind i Kugeln einer Sorte K_x und (n-i) sonstige Kugeln in der Urne vorhanden, so erwartet man natürlich in der nächsten Generation wieder die gleiche Anzahl. Durch zufällige Drift entstehen aber ungleichmäßige Verteilungen. Abb.3.1 gibt eine Entwicklung an, bei der einer der beiden stationären Zustände erreicht worden ist.

Die unabhängige, parallele genetische Drift an allen Genorten führt zum Aussterben vieler Allele mit wenigen Elementen in der

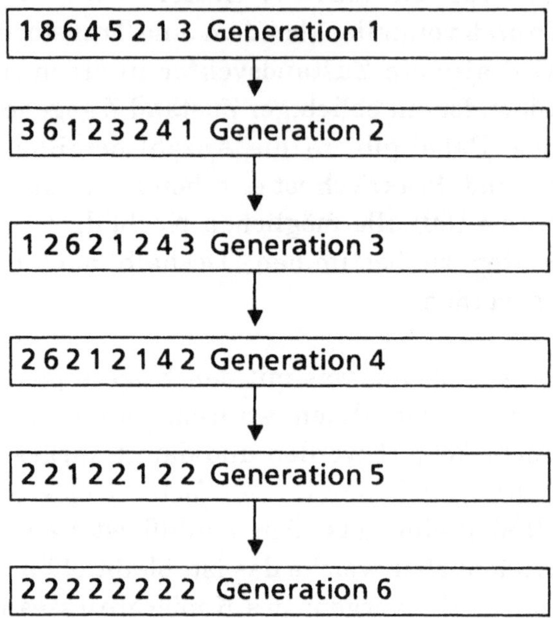

Abb.3.1: Mögliche Entwicklung für eine Urne mit acht Kugeln

Anfangspopulation. Die genauen quantitativen Abhängigkeiten werden in den folgenden Abschnitten untersucht.

Zustände für die Markov-Ketten-Analyse. Das Problem der Konvergenz zu einem Endzustand läßt sich unter Zuhilfenahme der sogenannten Markov-Ketten [Kem60] hervorragend beschreiben. Eine Urne mit i Kugeln K_x entspricht einem Systemzustand mit i Nullen und (n-i) Einsen. Das System S erreicht durch Kopieren von n zufällig ausgewählten Individuen (jedes Individuum kann dabei auch mehrfach selektiert werden) einen neuen Zustand. Ein Zustand s_i entspricht der Menge von Populationen, welche genau i Kugeln K_x enthalten. Das System im Zustand s_i wird durch den Kopiervorgang in den Zustand s_j überführt. Von Interesse ist die Wahrscheinlichkeitsverteilung p_{ij}, welche angibt, mit welcher Wahrscheinlichkeit ein System vom Zustand s_i den Zustand s_j annimmt. Der Prozeß, welcher das System durch das sukzessive zufällige Wandern durch den Zustandsraum führt, ist gedächtnislos, d.h. die Wahrscheinlichkeit p_{ij} ist unabhängig von der Vorgeschichte des Systems. Ähnliche Untersuchungen sind von D. Goldberg [Gol87] durchgeführt worden.

Berechnung der Übergangswahrscheinlichkeiten. Von besonderem Interesse sind die Zustände p_{0i} und p_{ni}. Die Übergangswahrscheinlichkeiten sind nämlich

$$p_{00} = 1.0$$
$$\forall i \in \{1,2,...,n\}\ p_{0i} = 0.0$$
$$p_{nn} = 1.0$$
$$\forall i \in \{0,1,...,n\text{-}1\}\ p_{ni} = 0.0$$

was bedeutet, daß die Zustände p_{0i} und p_{ni} nicht mehr verlassen werden können, d.h. sie sind stationär. Alle anderen Zustände heißen transient.

Die p_{ij} lassen sich in einer Matrix anordnen, welche damit kompakt sämtliche Übergangswahrscheinlichkeiten enthält. Die Frage ist, wie sich ein solches Matrizenelement berechnet.

Sind z.B. i Kugeln K_x $(x = 1,2,...,n)$ in der aktuellen Population enthalten, dann ist die Wahrscheinlichkeit, bei einem zufälligen Zugriff eine bestimmte Zahl zu ziehen, mittels i/n gegeben. Die Wahrscheinlichkeit, genau j Kugeln mit derselben Zahl hintereinander zu ziehen, ist dann $(i/n)^j$. Demnach ergibt sich mit $((n\text{-}i)/n)^{n\text{-}j}$ die Wahrscheinlichkeit n-j andere Kugeln hintereinander zu bekommen. Dann errechnet sich die Wahrscheinlichkeit, eine Urne mit i K_x und n-i Restkugeln zu bekommen als

$$\left(\frac{i}{n}\right)^{j} * \left(\frac{n-i}{n}\right)^{n-j}$$

Da es aber auf die Reihenfolge der Kugeln nicht ankommt, ist jede Permutation der Population ein System im Zustand s_j und es gibt $\binom{n}{j}$ Möglichkeiten, ein System im Zustand s_j zu erhalten. Die gesamte Übergangswahrscheinlichkeit ergibt sich damit zu

$$p_{ij} = \binom{n}{j} * \left(\frac{i}{n}\right)^{j} * \left(\frac{n-i}{n}\right)^{n-j}$$

Diese Wahrscheinlichkeitsverteilung ist gerade die der Binomialverteilung.

Ein Modell für die Markov-Ketten-Analyse. Am Anfang ist genau ein Element jeder Kugelsorte K_x vorhanden. Die Zustandsübergänge p_{ij} ($i,j \in \{0,1,2,...,n\}$) sind so zu interpretieren, daß i Kugeln einer Sorte K_x überführt werden in j Kugeln der Sorte K_x. Die Zustandsübergänge sind für alle Kugeln gleich und binomialverteilt, also

$$p_{ij} = \binom{n}{j} * \left(\frac{|K_x|}{n}\right)^{j} * \left(\frac{n-|K_x|}{n}\right)^{n-j}$$

mit $i = |\acute{K}_x|$. Es läßt sich somit eine Matrix **P** konstruieren, welche alle Zustands-übergänge p_{ij} ($i,j \in \{0,1,2,...,n\}$) enthält. Die Zustände 1,2,...,n-1 sind transient; lediglich 0 und n sind stationär, denn wenn keine Kugel einer Sorte K_x mehr vorhanden ist oder wenn alle Kugeln von der Sorte K_x sind, dann bleibt die Menge von K_x konstant bei 0 bzw. n Kugeln.

Die Matrix $\mathbf{P}^m$ gibt dementsprechend den Erwartungswert der Wahrscheinlichkeit dafür an, daß i Kugeln einer Sorte in m Schritten zu j Kugeln der gleichen Sorte kopiert werden. Will man den Erwartungswert dafür feststellen, wie oft ein Zustand j ausgehend vom Zustand i durchlaufen worden ist, dann müssen die p_{ij} der Matrizen **P**, $\mathbf{P}^2$, $\mathbf{P}^3$ ... aufsummiert werden.

Als Summe dieser unendlich vielen Übergangsmatrizen erhält man die Matrix **P**. Ein beliebiges Element p_{ij} dieser Matrix **P** ist wie folgt zu interpretieren: Die Zeilennummer i gibt den Anfangszustand des Systems an. Die Spaltennummer j sagt aus, wie oft im Mittel der Zustand p_{ij} durchlaufen worden ist. Diese Werte sind endlich, da irgendwann das System garantiert einen Endzustand erreicht. Die interessanteste Aussage erhält man jedoch, wenn die einzelnen Zeilen aufsummiert werden. Die Summe der i-ten Zeile gibt nämlich an, wie viele Zustandsübergänge im Mittel zum Erreichen eines der beiden stationären Zustände notwendig sind ausgehend von i Kugeln K_x in der Anfangsverteilung.

Bildet man eine Matrix **Q** durch Streichen der n-ten Spalte und Zeile der Matrix **P**, dann hat man nur noch die Information über die transienten Zustände. Diese Matrix der transienten Zustände **Q** wird weiter betrachtet.

Berechnung des Erwartungswertes. Von Interesse ist zunächst der Erwartungswert von A. Die Wahrscheinlichkeiten p_{ij} geben den Erwartungswert der Wahrscheinlichkeit dafür an, daß i Kugeln einer Sorte in einem Schritt zu j Kugeln der gleichen Sorte kopiert werden. Die Wahrscheinlichkeit z.B. für A = 1 ist demnach $\mathbf{p}_{1n}$. Der direkte Übergang von einem Zustand i nach n läßt die Formel für $\mathbf{p}_{ij}$ zu $(i/n)^n$ degenerieren. Demnach gilt für die Wahrscheinlichkeit ausgehend vom Anfangszustand in genau j Schritten zum Endzustand n zu kommen die Formel

$$P(A=j) = (n\,0\,...\,0)\ \mathbf{Q}^{j-1} \left(\left(\frac{1}{n}\right)^n \left(\frac{2}{n}\right)^n ... \left(\frac{n-1}{n}\right)^n \right)^T$$

Diese Formel bedarf einiger Erklärungen. Um den Prozeß A nach genau j Schritten zu beenden, muß zunächst die Matrix $\mathbf{Q}^{j-1}$ bekannt sein. Die erste Zeile dieser Matrix $\mathbf{Q}^{j-1}$ gibt die Wahrscheinlichkeit dafür an, nach genau j-1 Schritten im Zustand j ($1 \leq j \leq n-1$) ausgehend von einer Kugel K_x in der Anfangsverteilung zu landen. Die Auswahl der ersten Zeile geschieht mittels der Operation (n 0 ... 0) $\mathbf{Q}^{j-1}$. Die Multiplikation mit n kommt daher, daß n verschiedene Kugeln gleichzeitig existieren. Von jedem dieser Zustände i kann man in einem Schritt nach n übergehen durch Multiplikation mit der entsprechenden Übergangswahrscheinlichkeit p_{in}, die sich als $(i/n)^n$ berechnet. Die gesamte

Wahrscheinlichkeit P(A=j), um von der ersten Zeile von $\mathbf{Q}^{j-1}$ in einem Schritt nach n überzugehen wird durch die Summe

$$\sum_{j=1}^{n-1} p_{1j} * \left(\frac{j}{n}\right)^n$$

bestimmt.

Der Erwartungswert von A kann berechnet werden, indem die P(A=j) für $1 \leq i \leq \infty$ gebildet werden, welche sich als unendliche Summe der Form

$$E(A) = (n\,0 \ldots 0) \sum_{j=1}^{\infty} j * \mathbf{Q}^{j-1} \left(\left(\frac{1}{n}\right)^n \left(\frac{2}{n}\right)^n \ldots \left(\frac{n-1}{n}\right)^n \right)^T$$

darstellen lassen.

Zum Umformen der Formel. Für praktische Zwecke ist diese Formel in der vorhandenen Form vollkommen ungeeignet. Das Ziel der folgenden Überlegungen ist daher die Umformung der Formel mit dem Zweck, eine einfache und übersichtliche Darstellung zu erlangen. Um praktikabel zu werden, wird die Formel in eine geschlossene Form überführt, die keine unendlichen Summen mehr enthält. Die folgenden Ausführungen sind etwas kompliziert und teilweise ist der Zweck mancher Umformungen erst an späterer Stelle einsichtig. Wer nur an den Ergebnissen interessiert ist, kann die Herleitung der Formeln überspringen.

Vorüberlegungen. Die unendliche Summe

$$\mathbf{I} + \mathbf{Q} + \mathbf{Q}^2 + \mathbf{Q}^3 + \ldots$$

hat die Form der geometrischen Reihe

$$1 + q + q^2 + q^3 + \ldots = \frac{1}{1-q}$$

wenn q ≤ 1 ist. Die geschlossene Form der Summe der Matrizen ergibt sich demnach als

$$\sum_{j=0}^{\infty} \mathbf{Q}^j = \mathbf{I} + \mathbf{Q} + \mathbf{Q}^2 + \mathbf{Q}^3 \ldots = (\mathbf{I} - \mathbf{Q})^{-1}$$

bzw. bei Weglassen des Anfangszustands als

$$\sum_{j=1}^{\infty} \mathbf{Q}^j = \mathbf{Q} + \mathbf{Q}^2 + \mathbf{Q}^3 \ldots = (\mathbf{I} - \mathbf{Q})^{-1} \mathbf{Q}$$

Durchführen der Umformungen. Diese Überlegungen werden dazu benutzt, die unendlichen Summen aus den wesentlichen Formeln zu entfernen. Zu diesem Zweck wird der Mittelteil der Formel für E(A) in der Form

$$\sum_{j=1}^{\infty} j * \mathbf{Q}^{j-1} = \mathbf{I} + \sum_{j=1}^{\infty} (j+1) * \mathbf{Q}^j$$

dargestellt, was den Exponenten j-1 zunächst einmal eliminiert. Diese Formel läßt sich weiter umformen als

$$\mathbf{I} + \sum_{j=1}^{\infty} (j+1) * \mathbf{Q}^j = \mathrm{I} + \sum_{j=1}^{\infty} j * \mathbf{Q}^j + \sum_{j=1}^{\infty} \mathbf{Q}^j = \mathbf{I} + \mathbf{Q} \sum_{j=1}^{\infty} j * \mathbf{Q}^{j-1} + \sum_{j=1}^{\infty} \mathbf{Q}^j$$

Nach den Vorüberlegungen kann der letzte Teil der Formel in die Form

$$\mathbf{I} + \mathbf{Q} \sum_{j=1}^{\infty} j * \mathbf{Q}^{j-1} + \sum_{j=1}^{\infty} \mathbf{Q}^j = \mathbf{I} + \mathbf{Q} \sum_{j=1}^{\infty} j * \mathbf{Q}^{j-1} + (\mathbf{I} - \mathbf{Q})^{-1} \mathbf{Q}$$

gebracht werden. Insgesamt ist bisher der Teil der Formel für E(A) mit der unendlichen Summe wie folgt umgeformt worden:

$$\sum_{j=1}^{\infty} j * \mathbf{Q}^{j-1} = \mathbf{I} + \mathbf{Q} \sum_{j=1}^{\infty} j * \mathbf{Q}^{j-1} + (\mathbf{I}-\mathbf{Q})^{-1}\mathbf{Q}$$

Durch Umformungen mit dem Ziel des Entfernens der weiteren unendlichen Summen erhält man über

$$\sum_{j=1}^{\infty} j * \mathbf{Q}^{j-1} - \mathbf{Q} \sum_{j=1}^{\infty} j * \mathbf{Q}^{j-1} = \mathbf{I} + (\mathbf{I}-\mathbf{Q})^{-1}\mathbf{Q}$$

die vereinfachte Form

$$(\mathbf{I}-\mathbf{Q}) \sum_{j=1}^{\infty} j * \mathbf{Q}^{j-1} = \mathbf{I} + (\mathbf{I}-\mathbf{Q})^{-1}\mathbf{Q}$$

Da ferner

$$\mathbf{I} + (\mathbf{I}-\mathbf{Q})^{-1}\mathbf{Q} = (\mathbf{I}-\mathbf{Q})^{-1}$$

gilt, erhält man als Ergebnis der Überlegungen

$$\sum_{j=1}^{\infty} j * \mathbf{Q}^{j-1} = (\mathbf{I}-\mathbf{Q})^{-2}.$$

Ergebnis. Es konnte demnach als Antwort zu Frage 1 als E(A) ein Wert von

$$E(A) = (n\,0\,\ldots\,0)\ (\mathbf{I}-\mathbf{Q})^{-2} \left(\left(\frac{1}{n}\right)^{n} \left(\frac{2}{n}\right)^{n} \ldots \left(\frac{n-1}{n}\right)^{n} \right)^{T}$$

ermittelt werden. Das Ergebnis ist sehr nützlich für den weiteren Verlauf der Arbeit. E(A) ist mittels eines einfachen Computerprogramms leicht auszurechnen.

Varianz dieses Wertes. Die Frage 2) nach der Varianz ist noch offen geblieben. Wie aus der Wahrscheinlichkeitsrechnung bekannt ist, berechnet sich die Varianz als

$$\mathrm{Var}(A) = E(A^2) - (E(A))^2$$

Ähnliche Umformungen wie beim Erwartungswert sind auch bei der Berechnung der Varianz vonnöten. Ausgehend von

$$E(A^2) = (n\ 0 \dots 0) \sum_{j=1}^{\infty} j^2 * \mathbf{Q}^{j-1} \left(\left(\frac{1}{n}\right)^n \left(\frac{2}{n}\right)^n \dots \left(\frac{n-1}{n}\right)^n \right)^T$$

erhält man analog zu den vorherigen Überlegungen

$$\sum_{j=1}^{\infty} j^2 * \mathbf{Q}^{j-1} = \mathbf{I} + \sum_{j=1}^{\infty} (j+1)^2 * \mathbf{Q}^j$$

und nach Ausmultiplizieren

$$\mathbf{I} + \sum_{j=1}^{\infty} (j+1)^2 * \mathbf{Q}^j = \mathbf{I} + \sum_{j=1}^{\infty} j^2 * \mathbf{Q}^j + \sum_{j=1}^{\infty} 2j * \mathbf{Q}^j + \sum_{j=1}^{\infty} \mathbf{Q}^j$$

und Ausklammern von **Q**

$$\mathbf{I} + \sum_{j=1}^{\infty} j^2 * \mathbf{Q}^j + \sum_{j=1}^{\infty} 2j * \mathbf{Q}^j + \sum_{j=1}^{\infty} \mathbf{Q}^j = \mathbf{I} + \mathbf{Q} \sum_{j=1}^{\infty} j^2 * \mathbf{Q}^{j-1} + \mathbf{Q} \sum_{j=1}^{\infty} 2j * \mathbf{Q}^{j-1} + \sum_{j=1}^{\infty} \mathbf{Q}^j$$

ergibt sich als Zwischenziel nach Ersetzen der letzten unendlichen Summe

$$\sum_{j=1}^{\infty} j^2 * \mathbf{Q}^{j-1} = \mathbf{I} + \mathbf{Q} \sum_{j=1}^{\infty} j^2 * \mathbf{Q}^{j-1} + \mathbf{Q} \sum_{j=1}^{\infty} 2j * \mathbf{Q}^{j-1} + (\mathbf{I} - \mathbf{Q})^{-1} \mathbf{Q}$$

Dieses Zwischenergebnis wird weiter transformiert nach

$$\sum_{j=1}^{\infty} j^2 * \mathbf{Q}^{j-1} - \mathbf{Q}\sum_{j=1}^{\infty} j^2 * \mathbf{Q}^{j-1} = (\mathbf{I}-\mathbf{Q})\sum_{j=1}^{\infty} j^2 * \mathbf{Q}^{j-1} =$$

$$= \mathbf{I} + \mathbf{Q}\sum_{j=1}^{\infty} 2j * \mathbf{Q}^{j-1} + (\mathbf{I}-\mathbf{Q})^{-1}\mathbf{Q}$$

wobei sich durch Einsetzen der Formel für den Erwartungswert

$$(\mathbf{I}-\mathbf{Q})\sum_{j=1}^{\infty} j^2 * \mathbf{Q}^{j-1} = \mathbf{I} + 2\mathbf{Q}(\mathbf{I}-\mathbf{Q})^{-2} + (\mathbf{I}-\mathbf{Q})^{-1}\mathbf{Q} =$$

$$= 2\mathbf{Q}(\mathbf{I}-\mathbf{Q})^{-2} + (\mathbf{I}-\mathbf{Q})^{-1} =$$

$$= (\mathbf{I}+\mathbf{Q})(\mathbf{I}-\mathbf{Q})^{-2}$$

als Ergebnis der Analyse erst einmal

$$\sum_{j=1}^{\infty} j^2 * \mathbf{Q}^{j-1} = (\mathbf{I}+\mathbf{Q})(\mathbf{I}-\mathbf{Q})^{-3}$$

festhalten läßt und dann als Formel für $E(A^2)$

$$E(A^2) = (n\,0 \ldots 0)\ (\mathbf{I}+\mathbf{Q})(\mathbf{I}-\mathbf{Q})^{-3} \left(\left(\frac{1}{n}\right)^n \left(\frac{2}{n}\right)^n \ldots \left(\frac{n-1}{n}\right)^n \right)^T$$

herauskommt.

Berechnung eines Beispiels. Mit Hilfe dieser Formeln lassen sich Erwartungswert und Varianz von A leicht praktisch bestimmen, denn für die Varianz gilt nach elementarer Wahrscheinlichkeitsrechnung

$$\mathrm{Var}(A) = E(A^2) - (E(A))^2$$

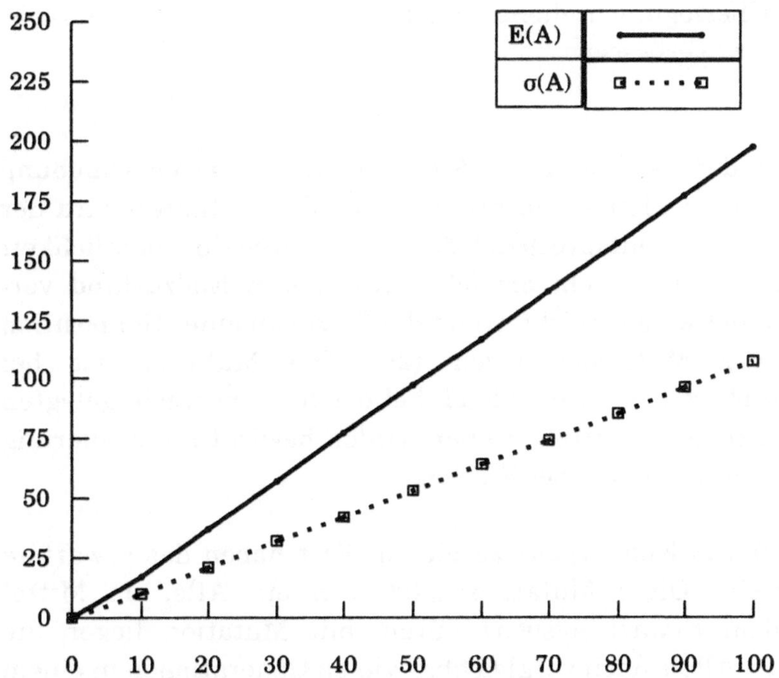

Abb.3.2: Erwartungswert und Streuung von A

In Abb.3.2 sind Erwartungswert und Standardabweichung (Die Wurzel aus der Varianz ist die Streuung oder auch Standardabweichung) von A für Populationsgrößen von 10 bis 100 aufgelistet. Die Konvergenz braucht länger als im Fall von nur zwei Allelen, doch wächst die erwartete Anzahl der Generationen linear mit der Populationsgröße. Die Standardabweichung wächst zwar ebenfalls linear; ist aber sehr hoch, was die Streuung der Ergebnisse erheblich beeinflußt.

Problematik des angenommenen Modells. Eines der wesentlichen Ziele der Untersuchungen wird sein, dem Benutzer eines GA zu möglichst konkreten Aussagen über die Laufzeit zu verhelfen. Nach den bisherigen Überlegungen können lediglich Erwartungswerte für einzelne Genpositionen berechnet werden, wenn außerdem weder Mutation noch qualitätsabhängige Selektion vorgesehen sind. Die nachfolgenden Überlegungen dienen dazu, die bisherigen Ergebnisse in sinnvoller Weise zu verbessern.

Mutation

Die Mutation bei der Vererbung von Allelen bewirkt eine Verschiebung des Wertes um einen kleinen Betrag ε. Durch die Mutanten wird der homogene Endzustand entsprechend der Mutationswahrscheinlichkeit hinausgezögert bzw. gar nicht erreicht. Ein diesem Endzustand vergleichbarer Zustand wird erreicht, wenn die Werte an einer Genposition im Intervall der Mutation liegen (2ε). Die Mutation ist bei Binärkodierung oft sehr einschneidend; bei der hier zugrunde gelegten Kodierung des Problems mittels reeller Zahlen bewirkt die Kodierung nur eine leichte Verschiebung des Wertes.

Simulationsläufe zur Konvergenz zu einem Wert haben das erwartete Ergebnis gebracht. Ohne Mutation setzt sich ein Allel im Mittel entsprechend dem Erwartungswert durch; mit Mutation liegen die übriggebliebenen Allele nach vergleichbar vielen Generationen in einem engen Bereich um einen reellen Wert herum.

Selektion

Die Selektion ist sehr wesentlich für die Konvergenz zu einem speziellen Wert. Die Erwartungswerte zur Konvergenz verkürzen sich drastisch. Das bisherige Modell gilt nur für den Fall, daß die Kugeln mit gleicher Wahrscheinlichkeit gezogen werden. Die durch Selektion bewirkten Änderungen sind sehr wesentlich zum Verständnis von GA und werden durch leichte Modifikationen des hier vorgestellten Modells in Kap.3.2 dargestellt.

Parallele Betrachtung mehrerer Genpositionen. Weitestgehend unabhängig voneinander läuft der Konvergenzprozeß an den einzelnen Genpositionen. Die bisher errechneten Werte beziehen sich auf das sequentielle Berechnen der einzelnen Genpositionen. Bei GA spricht man aber im allgemeinen von Generationen, wobei eine Generation einen Kopierschritt an allen Genpositionen gleichzeitig bewirkt. In der Praxis ergibt sich, daß an einigen Stellen der Prozeß schon recht früh beendet sein wird, während an anderen Genpositionen quasi beliebig lange kopiert wird. Die Anzahl der benötigten Generationen richtet sich leider nach dem schwächsten Glied. Wenn an l-1 Stellen nur noch ein Allel vorhanden ist und an einer Stelle noch mehrere Allele miteinander in Konkurrenz stehen, dann wird so lange Generation um Generation ermittelt, bis auch an dieser letzten Stelle ein Allel übrig geblieben ist.

Problem der hohen Varianz. Als Beispiel zur Unterstreichung der obigen Aussage stelle man sich eine Population von 100 Individuen und mehreren Genpositionen vor. Dann wäre der Erwartungswert der Konvergenz zu einem Endzustand an jeder Genposition ca. 197 Generationen. Im Bereich der Standardabweichung liegen allerdings Ergebnisse von 90 - 300 Generationen. Für praktische Zwecke ist es natürlich unerheblich zu warten, bis wirklich alle Genpositionen nur noch ein Allel beinhalten. Von Interesse ist vielmehr die Anzahl der Genpositionen, die zu einem gegebenen Zeitpunkt homogen sind, um ein Gefühl dafür zu bekommen, wann ein Abbruch des Verfahrens sinnvoll ist. Man wartet in der Praxis deshalb nicht bis zur Konvergenz an wirklich der letzten Genposition, sondern gibt sich zufrieden, wenn ein gewisser Prozentsatz der Gene homogen ist.

Dazu muß eine Abschätzung dafür vorgenommen werden, wie viele Werte der Zufallsvariablen X mindestens im Bereich $X - a \leq X \leq X + a$ ($a \in \mathbb{R}$) liegen. Dazu wird die folgende Form der Tschebyschewschen Ungleichung

$$P(|X - E(X)| < a) \geq 1 - \frac{\sigma^2}{a^2}$$

benutzt. Im Prinzip ist die Forderung ausreichend, daß ein vorgegebener Prozentsatz z der Genpositionen ihren Endzustand erreicht hat. Gesucht ist damit ein a, so daß $\sigma^2/a^2 = 1 - z$ gilt. Nach elementaren Umformungen erhält man

$$a = \sqrt{\frac{\sigma^2}{1 - z}}$$

Der Prozentsatz der Gene, die mindestens im Endzustand sein sollen, wird vorgegeben; danach wird a einfach ausgerechnet. Der Wert a stellt eine Art obere Schranke dar, wie lange auf die Konvergenz zum Endzustand gewartet werden muß.

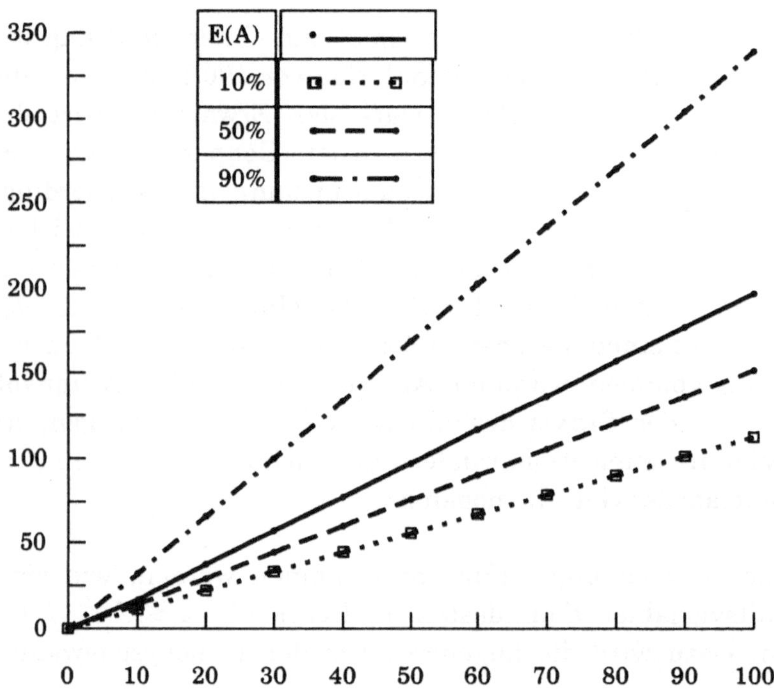

Abb.3.3: Erweiterung auf mehrere Genpositionen

Interpretation von Abb.3.3. Abb.3.3 ist eine Erweiterung von Abb.3.2. Werden viele Genpositionen betrachtet, kann eine Abschätzung vorgenommen werden, wieviel Prozent der Positionen im Endzustand anzunehmen sind. Wenn z.B. eine Populationsgröße von 70 gegeben ist, dann kann die Wahrscheinlichkeit jeder Genposition nach 250 Generationen im Endzustand zu sein "größer-gleich" 90 Prozent angenommen werden. Ist ein Optimierungsproblem mit relativ vielen (>100) Genen gegeben, liefert die Tabelle gute Abschätzungen.

3.2 Genetische Operatoren

Zum tieferen Verständnis des genetischen Verfahrens sind Untersuchungen vonnöten, inwieweit der Einbau einer Reihe von genetischen Operatoren bessere Ergebnisse ermöglicht. Der Sinn dieses Kapitels besteht darin, den Zweck der einzelnen Operatoren klar herauszuarbeiten.

3.2.1 Rekombination

Motivation. Der wesentliche Vorteil eines GA gegenüber anderen Verfahren ist die horizontale Informationsübertragung. Eine Population von Individuen arbeitet zusammen, indem jeweils zwei dieser Individuen gemeinsame Nachkommen zeugen. Ziel dieses Kapitels ist die Gegenüberstellung verschiedener Rekombinationsmechanismen und der Vergleich dieser mit Simulated Annealing.

Einfaches Modell der Rekombination. Die Aufgabe der Rekombination besteht aus der Erzeugung eines neuen Individuums Ξ_{neu} durch geeignete Kombination zweier Individuen Ξ_i und Ξ_j. Der Rekombinationsoperator Δ wird abstrakt beschrieben. Gegeben sind zwei Individuen

$$\Xi_i = (\lambda(\gamma_1), \lambda(\gamma_2), \ldots, \lambda(\gamma_n))$$

und

$$\Xi_j = (\lambda'(\gamma_1), \lambda'(\gamma_2), \ldots, \lambda'(\gamma_n)).$$

Aus diesen beiden Individuen wird

$$\Xi_{neu} = (\Delta(\lambda(\gamma_1), \lambda'(\gamma_1)), \Delta(\lambda(\gamma_2), \lambda'(\gamma_2)), \ldots, \Delta(\lambda(\gamma_n), \lambda'(\gamma_n)))$$

erzeugt mit $\Delta(x_1,x_2) \in \{x_1,x_2\}$.

Verschiedene Rekombinationsmöglichkeiten. Zur praktischen Durchführung der Rekombination gibt es eine Fülle von verschiedenen Möglichkeiten, wobei die wesentlichen in diesem Kapitel erläutert werden. Die eine Möglichkeit ist das Crossing Over; dabei werden die Individuen nur an einer Stelle aufgebrochen und über Kreuz wieder zusammengesetzt, wodurch zwei neue Individuen entstehen. Eine andere Möglichkeit der praktischen Durchführung des Crossing Over ist das sogenannte Mehrpunkt Crossing Over, bei dem statt nur einer eine Menge von Crossing Over Stellen bestimmt wird. Ein neues Individuum entsteht dann dadurch, daß alternierend von den Elternindividuen der Abschnitt bis zur nächsten Crossing Over Stelle kopiert wird.

Die einfachste Möglichkeit der Rekombination ist die zufällige Auswahl eines Allels der Eltern separat für jede Genposition. Das neuzubildende Individuum erhält mit gleicher Wahrscheinlichkeit jedes Gen einzeln von seinen Eltern zugelost. Zwar findet die horizontale Informationsübertragung auch in diesem Falle statt; nur werden nicht große, zusammenhängende Informationsblöcke auf einmal übertragen, sondern jeweils nur Fragmente. Dadurch wird das Erbgut stärker durchmischt.

Demgegenüber steht die Möglichkeit, einen Nachkommen als Mutation eines Individuums zu erzeugen. Diese Variante erspart den Aufwand der Implementierung des Δ-Operators und das Mitführen einer Population. Da Simulated Annealing gerade auf diese Art und Weise arbeitet, wird dieses Verfahren mit den anderen Rekombinationsmöglichkeiten verglichen.

Einfluß von Crossing Over auf die Bildung von Schemata. In der Literatur über GA werden zur Rekombination verschiedene Algorithmen verwendet. Ein Vergleich der Qualität dieser Algorithmen fehlt. Mittels der im folgenden dargestellten Formeln ist ein solcher Vergleich möglich. Unter Einfluß von Rekombination und Selektion ergibt sich wie in Kap.2.3 erläutert die Formel für die Anzahl der Schemata in der Population als

$$N(\xi,t) \approx N(\xi,t-1) * \left(\frac{\mu_\xi}{\mu_{\rho_i}}\right) * ((1 - P_{cro} * \left(\frac{L_\xi}{n-1}\right)) + \frac{N_{\xi_{Rest}} - 1}{N-1} * (P_{cro} * \left(\frac{L_\xi}{n-1}\right)))$$

Die Rekombination stört das exponentielle Wachstum der Schemata (insbesondere der längeren in inhomogenen Populationen). Andererseits werden Schemata in verschiedenen Kontexten getestet bzw. neue Schemata erzeugt. Um ein Gefühl für die Bedeutung verschiedener Rekombinationstechniken zu erlangen, wird im folgenden ihr Einfluß auf die Überlebenswahrscheinlichkeit eines Schemas gegeben. Der Einfachheit halber sei die Selektion ausgeschaltet, d.h. es gelte für alle Schemata ξ $\mu_\xi = \mu_{\rho_i}$. Die Überlebenswahrscheinlichkeit P_{surv} eines beliebigen Schemas ist definiert durch

$$P_{surv}(\xi) = 1 - P_{cro} * \left(\frac{L_\xi}{n-1}\right) + \frac{N_{\xi_{Rest}} - 1}{N-1} * (P_{cro} * \left(\frac{L_\xi}{n-1}\right))$$

Die Formel hat auch einen wesentlichen praktischen Wert, da mit ihrer Hilfe sehr gut die Verbreitung von Schemata für unterschiedliche GA abgeschätzt werden kann. In der hier vorgestellten Fassung ist die Formel wesentlich genauer als die von Holland/Goldberg entwickelte. Bei Holland fehlt der Term

$$\frac{N_{\xi_{Rest}} - 1}{N-1} * (P_{cro} * \left(\frac{L_\xi}{n-1}\right))$$

völlig, was zu einer Verfälschung der Ergebnisse führt. Sind nämlich die Individuen untereinander recht ähnlich, dann werden durch Rekombination weitaus weniger Schemata zerstört als durch die Berechnungen von Holland angenommen. Die Formel von Holland und die hier vorgestellte Weiterentwicklung liefern nur am Anfang sehr ähnliche Ergebnisse, wenn die Population inhomogen ist.

Beispiel zur Schemaentwicklung. Als Beispiel zu einer sinnvollen Anwendung der Formel stelle man sich einen String von 20 Genen vor, welche jeweils die Werte 0 und 1 annehmen können. Das Schema ξ_1 sei an fünf Stellen definiert zwischen den Positionen 6 und 10. Es sei ferner angenommen, daß die durch die Rekombination häufig vorkommende Zerstörung von Schemata bei 20% der Individuen dadurch wieder rückgängig gemacht wird, daß bei diesen Individuen die Schema-Positionen nach der Crossing Over Stelle bei beiden zur Rekombination selektierten Individuen identisch sind. Wird als erstes Individuum bei der Rekombination ein Individuum gezogen, welches ξ_1 enthält und Crossing Over findet mit Wahrscheinlichkeit 1 statt, dann ergibt sich

$$P_{surv}(\xi_1) = \left(1 - \frac{4}{19}\right) + 0.2 * \frac{4}{19} = \frac{15}{19} + \frac{4}{95} = 0.83$$

Vererbung einzelner Gene. Wird bei jedem Gen unabhängig gelost, welches Allel vererbt werden soll, ergeben sich im Mittel n/2 Crossing Over Stellen. Für die Auswahl von k Crossing Over Positionen gibt es

$$\binom{n}{k} = \frac{n!}{(n-k)! * k!}$$

Möglichkeiten, wobei n die Stringlänge und k die Anzahl der Crossing Over Stellen angibt. Für die erste Crossing Over Position gibt es nämlich gerade n, für die zweite (n-1) und für die k-te (n-k) Möglichkeiten. Da die Reihenfolge der ausgesuchten Positionen gleichgültig ist, muß der Betrag noch durch k! dividiert werden. In unserem Beispiel wären das bei k=n/2 19! / 10! *9! = 92378 Möglichkeiten.

Des weiteren ist zu berechnen, bei wie vielen dieser Möglichkeiten ein Schema der Länge L_ξ ganz bleiben würde. Dieses ist genau für

$$\binom{n - L_\xi}{k} = \frac{(n - L_\xi)!}{(n - L_\xi - k)! * k!}$$

der Fall. Es gibt nämlich für die erste Stelle genau n-1-L_ξ Möglichkeiten, um das Schema unzerstört zu lassen - die Herleitung der Formel ergibt sich dann analog zur obigen Formel. Für das Beispiel ergeben sich 5005 solche Möglichkeiten. Das Überleben eines Schemas mit L_ξ = 4 berechnet sich demzufolge als

$$P_{surv}(\xi) = \frac{5005}{92378} + 0.2 * \frac{87373}{92378} = 0.24$$

Interpretation der Ergebnisse. Der Wert 0.2 im zweiten Term ist lediglich eine Obergrenze des tatsächlichen Wertes, da durch die vielen Crossing Over Stellen die Schemata noch weiter zerstückelt werden. Das Ergebnis der abstrakten Analyse zeigt klar und deutlich, daß Schemata bei einfachem Crossing Over wesentlich bessere Entfaltungsmöglichkeiten haben. Sie werden bei der Rekombination nicht ständig zerstört, können aber durch das Crossing Over immer wieder in neuen Kontexten getestet werden. Von diesem Standpunkt aus betrachtet, muß das einfache Crossing Over auch in der Praxis das deutlich bessere Rekombinationsverfahren sein.

Verschiedene Rekombinationsmöglichkeiten werden anhand zweier Beispiele getestet. Die verwendeten Algorithmen unterscheiden sich nur durch die Art der Rekombination. Das Ziel ist die Herausarbeitung des Vorteils von herkömmlichem Crossing Over (CO) gegenüber anderen Rekombinationsalgorithmen. Außerdem werden diese Algorithmen noch mit Simulated Annealing verglichen. Die Beispiele sind so gewählt, daß sie die Optimierungsverfahren zu verschiedenen lokalen Optima hinführen - aber zum globalen Optimum führen nur sehr wenige Wege. Dadurch entsteht der Wunsch nach qualitativ hochwertigen Optimierungsverfahren. Ein solches Verfahren ist zum Beispiel GA; allerdings nur, wenn die genetischen Operatoren richtig gewählt sind!

Beschreibung des ersten Beispiels. Das erste Beispiel behandelt Strings der Länge 20. Ein Individuum ist gegeben durch $\Xi = (\gamma_1, \gamma_2, \ldots, \gamma_{20})$ mit $\lambda(\gamma_k) \in \{0,1\}$. Die Zielfunktion ist eindimensional und gibt eine Punktzahl an, die zu maximieren ist. Das Beispiel ist so gewählt, daß lokale Optima mäßiger Qualität existieren, zu dem die meisten Wege hinführen.

Die Zielfunktion wird wie folgt errechnet: Es werden vier disjunkte Mengen von jeweils fünf zusammenhängenden Allelen betrachtet. Die Punktzahl dieser Fünfergruppen errechnet sich nach der in Abb.3.4 dargestellten Zielfunktion. Ein Beispiel für die Berechnung eines Strings der Länge 20 ist in Abb.3.5 dargestellt. Der Wert 4000 ist zwar das globale Optimum, doch die Werte 3080, 2160, 1240 und 320 sind lokale Optima, die nur sehr schwer verlassen werden können.

Anzahl der Einsen	Anzahl der Nullen	Zielfunktionswert
5	0	1000
4	1	0
3	2	20
2	3	40
1	4	60
0	5	80

Abb.3.4: Zielfunktion von Beispiel 1

Bitstring:	10001	11111	00000	11010
Bewertung pro Fünfergruppe:	40	1000	80	20

Zielfunktionswert des gesamten Bitstrings: 1140

Abb.3.5: Bewertung eines Bitstrings der Länge 20

Verschiedene Algorithmen zur Rekombination. Das Beispiel ist mit vier verschiedenen Algorithmen getestet worden. Die verschiedenen Ansätze sehen wie folgt aus.

ALGORITHMUS 1: KONVENTIONELLES CROSSING OVER (CO)

Die Population umfaßt in jeder Generation 100 Individuen. Aus diesen werden 400 Nachkommen gebildet, indem jeweils zwei Individuen der Population zufällig ausgewählt werden und aus diesen mittels einfachem Crossing Over ein neues Individuum erzeugt wird. Die Mutationsrate beträgt 5%, d.h. pro neuerzeugtem Individuum wird im Mittel eine 1 in eine 0 bzw. eine 0 in eine 1 konvertiert. Von diesen 400 Nachkommen werden die 100 Besten selektiert und ersetzen die alte Population vollständig. Wird nach 10000 Schritten das Optimum (4000 Punkte) nicht gefunden, bricht das Verfahren ab.

ALGORITHMUS 2: MEHRPUNKT CROSSING OVER (MP-CO)

Der Algorithmus 2 ist identisch mit Algorithmus 1; nur statt Verwendung von konventionellem Crossing Over wird für jedes Gen einzeln gelost, ob es von Vater oder Mutter geerbt wird. Dadurch entsteht eine Folge von meistens sehr kurzen Abschnitten, welche jeweils einem Elternteil entnommen sind.

ALGORITHMUS 3: META CROSSING OVER (M-CO)

Der Algorithmus 3 ist identisch mit Algorithmus 1, nur statt Verwendung von konventionellem crossing-over wird Meta Crossing Over [Sch87] durchgeführt. Dabei wird in der Anfangspopulation zunächst normales Crossing Over benutzt. Zusätzlich wird im Genstring die Crossing Over Stelle gespeichert, die an die nachfolgenden Generationen vererbt wird. Die Idee dabei ist, daß es günstige Stellen für das Crossing Over gibt und die selektierten Individuen diese Information an ihre Kinder weitergeben. Damit das Verfahren nicht gar so starr wird, kann bei der Vererbung die Crossing Over Stelle um eine Position verrutschen.

ALGORITHMUS 4: SIMULATED ANNEALING (SA)

Der vierte Algorithmus basiert auf Simulated Annealing (SA). SA verfügt über viele Freiheitsgrade und es ist lange getestet worden, welche Parameterkombination für das vorliegende Beispiel günstig ist. Die Populationsgröße ist 1 und bei der "Rekombination" wird jedes Gen mit einer Wahrscheinlichkeit von 75% kopiert und zu 25% mutiert. Ist das neue Individuum besser als das alte, wird es selektiert und ersetzt seinen Vorgänger. Bei einer Verschlechterung wird es genau dann selektiert, wenn

$$\text{rnd}(0..1) \leq e^{-\frac{\Delta\mu}{T}}$$

wobei rnd(0..1) per Zufall gleichverteilt eine Zahl zwischen 0 und 1 auswählt und $\Delta\mu$ als $|\mu IND_{alt} - \mu IND_{neu}|$ definiert ist.

Das Abkühlungsverfahren beeinflußt die Qualität des Verfahrens gewaltig. Aufgrund langer Meßreihen ist ein Verfahren gewählt worden, welches jeweils 200 Schritte auf einer Temparatur von 500, 400, ..., 100 Grad stehen bleibt und dann in Zehnerschritten langsam die Temparatur absenkt mit einer Verweildauer von jeweils 400 Schritten. Zum Schluß verbleibt das Verfahren noch 5400 Schritte auf einer Temparatur von einem Grad.

Ergebnisse der ersten Meßreihe. Die aufgelisteten Werte aus Abb.3.6 und 3.7 haben folgende Bedeutung:

Individuen bei Erfolg: Anzahl der Individuen, die im Mittel bei Erreichen des globalen Optimums erzeugt worden sind.

Punkte: Anzahl der Punkte, welche im Mittel pro Suchlauf erzielt worden sind.

Globales Optimum in %: Prozentmäßiger Anteil des gefundenen globalen Optimums.

Fünf Einsen in %: Prozentmäßiger Anteil gefundener Gruppen von fünf Einsen.

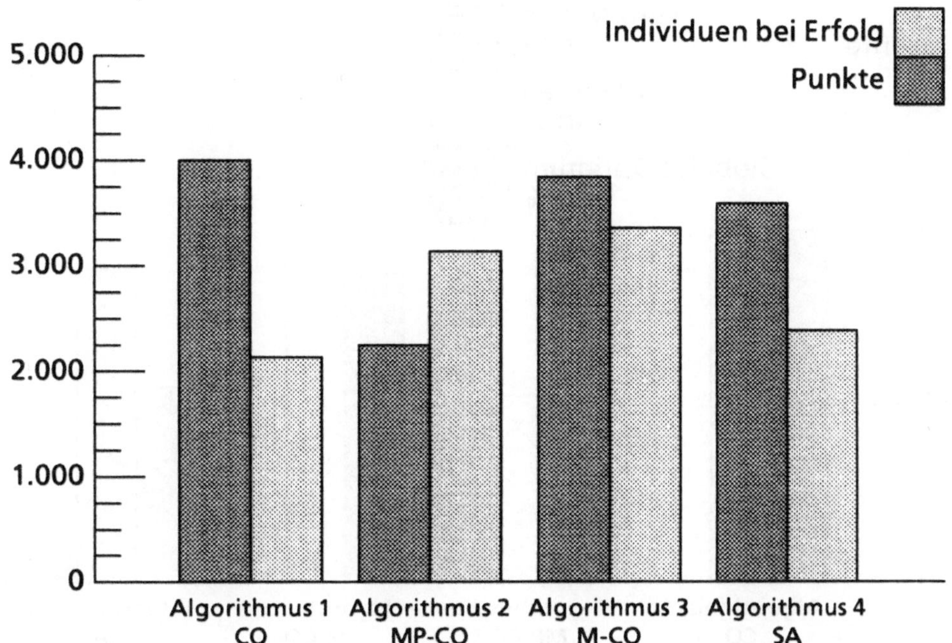

Abb.3.6: Leistung verschiedener Rekombinationsmechanismen

Fünf Nullen in %: Prozentmäßiger Anteil gefundener Gruppen von fünf Nullen.

Die Tabelle zeigt die überraschenderweise sehr unterschiedlichen Ergebnisse der doch recht ähnlichen Algorithmen auf. Um aussagekräftige Resultate zu erhalten, wurde jeder Algorithmus mit zufälligen Startwerten 300 mal durchlaufen. Während bei konventionellem Crossing Over die Rekombination sich voll entfalten kann, wirkt das Mehrpunkt Crossing Over destruktiv auf die Bildung der Schemata. Diese Tatsache ist eine experimentelle Bestätigung der theoretischen Überlegungen zu Beginn des Kapitels.

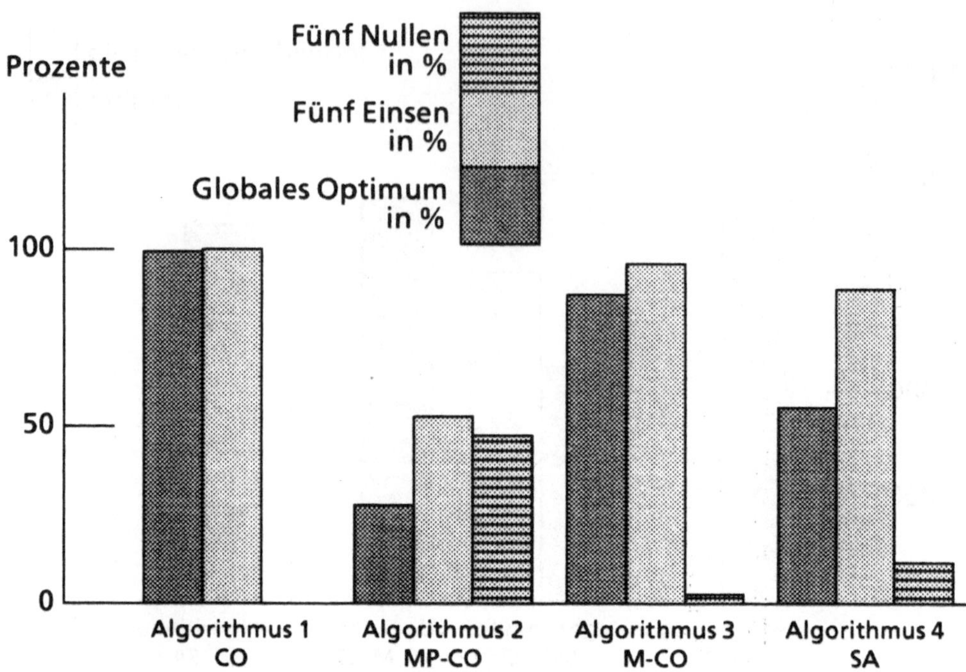

Abb.3.7: Erreichen von Optima

Bewertung der Ergebnisse (Abb.3.6). Mit Ausnahme von MP-CO haben alle Algorithmen das Optimum von 4000 Punkten gut approximiert. Der Algorithmus CO hat in 298 von 300 Läufen das globale Optimum gefunden. Damit erweist sich dieser Algorithmus als das überlegene Verfahren. Nach den theoretischen Überlegungen zu Beginn des Kapitels sind diese Vorteile gegenüber MP-CO (Entfaltung der Schemata) und SA (horizontale Informationsübertragung) erwartet worden. Interessant ist, daß CO die wenigsten Individuen im Schnitt gebraucht hat, um dieses Ergebnis zu erzielen.

Der Algorithmus M-CO hat nicht die erwünschte Verbesserung gegenüber CO erbracht. Durch die vererbte Crossing Over Stelle sollten günstige Crossing Over Positionen gefunden werden. In der Praxis haben sich schnell einige wenige Crossing Over Stellen durchgesetzt, so daß alle Individuen an fast den gleichen Stellen Crossing Over durchgeführt haben. Dadurch ist es immer wieder zu denselben Schemata gekommen.

Bewertung der Ergebnisse (Abb.3.7). In diesem Balkendiagramm wird angegeben, wie oft das globale Optimum erreicht worden ist und wie oft die Algorithmen zu den lokalen Optima konvergieren. Interessant ist dabei, daß CO als bester Algorithmus fast perfekt gearbeitet hat. Die anderen Algorithmen sind öfter in einem lokalen Optimum stecken geblieben. MP-CO ist - wie erwartet - sehr schwach gewesen.

Allgemeine Aussagen. SA verfügt nicht über horizontale Informationsübertragung, weil keine Population mitgeführt wird. Deshalb wären im Vergleich zu GA zwei Ergebnisse erwartet worden:

a) Das globale Optimum sollte sehr viel seltener gefunden werden.
b) Die Konvergenz zu einem lokalen bzw. globalen Optimum sollte sehr viel schneller sein.

Während Aussage a) durch die Simulationsergebnisse bestätigt wird, hat sich b) an diesem Beispiel nicht erwiesen. Da bei SA jede Generation nur aus einem Individuum besteht, setzen sich Verbesserungen schneller durch als bei GA. Trotzdem hat SA auch im Erfolgsfall etwas länger gebraucht als der genetische Algorithmus CO. Diese Aussage ist aber nicht zu verallgemeinern; Aussage b) sollte für einfachere Beispiele gelten, was bei der Analyse der Selektionsverfahren auch experimentell bestätigt wird.

Nach der Schema-Theorie ist nicht überraschend, daß das einfache Crossing Over am besten abschneidet. Was allerdings doch auffällt, ist der Qualitätsunterschied der Resultate. Während Algorithmus CO in 99.33% der Fälle das Optimum gefunden hat - in relativ kurzer Zeit, hat z.B. Algorithmus MP-CO dieses nur in 28% der Fälle gefunden. Bei der praktischen Anwendung von GA sind sich Entwickler oft nicht im klaren über die Empfindlichkeit des Verfahrens gegenüber marginal erscheinenden Änderungen einzelner Operatoren.

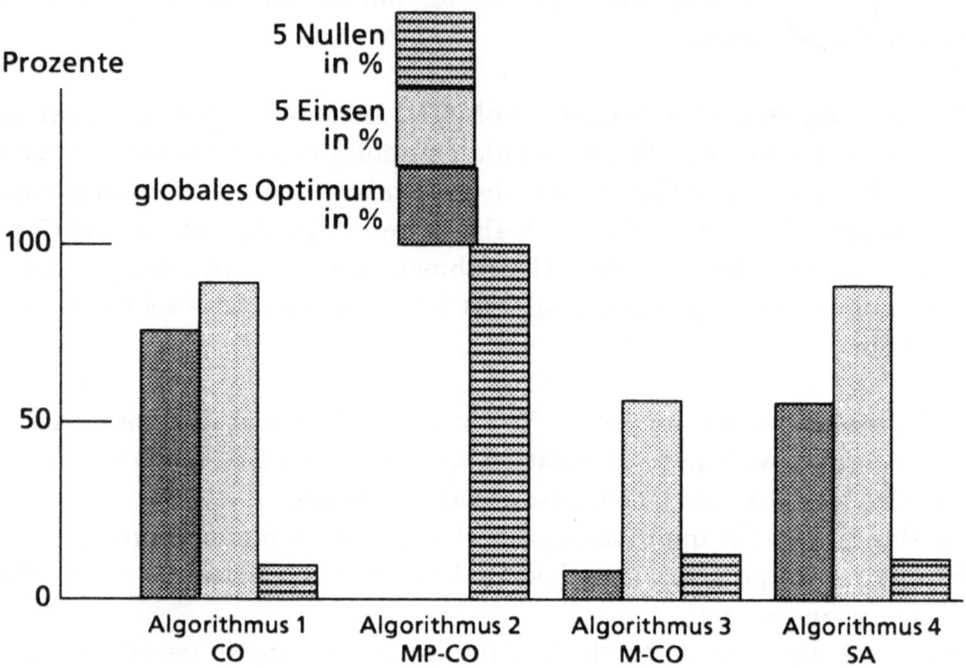

Abb.3.8: Erreichen von Optima

Ergebnisse der zweiten Meßreihe. Eine zweite Meßreihe mit für die ersten drei Algorithmen leicht modifizierten Bedingungen hat weitere aufschlußreiche Ergebnisse gebracht. Abb.3.8 listet analog zu Abb.3.7 auf, inwieweit die verschiedenen lokalen und globalen Optima erreicht werden konnten, wobei diejenigen von SA der Vollständigkeit halber noch einmal angeführt sind. Der Unterschied zu der ersten Meßreihe besteht lediglich in einer weniger scharfen Selektion. So wird aus einer Population nicht eine Nachkommenschaft von 400 Individuen gezüchtet, sondern nach 200 erzeugten Nachkommen wird bereits selektiert. Das führt zum einen dazu, daß jedes neuerzeugte Individuum mit einer Wahrscheinlichkeit von 0.5 (vorher 0.25) zur nächsten Generation gehört und zum anderen im Durchschnitt ein einmal selektiertes Individuum nur zwei Nachkommen (vorher vier) produziert.

Die geänderten Parameter der Selektion haben einen stark negativen Einfluß auf die Qualität des Algorithmus. Da sehr schnell selektiert wird, hat das Crossing Over einfach nicht die Gelegenheit, genug Kombinationen von Allelen auszuprobieren. Außerdem reproduzieren sich gute Individuen (die es nun auch seltener gibt) weniger häufig, als es vorher der Fall war.

Die Tendenz zur Überlegenheit des CO Algorithmus gegenüber den Varianten MP-CO und M-CO verstärkt sich aber weiter. Anhand der theoretischen Vorüberlegungen und des illustrativen Beispiels ist festzuhalten, daß horizontale Informationsübertragung zu den gewünschten Effekten führen kann, wenn konventionelles Crossing Over verwendet wird - aber schon eine recht ähnliche Strategie wie MP-CO führt zu wesentlich schlechteren Ergebnissen. Daraus folgt, daß GA extrem anfällig ist gegen leichte Modifikationen seiner Operatoren.

Beschreibung des zweiten Beispiels. Das zweite Beispiel behandelt Strings der Länge 40. Ein Individuum ist gegeben durch $\Xi = (\gamma_1, \gamma_2, \ldots, \gamma_{40})$ mit $\lambda(\gamma_k) \in \{0,1\}$. Die Zielfunktion ist eindimensional und gibt eine Punktzahl an, die zu maximieren ist. Das Beispiel ist so gewählt, daß lokale Optima mäßiger Qualität existieren, zu denen die meisten Wege hinführen.

Die Zielfunktion wird wie folgt errechnet: Es werden vier disjunkte Mengen von jeweils zehn zusammenhängenden Allelen betrachtet. Die Punktzahl dieser Zehnergruppen errechnet sich nach der in Abb.3.9 dargestellten Zielfunktion. Der Wert 4000 ist zwar das globale Optimum, doch die Werte 3080, 2160, 1240 und 320 sind lokale Optima, die nur sehr schwer verlassen werden können. Zur Berechnung der Zielfunktion (siehe Beispiel aus Abb.3.10) werden vier disjunkte Mengen von jeweils zehn zusammenhängenden Allelen betrachtet.

Anzahl der Einsen	Anzahl der Nullen	Zielfunktionswert
10	0	1000
9	1	90
8	2	0
7	3	10
6	4	20
5	5	30
4	6	40
3	7	50
2	8	60
1	9	70
0	10	80

Abb.3.9: Zielfunktion von Beispiel 2

Durch die größere Stringlänge ist das Erzeugen von 9 oder 10 Einsen recht unwahrscheinlich und das zweite Beispiel weitaus schwieriger als das erste.

Bitstring:	1000100000	1111111111	1111011111	1101011111
Bewertung pro Zehnergruppe:	60	1000	90	0

Zielfunktionswert des gesamten Bitstrings: 1150

Abb.3.10: Bewertung eines Bitstrings der Länge 40

Verschiedene Algorithmen zur Rekombination. Die vier verschiedenen Rekombinationsverfahren des ersten Beispiels sind erneut verwendet worden. Die Populationsgröße liegt mit 100 fest. Aus diesen werden 1000 Nachkommen gebildet, indem jeweils zwei Individuen der Population zufällig ausgewählt werden. Da das zweite Beispiel schwieriger ist, wird die Selektion schärfer durchgeführt als für das

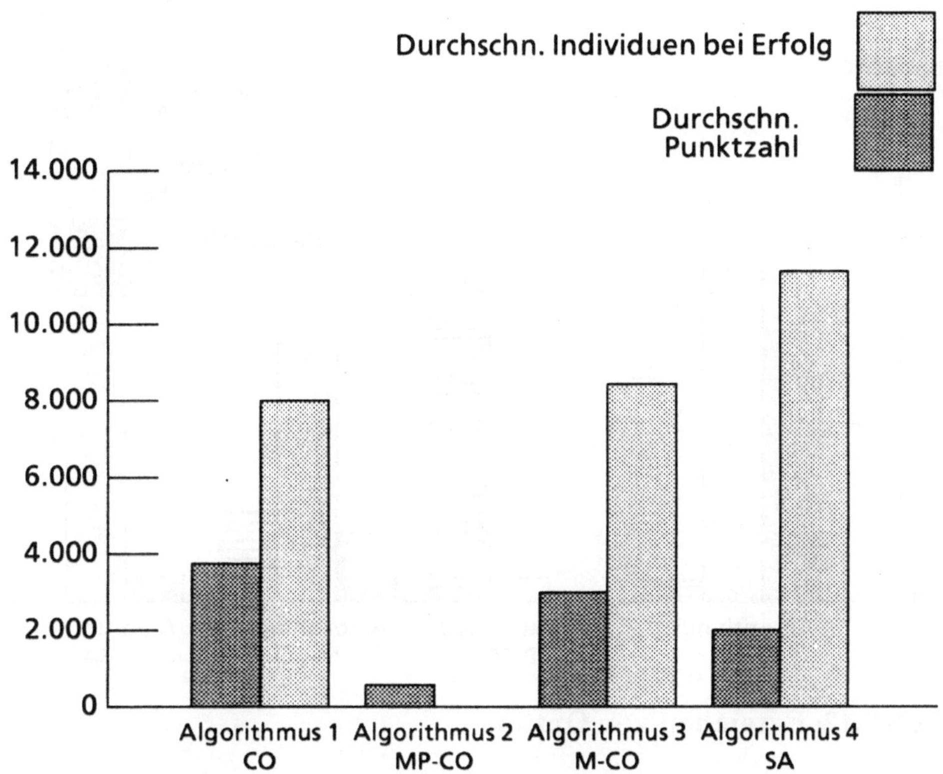

Abb.3.11: Leistung verschiedener Rekombinationsmechanismen

erste Beispiel. Von den 1000 Nachkommen werden die 100 Besten selektiert und ersetzen die alte Population vollständig. Wird nach 15000 Schritten das Optimum (4000 Punkte) nicht gefunden, bricht das Verfahren ab. Die Ergebnisse aus den Abb.3.11 und 3.12 sind jeweils wieder Durchschnittswerte aus 300 Durchläufen pro Algorithmus.

Ergebnisanalyse des zweiten Beispiels. Das Beispiel 2 bestätigt eindrucksvoll die Ergebnisse von Beispiel 1. Die herausragende Qualität und Zuverlässigkeit des einfachen Crossing Over wird durch die Resultate noch einmal bekräftigt. Das lokale Optimum, zu dem fast alle

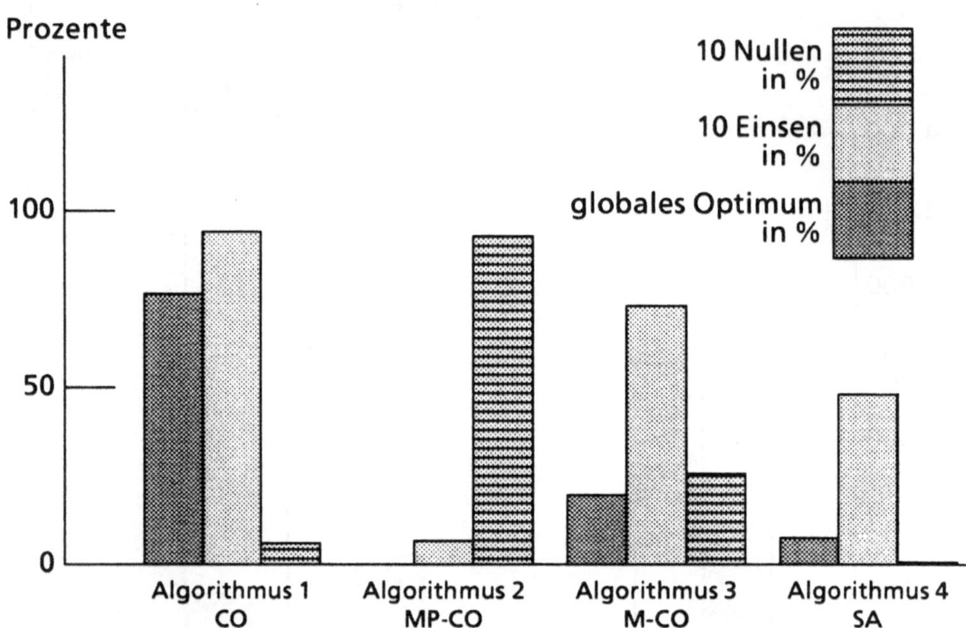

Abb.3.12: Erreichen von Optima

Wege führen, hat konsequent vermieden werden können. Zur Verbesserung der Ergebnisse von SA sind verschiedene Abkühlungsstrategien ausprobiert worden, wobei die besten Ergebnisse in die Tabellen von Abb.3.11/3.12 eingegangen sind. Gerade die Balkendiagramme von Abb.3.12 zeigen eindrucksvoll auf, daß CO ganz wesentlich zur Qualität eines GA beiträgt. Die horizontale Informationsübertragung ermöglicht das Finden des globalen Optimums (für das betrachtete Beispiel) mit großer Sicherheit.

Zusammenfassung. Dieses Kapitel hat zu praktisch verwertbaren Erkenntnissen bezüglich der Qualität unterschiedlicher Rekombinationsmechanismen geführt. Der Vergleich dieser Rekombinationsmechanismen hat sowohl vom praktischen als auch vom theoretischen Standpunkt aus klar gezeigt, daß das herkömmliche Crossing Over das beste Verfahren ist. Der Vorteil der horizontalen Informationsübertragung ist an den gewählten Beispielen besonders augenfällig geworden. Durch Ausnutzung der Information der gesamten Population konnten zuverlässig auch dann noch globale Optima gefunden werden, wenn z.B. SA nur noch lokale Optima fand.

Ein negatives Ergebnis der Untersuchungen ist die Tatsache, daß GA sehr anfällig in ihrer Leistungsfähigkeit bezüglich leichter Änderungen der genetischen Operatoren sind. Bei den Beispielen dieses Kapitels sind nur leicht unterschiedliche Varianten des Crossing Over Operators implementiert worden, während der Algorithmus ansonsten gleich geblieben ist. Die Ergebnisse sind dennoch sehr unterschiedlich ausgefallen.

3.2.2 Selektion

Motivation. Eine Population von Individuen repräsentiert eine Punktwolke in einem n-dimensionalen Suchraum. Genetische Operatoren wie Mutation oder Rekombination sorgen für die Erzeugung neuer Punkte in diesem Suchraum. Durch die Qualitätsfunktion erhalten diese Punkte dann eine Bewertung. Das mehr oder weniger zufällige Erzeugen von Individuen führt lediglich zur Zunahme der Anzahl der getesteten Punkte, wobei diese Zahl im Normalfall um Größenordnungen kleiner ist als die Anzahl aller Punkte des Suchraums. Um dennoch Punkte guter Qualität zu finden, ist eine zielgerichtete Vorgehensweise notwendig, d.h. Punkte besserer Qualität müssen bevorzugt behandelt werden.

Der Zweck der Selektion ist die Sicherung der Verbreitung guten Genmaterials. Das kann auf verschiedene Arten geschehen. In diesem Kapitel werden einige Selektionsmechanismen vorgestellt und anhand eines Beispiels miteinander verglichen. Gemeinsam ist diesen Verfahren, daß der Selektionsoperator $\Psi(\rho_i)$ auf der aktuellen Population operiert und daß das Genmaterial eines beliebigen

Individuums Ξ_i gemäß dem Quotienten $\mu(\Xi_i)/\mu(\rho_i)$ verbreitet werden soll. Die Qualität (bei Maximierung der Zielfunktion) der Population soll dabei eine monoton steigende Folge der Form

$$\mu(\rho_1) \leq \mu(\rho_2) \leq \ldots \leq \mu(\rho_l)$$

darstellen.

Die Selektion bewirkt die Präferenz bestimmter Individuen bzw. Allele über andere. Es ist sehr interessant, inwieweit die Selektion beschleunigte Konvergenz zu einem der Endzustände bewirkt. Außerdem ist wichtig, daß auch der gewünschte Endzustand erreicht wird.

Aufgabenstellung für dieses Kapitel. Es ergeben sich einige Aufgabenstellungen, welche in der bisherigen Literatur über GA nicht behandelt worden sind. Zuerst sind wieder Erwartungswert und Varianz für die Zufallsvariable A (analog zu Kap.3.1) zu berechnen, allerdings in diesem Kapitel unter dem Einfluß der Selektion. Anschließend wird die Frage gestellt, mit welcher Wahrscheinlichkeit der gewünschte der beiden Endzustände erreicht werden kann. Oft kommt bei GA vor, daß ein sehr gutes Allel erst durch Mutation gefunden wird. Dieses setzt sich dann oft nicht durch (trotz hervorragender Qualität), weil es schon in der nächsten Generation mit hoher Wahrscheinlichkeit wieder ausgestorben ist. In diesem Kapitel werden einige quantitative Analysen durchgeführt, inwieweit bei verschiedenen Qualitätsvorteilen und verschiedenen Anteilen des guten Gens in der Population die Konvergenz zum gewünschten Zustand noch gewährleistet werden kann.

Erforderlich ist eine Selektion, die so stark ist, daß unter den Allelen mit großer Wahrscheinlichkeit das Beste selektiert wird. Ist die Selektion sehr scharf, wird das zur Zeit beste Gen pro Allel sehr bevorteilt. Damit wird aber nicht unbedingt das beste Allel, sondern lediglich das im Kontext der aktuellen Population beste Allel selektiert. In diesem Falle ist die zufällige genetische Drift irrelevant, aber die Konvergenz zum aktuell besten Allel pro Gen geschieht zu schnell.

Ist auf der anderen Seite die Selektion nicht scharf genug, wird durch die genetische Drift zufällig eines der Allele pro Gen selektiert. Ideal ist deshalb eine möglichst schwache Selektion, die noch mit hoher Wahrscheinlichkeit zum besten Allel führt. Ziel dieses Kapitels ist eine quantitative Analyse, aus der der Einfluß der Selektion auf die genetische Drift klar hervorgeht.

Das verwendete Modell. Die hergeleiteten Formeln des mathematischen Modells aus Kap.3.1 können zwar weiterverwendet werden, sie sind aber dergestalt zu erweitern, daß die Selektion der Kugeln nicht mehr rein zufällig geschieht, sondern so, daß manche Kugeln mit höherer Wahrscheinlichkeit gezogen werden als andere. Es ergibt sich - je nach der Stärke der Selektion - jeweils eine andere Übergangsmatrix **P**. Es macht keine Schwierigkeiten, die p_{ij} auszurechnen: Wenn die Selektion eines Individuums direkt abhängig ist von seiner Qualität, dann ist die Wahrscheinlichkeit, eine bestimmte Kugel der Sorte K_x zu ziehen

$$\frac{\mu(K_x)}{i * \mu(K_x) + (n - i) * \mu(\rho - K_x)}$$

wobei i wieder die Anzahl von K_x und (n-i) die Anzahl der restlichen Kugeln in der aktuellen Population angibt. Der Ausdruck ρ-K_x bezeichnet die Population von Kugeln mit Ausnahme der Kugelsorte K_x. Die Übergangswahrscheinlichkeit, um von i Kugeln der Sorte K_x zu j Kugeln der Sorte K_x in einem Schritt zu gelangen, ist durch Einsetzen der Formeln in die Binomialverteilung

$${}_{ij} = \binom{n}{j} * \left(\frac{i * \mu(K_x)}{i * \mu(K_x) + (n - i) * \mu(\rho - K_x)} \right)^{j} * \left(\frac{(n - i) * \mu(\rho - K_x)}{i * \mu(K_x) + (n - i) * \mu(\rho - K_x)} \right)^{n-j}$$

gegeben.

Die Matrix **P** der Übergangswahrscheinlichkeiten muß analog zu den Überlegungen aus Kap.4.1 berechnet werden, wobei die p_{ij} je nach Belegung von $\mu(K_x)$ und $\mu(\rho - K_x)$ variieren. Unter Weglassen der Spalten und Zeilen der stationären Zustände kann erneut eine Matrix **Q** gewonnen werden. Die unendliche Summe der Matrizen $\mathbf{I} + \mathbf{Q} + \mathbf{Q}^2 + \mathbf{Q}^3 \ldots$ wird wieder durch $(\mathbf{I} - \mathbf{Q})^{-1}$ berechnet.

Verschiedene Fragestellungen zur Selektion. Der Interessenschwerpunkt bei der Selektion liegt im Herausfinden der Wahrscheinlichkeit des Erreichens der beiden Endzustände bei unterschiedlicher Qualität der Individuen. Im Einzelnen stellen sich folgende Fragen:

a) Wie groß sind der Erwartungswert und die Varianz einen der Endzustände zu erreichen bei unterschiedlicher Populationsgröße?

b) Wie variieren der Erwartungswert und die Varianz einen der Endzustände zu erreichen bei verschieden starker Selektion?

c) Wie groß ist der Erwartungswert, den richtigen Endzustand zu erreichen, bei unterschiedlicher Populationsgröße?

d) Wie variiert der Erwartungswert, den richtigen Endzustand zu erreichen, bei verschieden starker Selektion?

e) Wie berechnet sich der Erwartungswert, den richtigen Endzustand zu erreichen, bei verschiedenen Anteilen der zu selektierenden Allelsorte?

f) Wie entwickeln sich der Erwartungswert und die Varianz, einen Endzustand zu erreichen, falls sich das gewünschte Allel durchsetzt?

Theoretischer Ansatz zur Lösung der aufgestellten Probleme. In Kap.3.1 ist eine Zufallsvariable A eingeführt worden. Diese Zufallsvariable bezeichnet die Anzahl A der Ziehungen von Stichproben vom Umfang n mit Zurücklegen aus einer Gesamtheit von Kugeln des Umfanges n, bis nur noch eine Kugelsorte K_x in der Stichprobe vertreten ist.

Frage a) zu Varianz bzw. Standardabweichung dieser Anzahl A von Ziehungen ist in Kap.3.1 behandelt worden. Mittels der neu berechneten Übergangswahrscheinlichkeiten kann für verschieden starke Selektion nach der oben angegebenen Formel jeweils eine neue Matrix der Übergangswahrscheinlichkeiten **P** bzw. **Q** berechnet werden (Frage b)).

Zur Beantwortung der Fragen c) und d) muß auf die Matrix $(\mathbf{I}\text{-}\mathbf{Q})^{-1}$ zurückgegriffen werden. Dort war angegeben, wie oft jeder Zustand durchlaufen wird. Will man wissen, mit welcher Wahrscheinlichkeit K_x sich durchsetzt ($P(K_x)$) bzw. vorzeitig ausstirbt ($1 - P(K_x)$), dann muß man folgende Formeln auswerten:

$$P(K_x) = (1\,0 \ldots 0)\,(\mathbf{I}-\mathbf{Q})^{-1}\begin{pmatrix} p_{1n} & p_{2n} \cdots p_{n-1\,n} \end{pmatrix}^T$$

und

$$1 - P(K_x) = (1\,0 \ldots 0)\,(\mathbf{I}-\mathbf{Q})^{-1}\begin{pmatrix} p_{10} & p_{20} \cdots p_{n-1\,0} \end{pmatrix}^T .$$

Mittels der oben angegebenen Formeln erhält man die Wahrscheinlichkeiten des Erreichens bestimmter Endzustände für den Fall, daß von K_x nur ein Exemplar in der Anfangspopulation vorhanden war. Von Interesse ist natürlich auch die Entwicklung der Wahrscheinlichkeiten für verschiedene Mengen von K_x in der Anfangspopulation (Frage e)). Die Antwort auf diese Frage ist sehr einfach: in den oben angegebenen Formeln wurde durch Multiplikation der Matrix $(\mathbf{I}\text{-}\mathbf{Q})^{-1}$ von links die erste Zeile dieser Matrix selektiert; ist nun eine Anzahl $K_x{=}k$ in der Anfangspopulation vorhanden, muß einfach die k-te Zeile der Matrix $(\mathbf{I}\text{-}\mathbf{Q})^{-1}$ selektiert werden. Dieses geschieht durch Multiplikation mittels eines Vektors von links, welcher an der k-ten Stelle eine Eins enthält und sonst lauter Nullen.

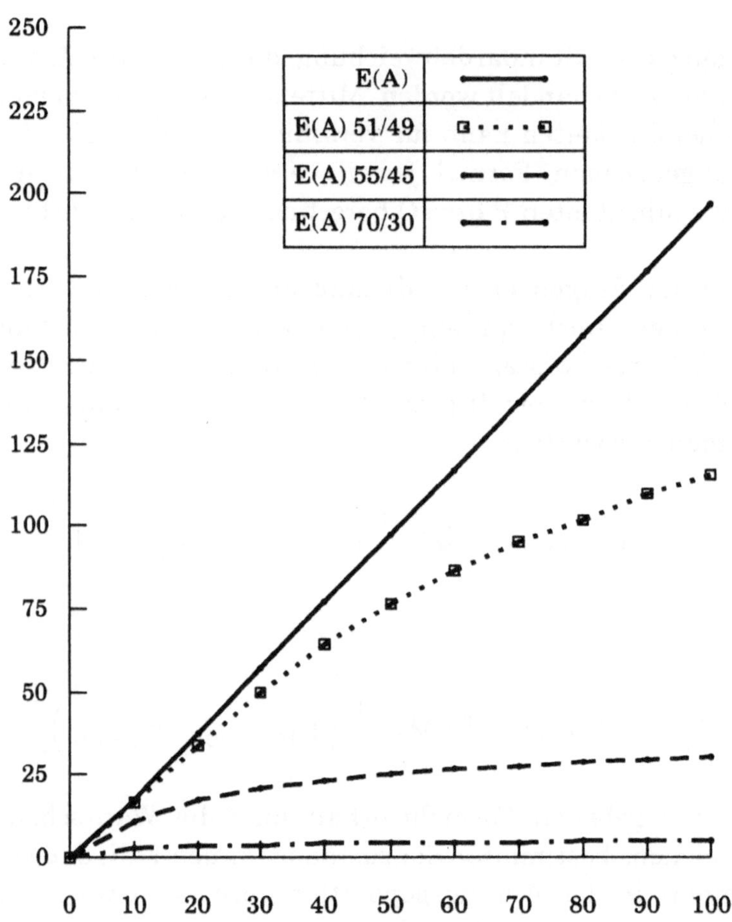

Abb.3.13: E(A) für verschiedene Selektion

Analyse von Abb.3.13. Der Effekt der Selektion auf den GA wird in Abb.3.13 veranschaulicht. Das Urnenmodell wird dergestalt erweitert, daß eine ausgezeichnete Kugel mit einem Selektionsvorteil von 51/49, 55/45 oder sogar 70/30 ausgestattet wird. Die Frage ist dann, wie viele

Generationen die bevorteilte Kugel im Mittel braucht, um sich durchzusetzen. Die oberste Kurve ist schon aus Abb.3.2 bekannt. Auf der x-Achse ist die Populationsgröße aufgetragen und die y-Achse stellt die Anzahl der im Durchschnitt benötigten Generationen bis zum endgültigen Durchsetzen genau einer Kugelsorte dar. Die Kurve steigt ohne Selektion linear an. Eine leichte Selektion führt schon zu einem starken Abflachen der Kurve. Eine starke Selektion führt so schnell zum Durchsetzen der besten Sorte, daß die Populationsgröße unwichtig wird. Eine wichtige Eigenschaft der starken Selektion ist, daß sie zu einer stark beschleunigten Homogenisierung der Population führt.

Analyse von Abb.3.14. Eine wichtige Frage ist, wie wahrscheinlich es ist, daß sich ein besseres Allel durchsetzt - und wie diese Wahrscheinlichkeit mit der Populationsgröße variiert. Aus Abb.3.14 wird ersichtlich, daß die Populationsgröße kaum Einfluß auf die Wahrscheinlichkeit des qualitativ höherwertigen Allels hat, sich durchzusetzen. Bei einer Population von 100 wäre die Wahrscheinlichkeit eines beliebigen Allels genau 1%. Ein leichter Selektionsvorteil von 51/49 läßt diesen Wert auf ca. 8% ansteigen. Der Selektionsvorteil 70/30 steigert diese Wahrscheinlichkeit des Durchsetzens auf fast 90%.

Als Ergebnis dieser Untersuchung kann festgehalten werden, daß ein einziges neues, qualitativ hochwertiges Allel sich sicher in der Population durchsetzen kann. Zusammen mit den Ergebnissen aus Abb.3.13 ergibt sich ein schnelles Durchsetzen qualitativ hochwertiger Allele bei scharfer Selektion.

Analyse von Abb.3.15. In Abb.3.15 wird untersucht, mit welcher Wahrscheinlichkeit sich qualitativ hochwertige Allele durchsetzen, wenn sie zu 10% in der Population vorhanden sind. Es zeigt sich, daß bei schwacher Selektion diese Wahrscheinlichkeit mit der Populationsgröße linear ansteigt, bei etwas stärkerer Selektion logarithmisch der 100% Marke nähert und bei starker Selektion schnell die 100% Marke approximiert.

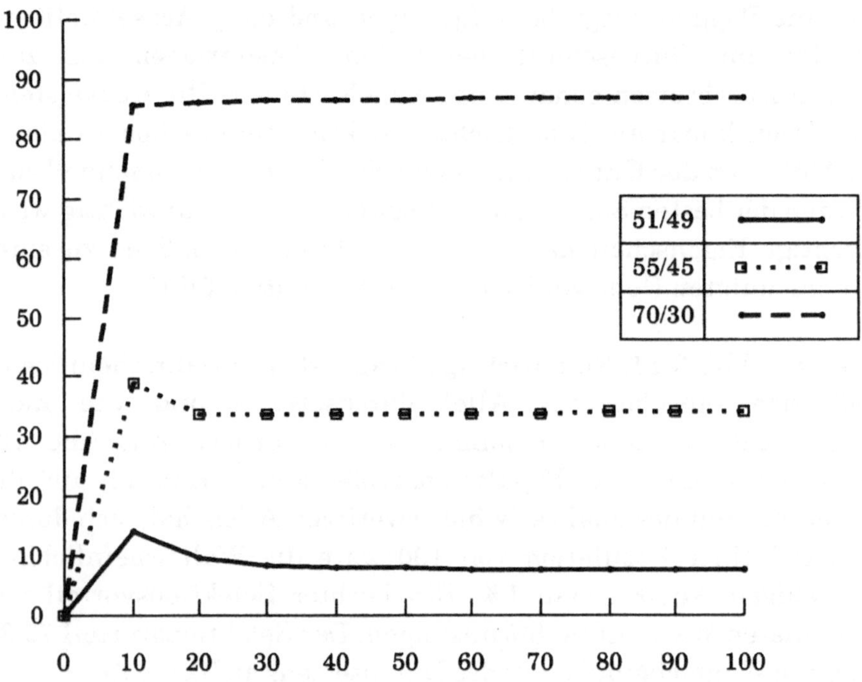

Abb.3.14: Ein Allel in der Population

Zusammenfassung. Die Selektion fördert die Verbreitung guter Allele mit überraschend großer Schnelligkeit. Starke Selektion führt zu einer extrem schnellen Homogenisierung der Population.

Vergleich verschiedener Selektionsmechanismen. Nach den eher abstrakten Untersuchungen zur Konvergenz von Allelen zu gewünschten Endzuständen für verschieden starke Selektion steht im weiteren Verlauf dieses Kapitels ein Vergleich verschiedenartiger Selektionsmechanismen im Mittelpunkt der Ausführungen.

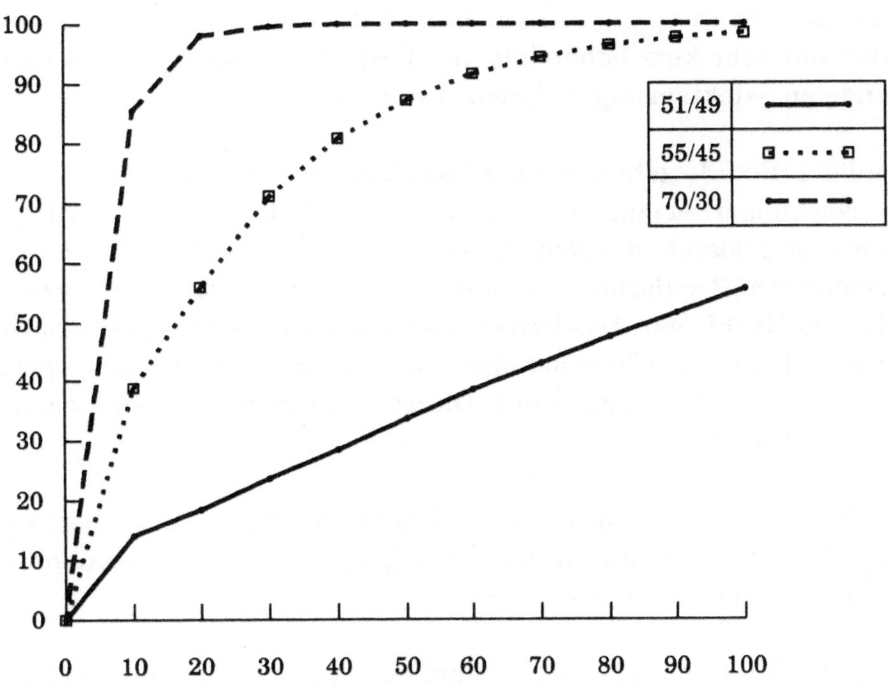

Abb.3.15: 10% Allele in der Population

In der Literatur über GA werden unterschiedliche Selektionsverfahren benutzt, welche aber untereinander nicht verglichen werden. Das Ziel der folgenden Untersuchungen ist die Klassifizierung und der Vergleich verschiedener Selektionsverfahren. Es sind viele Selektionsalgorithmen denkbar, von denen nur einige wesentliche betrachtet werden können.

Es sei angenommen, daß eine aktuelle Population ρ_i existiert, welche aus einer Menge von s Individuen $\{\Xi_1, \Xi_2, \ldots, \Xi_s\}$ besteht. Die Menge der Qualitätswerte der einzelnen Individuen $\{\mu(\Xi_1), \mu(\Xi_2), \ldots, \mu(\Xi_s)\}$ sei ebenfalls bekannt.

Selektion in der Standardliteratur. Obwohl die Selektion die Qualität genetischer Verfahren signifikant beeinflußt, ist sie in der Standardliteratur nur sehr kurz behandelt. An dieser Stelle seien kurz die dort verwendeten Selektionsalgorithmen erläutert.

Rechenberg [Rec73] geht von einer Population von s Elementen aus, die einen Nachfolger erzeugen. Von diesen s+1 Individuen wird das Schlechteste gelöscht. Rechenberg verwendet oft den Spezialfall einer einelementigen Population. Er mutiert das Individuum und erzeugt damit einen Nachfolger. Das Individuum mit der besseren Qualität wird selektiert. Diese Verfahrensweise ist für S=1 dem Metropolis-Algorithmus mit T=1 äquivalent. Dieses Verfahren stellt eine extrem starke Selektion dar.

Wie in Kap.2.2 schon ausgeführt worden ist, hat Schwefel zwei grundlegende Selektionsverfahren vorgeschlagen, nämlich die sogenannten Plus- und Komma- Strategien.

Holland [Hol75] wählt aus seiner Population von s Individuen zwei aus. Diese zwei ausgewählten Individuen werden nicht rein zufällig ausgesucht, sondern mit einer Wahrscheinlichkeit, die proportional zu ihrer Qualität ist (Holland bleibt bei seinen Formulierungen sehr allgemein; er läßt offen, wie die Eltern genau auszuwählen sind). Das neuerzeugte ersetzt ein altes Individuum per Zufall. Nach Hollands Selektionsalgorithmus bekommen also Individuen hoher Qualität tendenziell mehr Kinder. Dieses Verfahren implementiert eine sehr schwache Selektion.

Goldberg [Gol89] lehnt sich stark an Hollands Selektionsalgorithmus an. Jedes Individuum soll im Schnitt $\mu(\Xi) / \mu(\rho)$ Nachkommen erzeugen und wird deshalb proportional zu seiner Qualität zur Selektion herangezogen. Das Problem ist dabei, daß am Anfang die Qualitätswerte weit auseinanderliegen, so daß das beste Individuum den Evolutionsprozeß klar dominiert und daß im späteren Verlauf des Verfahrens alle Individuen sehr ähnliche Qualitätswerte aufweisen, so daß alle Individuen dann etwa gleich viele Nachkommen produzieren. Deshalb skaliert Goldberg die Qualitätswerte, so daß sie in etwa konstante Abstände aufweisen.

Ein Vergleich dieser und anderer Selektionsalgorithmen ist von großem praktischen Nutzen. Deshalb werden einige Selektionsalgorithmen vorgestellt und anhand zweier Beispiele getestet.

Implizite/Lokale Selektionsverfahren. Bei impliziten Selektionsverfahren erhalten die Individuen abhängig von ihrer Qualität lokale Attribute wie z. B. ein Lebensalter oder eine Reproduktionswahrscheinlichkeit zugeordnet.

Kopieren der Individuen (KI):
Die Population wird sortiert in einer Liste aufsteigend nach Qualität. Von jedem Individuum werden in Abhängigkeit von seinem Listenplatz Kopien gemacht, d.h. ein Individuum mit Listenplatz n wird genau n-mal kopiert. Dadurch entsteht eine Population von der Größe 1+2+... +s. Aus dieser neuen Population werden s-mal zwei Individuen herausgegriffen und rekombiniert. Die s neuentstandenen Individuen bilden die Population ρ_{i+1}. Die Reproduktionswahrscheinlichkeit jedes Individuums von ρ_i ist n/(1+2+...+ s). Wenn die Population ρ_i z.B. aus 50 Individuen besteht, dann ist die Anzahl der Nachkommen des schwächsten Individuums im Mittel 50/1275 ≈ 1/25 und die Anzahl der Nachkommen des besten Individuums im Mittel 2500/1275 ≈ 2. Dieser Vorschlag realisiert die Grundideen von Holland und Goldberg auf einfache Art und Weise. Die Eltern werden proportional zu ihrer Qualität ausgewählt und die Qualitätsfunktion muß nicht erst mühsam skaliert werden.

Einführen eines Lebensalters (LA):
Die Population wird wieder sortiert in einer Liste aufsteigend nach Qualität. Im Verhältnis zu seiner Qualität erhält jedes Individuum ein Lebensalter. Das Lebensalter bestimmt die Anzahl der Generationen, die das Individuum existieren darf. Aus der Population wird eine Nachkommenschaft bestimmt, indem jeweils zwei Individuen zufällig

herausgegriffen werden und ein Kind zeugen. Danach ist die nächste Generation zu bestimmen. Dazu wird der Zähler des Lebensalters um 1 erniedrigt und alle Individuen, deren Zähler 0 erreicht, werden eliminiert. Danach werden die neuerzeugten Individuen in die Population eingeordnet und erhalten abhängig von ihrem Listenplatz ihr Lebensalter. Die Größe der Population variiert bei diesem Verfahren von Generation zu Generation.

Explizite Selektionsverfahren. Aus den vorhandenen Individuen werden jeweils zufällig zwei herausgegriffen und erzeugen ein Kind. Wenn deren Anzahl eine bestimmte Grenze erreicht hat, beseitigt die Selektion die schlechtesten Individuen.

Einfaches Abschneiden (EA):
Zunächst wird eine Anfangspopulation mit s Individuen erzeugt. Durch Rekombination entstehen neue Individuen, bis deren Anzahl eine bestimmte Grenze (s + n) erreicht hat. Die qualitativ s besten Individuen überleben und bilden die nächste Population. Diese Strategie ist exakt die "+"-Selektion von Schwefel.

Abschneiden mit Ersetzen (AE):
Zunächst wird eine Anfangspopulation mit s Individuen erzeugt. Durch Rekombination entstehen neue Individuen, bis deren Anzahl eine bestimmte Grenze (s + n) erreicht hat. Die Anzahl der Nachkommen (n) muß größer sein als die Anzahl der Individuen in der aktuellen Population (s), damit eine Evolution stattfinden kann. Die besten s der n Nachkommen ersetzen die Elterngeneration. Diese Strategie ist exakt die ","-Selektion von Schwefel.

Familienbildung und Abschneiden mit Ersetzen (FA):
Die gesamte Population wird in Elternpaare aufgeteilt. Die Eltern erzeugen eine Menge von Kindern, von denen jeweils die besten zwei ihre Eltern ersetzen. In der nächsten Generation werden die Elternpaare neu ausgelost. Dieser Algorithmus ist besonders für Parallelrechner gut geeignet.

Familienbildung und stochastische Selektion (FS):
Die gesamte Population wird in Elternpaare aufgeteilt. Die Eltern erzeugen jeweils zwei Kinder, die ihre Eltern bei besserer Qualität ersetzen. Falls die Kinder eine schlechtere Qualität haben als ihre Eltern, dann ersetzen sie diese mit der Wahrscheinlichkeit $e^{-\Delta\mu/T}$. Diese Form von Selektion lehnt sich stark an die Selektion bei SA an, wobei T dem Temperaturparameter von SA entspricht.

Kombinierte Selektionsverfahren. Implizite und explizite Selektionsverfahren können beliebig miteinander kombiniert werden. Einige vielversprechende Varianten seien hier vorgestellt.

Einfaches Abschneiden (EA) und Einführen eines Lebensalters (LA): EA-LA
Zunächst wird eine Anfangspopulation mit s Individuen erzeugt. Die Population wird in einer Liste aufsteigend nach Qualität sortiert. Im Verhältnis zu seiner Qualität erhält jedes Individuum ein Lebensalter. Das Lebensalter bestimmt die Anzahl der Generationen, die das Individuum maximal existieren darf. Aus den vorhandenen Individuen werden jeweils zufällig zwei herausgegriffen und erzeugen Kinder, bis die Anzahl der Individuen eine bestimmte Grenze (s+n) erreicht hat. Danach ist die nächste Generation zu bestimmen. Der Zähler des Lebensalters wird um 1 erniedrigt, und alle Individuen, deren Zähler 0 erreicht hat, werden eliminiert. Die s Besten überleben, wobei das Lebensalter der neu in die Population aufgenommenen Individuen entsprechend ihrer Plazierung bestimmt wird. Individuen, welche zwar noch einige Generationen leben dürften, aber nicht mehr zu den besten s Individuen gehören, werden trotzdem eliminiert.

Abschneiden mit Ersetzen (AE) und Kopieren der Individuen (KI): AE-KI
Die Population wird sortiert in einer Liste aufsteigend nach Qualität. Von jedem Individuum werden in Abhängigkeit von seinem Listenplatz Kopien gemacht, d.h. ein Individuum mit Listenplatz n wird genau n-mal kopiert. Dadurch entsteht eine Population von der Größe 1+2+... +s. Aus dieser neuen Population werden n-mal (n>s) zwei Individuen

herausgegriffen und rekombiniert. Dadurch entstehen n neue Individuen.Von diesen werden die besten s bestimmt und ersetzen die Elterngeneration.

Vergleich der Algorithmen anhand eines Beispiels. Als Beispiel zum Vergleich der einzelnen Algorithmen sei das Beispiel 2 aus dem vorherigen Abschnitt gewählt. Jedes Selektionsverfahren ist 300 mal mit dem Beispiel getestet worden. Als Rekombinationsverfahren ist einfaches Crossing Over verwendet worden. Wurde keine Lösung gefunden, brach das Programm nach 25000 Schritten ab. Ein Schritt bedeutet das Erzeugen und Bewerten eines Individuums. Der gleiche Algorithmus wurde mit den verschiedenen Selektionsverfahren getestet.

Ausgestaltung der einzelnen Algorithmen. Die verschiedenen Selektionsalgorithmen lassen für ihre konkrete Ausgestaltung viel Freiraum. Die Anfangspopulation besteht grundsätzlich aus 100 Individuen. Aus diesen sollen in der nächsten Generation bei den meisten Algorithmen 1000 Individuen generiert werden, wobei die Population im Regelfall durch Selektion wieder auf 100 Individuen zusammenschrumpft.

- ALGORITHMUS 1: KI-1

Die aktuelle Population von jeweils 100 Individuen wird qualitätsmäßig sortiert, wobei bei der Rekombination jedes Individuum proportional zu seiner Qualität ausgewählt wird. Demnach wird das beste Individuum mit einer Wahrcheinlichkeit von 100 / (1+2+...+100) und das schlechteste Individuum mit 1 / (1+2+...+100) zur Rekombination herangezogen. Die so erzeugten 100 Nachkommen bilden die nächste Population. Dieser Algorithmus entspricht im Prinzip der Vorgehensweise von Goldberg.

- ALGORITHMUS 2: KI-2

Ein wie bei KI-1 erzeugtes Individuum ersetzt eines der vorhandenen Individuen. Dieser Algorithmus entspricht im Prinzip der Vorgehensweise von Holland.

- ALGORITHMUS 3: LA

Die Generationen, die jedes Individuum existieren darf, werden nach folgendem Schlüssel verteilt.

Nr.1 :	20 Generationen
Nr.2-10:	10 Generationen
Nr.11-25:	5 Generationen
Nr.26-50:	3 Generationen
Nr.51-75	2 Generationen
Nr.76-100	1 Generation
Nr.101 und folgende	0 Generationen

Abb.3.16: Generationenschlüssel

Die Individuen der jeweils aktuellen Population generieren 100 Nachkommen. Damit erhöht sich die Größe der Population zunächst einmal um eben diese 1000 Nachkommen, von denen aber nur diejenigen weiterleben können, die unter die ersten 100 kommen. Die Zähler aller Individuen werden von Generation zu Generation um 1 erniedrigt, wobei die Individuen bei Erreichen von 0 aus der Population entfernt werden.

- ALGORITHMUS 4: EA1

1000 Nachkommen werden aus der aktuellen Population erzeugt. Zusammen mit den 100 vorhandenen Individuen werden sie in einen Topf geworfen, aus dem dann die besten 100 Individuen selektiert werden (Schwefels "+"-Strategie).

- ALGORITHMUS 5: EA2

Ein Nachkomme wird aus der aktuellen Population erzeugt, die auch nur aus einem Individuum besteht. Das bessere von beiden wird selektiert. Dieses Verfahren entspricht der Vorgehensweise von Rechenberg. Da keine Population vorhanden ist, entspricht dieses Verfahren dem Metropolis-Algorithmus bzw. auch dem Trivialfall von Simulated Annealing mit T=1.

- ALGORITHMUS 6: AE

1000 Nachkommen werden aus der aktuellen Population erzeugt. Die 100 besten Individuen ersetzen jeweils die Elterngeneration (Schwefels ","-Strategie).

- ALGORITHMUS 7: FA

50 Elternpaare werden zufällig gebildet, die jeweils 20 Kinder zeugen. Die besten zwei dieser Kinder ersetzen jeweils ihre Eltern und bilden die neue Population.

- ALGORITHMUS 8: FS

50 Elternpaare werden zufällig gebildet, die jeweils zwei Kinder zeugen. Diese ersetzen ihre Eltern nach der Selektion, die von SA verwendet wird.

- ALGORITHMUS 9: EA-LA

Der Algorithmus 4 (EA) wird so verwendet, wie er oben vorgestellt worden ist. Die neu in die Population aufgenommenen Individuen erhalten proportional zu ihrer Qualität nach der Tabelle von Abb.3.16 ein Lebensalter zugeordnet.

- ALGORITHMUS 10: AE-KI

Der Algorithmus 6 (AE) wird so verwendet, wie er oben vorgestellt worden ist. Bei der Rekombination werden zusätzlich die Eltern nach dem ersten Algorithmus (KI-1) ausgewählt.

Interpretation der Ergebnisse von Beispiel2. Die zehn Algorithmen sind an Beispiel 2 (Abb.3.8) getestet worden mit den in Abb.3.17 dokumentierten Resultaten. Die Algorithmen sind nach ihrem Abschneiden bei dem Beispiel sortiert. Das wesentliche an dem Beispiel ist, daß die lokalen Optima einen großen Einzugsbereich haben und die optimale Lösung (40 Einsen) relativ schwer zu finden ist. So ist das erste Qualitätsmerkmal bei diesem Beispiel die durchschnittliche Anzahl der erreichten Punkte. Erwartungsgemäß haben am besten die expliziten Selektionsverfahren mit aufwendiger Suche abgeschnitten (gerade die beiden von Schwefel vorgeschlagenen Methoden). Diese Verfahren

	Punkt-zahl	Anzahl Indivi-duen bei Erfolg	globales Opt. in %	Anzahl Indivi-duen bei lok.Optimum	lokales Opt. in %	10 Einsen in %	10 Nullen in %
AE	3768	7986	70.00	7986	30.00	92.08	7.92
EA	3674	7594	65.67	7784	34.33	91.17	8.83
EA_LA	3653	7668	64.67	7751	35.00	90.58	9.33
AE_KI	3353	5836	41.33	5889	57.67	82.42	17.33
FA	2806	10742	9.33	10222	85.00	67.58	30.83
LA	2684	3829	12.67	4708	87.33	64.25	35.58
FS	2588	13551	5.67	12579	79.33	55.42	26.92
KI-2	2126	2897	3.33	3278	96.67	49.08	50.92
KI-1	813	-----	0.00	8366	37.33	16.83	46.17
EA2	418	-----	0.00	383	100.00	2.67	97.33

Abb.3.17: Ergebnisse von zehn Selektionsalgorithmen für Beispiel2

erzeugen aus der aktuellen Population durch willkürliche Rekombination 1000 Kinder, unter denen maximal 100 Individuen überleben können. Das Verbinden mit impliziten Selektionsverfahren hat zu Verschlechterungen im Ergebnis geführt. Dieser Sachverhalt ist damit zu erklären, daß bei rein expliziter Selektion alle Individuen der aktuellen Population gleichermaßen zur Rekombination herangezogen werden können - die Gene werden damit relativ willkürlich rekombiniert. Bei einem Mischverfahren werden die besten Individuen a priori bevorteilt, was dazu führt, daß die Nachkommenschaft dadurch schon homogener ist, da Eltern im Prinzip ihnen ähnliche Kinder produzieren. Völlig aus dem Rahmen fallen die Ergebnisse des Algorithmus EA2. Es existiert nur eine einelementige Population, wodurch einerseits der Vorteil der horizontalen Informationsübertragung eingebüßt wird, aber andererseits konsequent das nächstliegende lokale Optimum angesteuert wird. Die Frage ist dann, weshalb überhaupt zu 2,67% zehn Einsen gefunden werden konnten. Das liegt daran, daß schon zufällig in einem String von zehn Nullen und Einsen bei gleicher Selektionswahrscheinlichkeit (in der Anfangssituation gegeben) 1.07% der Strings neun oder zehn Einsen aufweisen und bei den ersten Individuen die fehlenden Einsen per Zufall ergänzt werden können.

Als sehr schwach erweisen sich die impliziten Selektionsverfahren. Die Nachkommenschaft wird untereinander nicht verglichen, sondern jedes neu erzeugte Individuum wird zunächst einmal auch selektiert und erhält eine qualitätsabhängige Selektionswahrscheinlichkeit. Diese Art der Selektion ist zwar der in der Natur vorkommenden Selektion am ähnlichsten, erweist sich aber als zu schwach zur Entdeckung von Optima. Besonders schwach ist das Ergebnis von KI-1, wo in fast zwei Dritteln der Fälle nicht einmal eines der leicht zu findenden lokalen Optima entdeckt worden ist. Interessant ist lediglich das Ergebnis von LA, wobei zehn Einsen noch sehr häufig gefunden worden sind - und zwar in relativ kurzer Zeit. Dieses ist darauf zurückzuführen, daß das beste Individuum sich sehr häufig reproduziert und lange am Leben bleibt, während die anderen Individuen rasch sterben. Die Dominanz des stärksten Individuums führt zu einer raschen Konvergenz. Allerdings stirbt auch dieses irgendwann, so daß ein Freiraum für andere Individuen entsteht.

Vielversprechend erschien auch die Idee, die Population in Familien aufzuteilen und unter den Kindern die jeweils Besten ihre Eltern ersetzen zu lassen. Hierbei entstehen aber wieder viele ähnliche Individuen, da jeweils 20 Kinder von den gleichen Eltern abstammen. So wird der Suchraum, den die Nachkommenschaft vor der expliziten Selektion aufspannt, wieder eingeschränkt.

Allgemeine Erkenntnisse. Zusammenfassend lassen sich einige allgemeine Aussagen für Beispiele mit lokalen Optima treffen. Explizite Selektion erweist sich der impliziten bzw. Mischverfahren als überlegen. Bei der Rekombination sollen alle Individuen gleiche Reproduktionswahrscheinlichkeiten aufweisen. Die Elterngeneration sollte etwa im

Verhältnis 10:1 Nachkommenschaft produzieren, von denen die besten 10% wieder selektiert werden. Der Algorithmus AE entspricht dieser Vorgehensweise. Sein einziger Nachteil ist die lange Laufzeit.

Ein einfacher Algorithmus wie z.B. EA2 ist bei der Approximation einfacher lokaler Optima den anderen genetischen Algorithmen weit überlegen. Das ist darauf zurückzuführen, daß der "Ballast" einer Population nicht mitgeführt werden muß. Für das Auffinden der schwer zu findenden globalen Optima sind aber nur GA geeignet, die eine Population verwenden. GA eignen sich daher für spezielle schwierige Optimierungsprobleme mit vielen Nebenoptima. Als Problem bleibt die Laufzeit durch das Mitführen der notwendigen Population. Hier sollten Methoden der parallelen Soft- und Hardwareentwicklung in Zukunft unterstützend wirken (z.B. Kap.6).

3.2.3 Mutation

Motivation. Eine Population von Individuen kann anschaulich gut als Punktwolke in einem n-dimensionalen Suchraum betrachtet werden. Diese Punktwolke bildet natürlich nur einen winzig kleinen Ausschnitt aus dem gesamten Suchraum. Mittels der Rekombination wurden ständig Punkte zwischen den Punkten der Anfangspopulation gefunden. So konnte die Punktwolke die Rolle eines Teilsuchraumes erfüllen, der vom GA gründlich durchforstet wer-den kann (horizontale Informationsübertragung).

Neue Punkte können auf diese Art und Weise nur zwischen den anfänglich vorhandenen Punkten entstehen. Mutation als Kopierfehler während der Rekombination liefert neue Punkte mit neuen Koordinaten bzw. neuen Allelen. Die Rolle der Mutation in der Natur besteht in der Erzeugung neuen Erbmaterials, indem die Erbinformation der Eltern zufällig verändert wird. Oftmals führt die Mutation zu nicht lebensfähigen Individuen, die aber durch die Selektion früh ausgesondert werden.

Arbeitsweise der Mutation. Der Mutationsoperator $\zeta(\gamma_i)$ selektiert ein Gen eines Individuums während des Kopiervorgangs und verändert das Allel um einen Betrag ε. Ein Allel, welches den Wert α_i bekommen sollte, erhält einen Wert aus dem Intervall $[\alpha_i - \varepsilon, \alpha_i + \varepsilon]$. Der einfachste Fall ist, wenn die Allele nur aus der Menge $\{0,1\}$ stammen, denn dann kann die Mutation ein Allel nur durch sein Komplement ersetzen. Die Häufigkeit der Mutation beim Kopiervorgang ist durch τ gegeben. Sie verkörpert entweder global eine Mutationswahrscheinlichkeit, oder für jedes Gen des Individuums eine individuelle Wahrscheinlichkeit $\tau=(\tau_1,\tau_2,...,\tau_n)$ der Mutation.

Aufgabenstellungen dieses Kapitels. Die Rolle der Mutation für GA wird in diesem Kapitel sowohl formal als auch anhand von Beispielen untersucht. Die Mutationsschrittweite ε steuert ganz erheblich die Leistung eines GA. Es bietet sich an, ε als zusätzliches Gen zu kodieren, wie schon Rechenberg und Schwefel in den 70er Jahren vorgeschlagen haben (siehe Kap.2). Die Implementierung der Mutation als Meta-Operator wird am Beispiel "Lösen von Gleichungssystemen" demonstriert. Ferner ist in Analogie zu den Aussagen über die anderen Operatoren der Einfluß der Mutation auf die Konvergenz zu einem der Endzustände zu berechnen. Das Modell, welches in Kap.3.1 eingeführt worden ist, wird in diesem Zusammenhang erweitert um den Operator "Mutation". Für verschieden starke Mutation und Selektion bei variierenden Populationsgrößen lassen sich verschiedene Markov-Ketten-Modelle aufstellen, die sowohl Erwartungswert und Standardabweichung der Konvergenz zu einem der Endzustände als auch die Wahrscheinlichkeit der Konvergenz zum gewünschten Allel berechnen.

Mutation und Konvergenz. In der Konvergenzphase eines GA (also wenn ein lokales Optimum angestrebt wird) ist die Mutation von erheblicher Bedeutung. Insbesondere wird die Schrittweite der Mutation zur exakten Approximation sehr wesentlich sein. Ist die Schrittweite ε zu klein, sind viele Mutationsschritte vonnöten und die Konvergenz verlangsamt sich extrem. Bei zu großem ε ist eine exakte Annäherung an das gewünschte Optimum sehr schwierig - es kommt zu Bewegungen der Punktwolke um das Optimum herum.

Die Auswahl der richtigen Mutationsparameter ε und τ ist ein Problem, welches analog ist zur Auswahl der Schrittweite bei einem Gradientenverfahren. Die Qualität eines GA hängt demzufolge sehr stark von der Wahl des richtigen ε ab. In der Literatur über GA wird diese Tatsache weitestgehend ignoriert. Rechenberg hat in mehreren seiner Veröffentlichungen - z.B. [Rec73] - zur Lösung dieses Problems folgerichtig vorgeschlagen, die Mutation selbst als Geninformation zu kodieren.

Lösen von Gleichungssystemen. Um Ergebnisse über die Arbeitsweise der genetisch gesteuerten Schrittweite/Mutation zu bekommen ist dieser Ansatz an einem geeigneten Beispiel implementiert worden. Als Beispiel ist das Lösen von Gleichungssystemen gewählt worden [Hei89].

Die Aufgabe stellt sich wie folgt: Ein lineares Gleichungssystem mit n Unbekannten der Form **Ax**=**b** soll gelöst werden, wobei **A** die quadratische Matrix der Koeffizienten a_{ij} $(i, j \leq n) \in \mathbb{R}$ darstellt, **b**$=(b_1, b_2, \ldots, b_n)$ mit $b_i = a_{i1} * x_1 + a_{i2} * x_2 + \ldots + a_{in} * x_n$ den Lösungsvektor jeder Zeile speichert und **x**$=(x_1, x_2, \ldots, x_n)$ mit $x_i \in \mathbb{R}$ den Vektor der Unbekannten des Gleichungssystems darstellt. Die Unbekannten x_i sind vom GA zu finden.

Die Kodierung der Unbekannten als Gene erfolgt in einfacher Form, nämlich für jede Unbekannte x_i wird eine reelle Zahl α_i kodiert, so daß ein Individuum $\Xi = (\alpha_1, \alpha_2, \ldots, \alpha_n)$ eine mögliche Lösung kodiert. Die zu minimierende Zielfunktion berechnet sich als

$$\sum_{i=1}^{n} \left(b_i - \sum_{j=1}^{n} a_{ij} * \alpha_j^T \right)^2 \quad --> \text{min.!}$$

Wenn $\forall x_i \in X: x_i = \alpha_i$ gilt, dann nimmt die Zielfunktion den Idealwert 0 an. Die Aufgabe des GA ist eben diesen Lösungsvektor möglichst genau zu approximieren. Im Prinzip ist diese Aufgabe einfach, da jede Annäherung an die Lösung einen besseren Zielfunktionswert liefert. Das Problem hat im Prinzip ein klares globales Optimum und keine lokalen Optima, so daß alle Wege zur Lösung hinführen.

Problem des Optimierungsalgorithmus. Über die x_i ist lediglich bekannt, daß es sich bei ihnen um reelle Zahlen handelt. Diese können natürlich ganz unterschiedliche Bereiche abdecken; so mag es sein, daß $x \in [-20, 20]$ oder $x \in [-1000000, 1000000]$ ist. Bei der Kodierung mit reellen Zahlen ist mit Sicherheit im Falle $x \in [-10^6, 10^6]$ bei einer Population von 10^2-10^3 Individuen kaum eines der x_i auch nur annähernd approximiert. Da die Lösung nicht durch Rekombination der in der Population vorhandenen Gene gefunden werden kann, ist die Mutation von sehr hoher Wichtigkeit. Allein diese kann das fehlende Genmaterial liefern. Ist ε nun recht klein gewählt, dann ist eine hohe Anzahl gelungener Mutationen notwendig, um den gewünschten Wert zu erreichen. Ein entscheidender Vorteil für Beispiele dieser Art ist daher eine dynamisch veränderbare Mutation.

Meta-Mutation. Jedes Individuum erhält zwei zusätzliche Gene α_{n+1} und α_{n+2}, welche die Mutationsvarianz ε und die Mutationshäufigkeit τ darstellen. Ein Individuum ist damit ein String $\Xi = (\alpha_1, \alpha_2, \dots, \alpha_n, \alpha_{n+1}, \alpha_{n+2})$. Bei der Vererbung erhält jedes neu erzeugte Individuum α_{n+1} und α_{n+2} von einem der Eltern vererbt, wobei diese Werte stark mutieren. Damit hat jedes Individuum seine eigenen Mutationsparameter genetisch kodiert. Die Individuen mit den der Situation am besten angemessenen Mutationsraten sollten sich durchsetzen.

Die Meta-Mutation ist anhand des oben schon erwähnten Beispiels getestet worden. Um die Rechenzeit einzuschränken, sind Gleichungssysteme mit nur zehn Unbekannten betrachtet worden. Zwei Experimente mit x_i aus unterschiedlich gewählten Bereichen illustrieren die flexible Arbeitsweise der Meta-Mutation.

Experiment1. Bei Experiment1 ist $x \in [-100000, 100000]$ gewählt worden. In der Anfangspopulation sind $\varepsilon = 1.0$ und $\tau = 3$. Bei der Vererbung geschieht die Rekombination mittels Crossing Over zunächst ohne Mutation. Die Werte für ε werden gesondert vererbt mit $\varepsilon_{neu} := \varepsilon_{alt} * (0.75 + 0.5*rnd())$, wobei rnd() eine Funktion ist, die eine gleichverteilte Zufallszahl zwischen Null und Eins erzeugt. Damit liegt der neuerzeugte Wert ε_{neu} gleichverteilt zwischen $0.75* \varepsilon_{alt}$ und $1.25* \varepsilon_{alt}$. Der Wert von τ_{neu} wird mit gleicher Wahrscheinlichkeit entweder um 1 erhöht, gleich belassen oder um 1 reduziert. τ darf allerdings den Wert 1 nicht unterschreiten. Per Zufall wird dann τ-mal ein Allel ausgesucht, welches gleichverteilt aus dem Intervall $[\alpha_i - \varepsilon \leq \alpha_i \leq \alpha_i + \varepsilon]$ einen neuen Wert zugelost bekommt.

Die Werte von ε und τ schwanken zufällig, so daß erst die Selektion der nächsten Generation implizit zu einer Auswahl führt. Beim ersten Experiment wurde eine Population der Größe 25 verwendet; nach der Erzeugung von 25 Nachkommen werden die insgesamt 25 Besten selektiert und bilden die neue Population. Abgebrochen wird das Verfahren, wenn ein Individuum existiert, für das $(\max |\alpha_i - x_i|) < 1$ ist.

In Abb.3.18 ist eine Tabelle abgebildet, aus der hervorgeht, wie sich die Mutation während der Laufzeit des Verfahrens verhält.

Ξ	6	5	4	3	2	1	ε	τ	Ξ	6	5	4	3	2	1	ε	τ
250	1	1	1	0	0	0	1.88	7.8	6000	3	0	0	0	0	0	175.52	4.9
500	1	1	1	0	0	0	4.44	12.2	7000	6	1	0	0	0	0	109.95	2.6
750	1	1	1	0	0	0	7.32	17.1	8000	7	3	1	0	0	0	153.11	1.6
1000	1	1	1	0	0	0	10.83	15.0	9000	8	5	2	0	0	0	111.81	1.6
1250	1	1	1	0	0	0	27.41	11.0	10000	10	7	4	1	0	0	54.42	3.2
1500	1	1	0	0	0	0	81.29	14.4	11000	10	10	6	0	0	0	49.12	2.8
1750	1	0	0	0	0	0	123.73	15.9	12000	10	10	8	0	0	0	10.15	2.8
2000	0	0	0	0	0	0	281.40	11.9	13000	10	10	10	4	0	0	8.48	3.8
2250	1	1	0	0	0	0	1476.63	13.0	14000	10	10	10	5	0	0	2.55	2.5
2500	3	3	1	0	0	0	1534.40	18.2	15000	10	10	10	7	0	0	7.74	3.9
2750	1	1	1	0	0	0	1222.19	16.9	16000	10	10	10	7	0	0	6.47	1.7
3000	1	1	1	0	0	0	1386.79	15.2	17000	10	10	10	10	1	1	3.18	1.6
3250	1	1	1	0	0	0	1096.23	17.7	18000	10	10	10	10	2	0	1.19	4.4
3500	2	0	0	0	0	0	377.18	20.3	19000	10	10	10	10	4	0	1.00	1.8
3750	0	0	0	0	0	0	185.01	18.6	20000	10	10	10	10	6	1	0.63	5.8
4000	0	0	0	0	0	0	164.52	16.4	21000	10	10	10	10	7	1	0.19	6.6
4250	0	0	0	0	0	0	159.15	13.2	22000	10	10	10	10	10	1	0.22	2.6
4500	0	0	0	0	0	0	101.81	9.8	23000	10	10	10	10	10	5	0.29	3.1
4750	0	0	0	0	0	0	65.23	10.8	24000	10	10	10	10	10	6	0.18	3.2
5000	1	0	0	0	0	0	181.99	7.8	25000	10	10	10	10	10	7	0.07	3.1
									26000	10	10	10	10	10	10	0.05	2.9

Abb.3.18: Tabelle zur Meta-Mutation

Interpretation der Ergebnisse. Die Spalten 1 bis 6 zeigen an, wie weit die gefundene Lösung noch von der Optimallösung abweicht. Zur Berechnung des Wertes von Spalte Nr.1 wird ein Intervall von 2000 um die Lösung gelegt. Bei den Individuen der aktuellen Population werden deren Werte auf Enthaltensein in diesem Intervall geprüft. Die Zahlen 6 bis 1 in Abb.4.18 geben an, an wie vielen der zehn Genpositionen ein Allel aus diesem Intervall in der Population existiert. Die Zahl 10 besagt demnach, daß in der Population an jeder Genposition wenigstens ein Allel vorhanden ist, welches nicht weiter als 1000 von der Optimallösung abweicht.

Die anderen Kurven geben zunehmend engere Intervalle an: insgesamt sind folgende Intervalle betrachtet worden.

Spalte 1: $|\alpha_i - x_i| \leq 1000$
Spalte 2: $|\alpha_i - x_i| \leq 500$
Spalte 3: $|\alpha_i - x_i| \leq 250$
Spalte 4: $|\alpha_i - x_i| \leq 50$
Spalte 5: $|\alpha_i - x_i| \leq 5$
Spalte 6: $|\alpha_i - x_i| \leq 1$

Aus Abb.3.18 ist zu lesen, wie nahe die Lösung bereits am Optimum ist. Ganz links ist die Anzahl der während des Algorithmus erzeugten Individuen angegeben. Die Ergebnisse sind erstaunlich gut; der Wert steigt zunächst von ε drastisch an mit dem Maximalwert $\varepsilon = 1534$, bis die Individuen in die Nähe des ersten Intervalls $|\alpha_i - x_i| \leq 1000$ kommen. Danach nimmt ε im Verhältnis zum Fortschritt des Algorithmus ab, bis zum Schluß ein Wert von 0.05 erreicht worden ist. Die Werte von τ nehmen langsam zu bis zur Hälfte der Laufzeit mit Maximalwert von ca. 20 und nehmen danach wieder ab bis zum Schlußwert 2.9.

Experiment 2. Für Experiment 2 wird der gleiche Optimierungsalgorithmus verwendet wie für Experiment 1. Der einzige Unterschied liegt in den Daten; die x_i werden aus dem Bereich [-10, 10] gewählt. Die Parameter ε und τ haben dieselben Werte wie in Experiment 1. Abgebrochen wird das Verfahren, wenn ein Individuum existiert, für das $(\max |\alpha_i - x_i|) < 0.05$ ist. In Abb.3.19 ist eine Tabelle abgebildet, aus der hervorgeht, wie sich die Mutation während der Laufzeit des Verfahrens verhält.

Interpretation der Ergebnisse. Die Spalten 1 bis 6 zeigen an, wie weit die gefundene Lösung noch von der Optimallösung abweicht. Insgesamt sind folgende Intervalle betrachtet worden.

Ξ	6	5	4	3	2	1	ε	τ
250	9	9	5	5	1	0	1.89	2.3
500	10	10	6	4	2	2	1.19	4.9
750	10	10	8	2	1	1	0.56	3.3
1000	10	10	10	6	0	0	0.57	2.2
1250	10	10	10	4	1	1	0.22	1.6
1500	10	10	10	5	2	0	0.09	2.6
1750	10	10	10	5	2	1	0.17	1.4
2000	10	10	10	6	2	0	0.15	1.1
2250	10	10	10	6	2	0	0.11	1.1
2500	10	10	10	6	2	1	0.11	1.6
2750	10	10	10	6	2	1	0.13	1.1
3000	10	10	10	6	2	1	0.09	1.1
4000	10	10	10	6	2	2	0.05	1.9
5000	10	10	10	6	2	2	0.04	1.7
6000	10	10	10	7	2	2	0.01	1.8

Ξ	6	5	4	3	2	1	ε	τ
7000	10	10	10	7	2	2	0.01	1.5
8000	10	10	10	7	2	2	0.006	2.1
10000	10	10	10	9	2	2	0.008	2.9
12000	10	10	10	10	2	2	0.001	8.8
14000	10	10	10	10	2	2	0.001	15.9
16000	10	10	10	10	2	2	0.001	25.2
18000	10	10	10	10	2	2	0.001	17.7
20000	10	10	10	10	2	2	0.0004	20.5
23000	10	10	10	10	5	2	0.0008	33.1
26000	10	10	10	10	5	2	0.0008	18.7
30000	10	10	10	10	5	2	0.0003	2.0
35000	10	10	10	10	7	2	0.0009	2.2
40000	10	10	10	10	10	5	0.0002	1.3
45000	10	10	10	10	10	6	0.0009	1.8
50000	10	10	10	10	10	9	0.0004	5.0
52000	10	10	10	10	10	10	0.0003	1.5

Abb.3.19: Tabelle zur Meta-Mutation

Spalte 1: $|\alpha_i - x_i| \leq 5.0$
Spalte 2: $|\alpha_i - x_i| \leq 2.5$
Spalte 3: $|\alpha_i - x_i| \leq 1.0$
Spalte 4: $|\alpha_i - x_i| \leq 0.5$
Spalte 5: $|\alpha_i - x_i| \leq 0.1$
Spalte 6: $|\alpha_i - x_i| \leq 0.05$

Abb.3.19 gibt an, wie nahe die Lösung bereits am Optimum ist. Ganz links ist die Anzahl der während des Algorithmus erzeugten Individuen angegeben. Die Mutationsvarianz paßt sich erstaunlich schnell den Gegebenheiten des Algorithmus an. So sinkt ε langsam ab bis auf einen Wert um 0.0001, um dann am Schluß noch einmal leicht anzusteigen.

Zusammenfassung. Als Ergebnis der Untersuchungen zur Meta-Mutation ist festzuhalten, daß sich insbesondere die Schrittweite ε hervorragend den Umständen zur Laufzeit anpassen kann. Mit Hilfe dieses Konzeptes wird ein GA in der praktischen Anwendung erheblich flexibler und effizienter.

Theoretische Überlegungen zur Mutation. Die Mutation "stört" den Ablauf eines GA, da sie einen Kopierfehler darstellt. Von großem Interesse ist, inwieweit die Konvergenz zu einem Endzustand durch die Mutation verzögert bzw. verhindert wird und wie die Konvergenz zu dem gewünschten Endzustand an einer Allelposition verbessert werden kann. Diese Aussagen sind insbesondere für verschieden starke Mutation wichtig.

Als abstraktes Modell dient erneut das in Kap.3.1 eingeführte Kugelmodell. Die Mutation ist als zusätzlicher genetischer Operator in das Modell einzubauen. Mutation bedeutet abstrakt gesehen, daß die Nummer einer Kugel beim Kopiervorgang verfälscht wird, so kann z.B. eine Kugel mit der Nummer K_x gezogen werden, aber beim Kopiervorgang entsteht K_{x+1}. In dem bisher betrachteten Modell ist stets die Anzahl (n Stück) einer der Kugeln K_x betrachtet worden. Pro Kopiervorgang soll eine Mutation mit der Wahrscheinlichkeit p_m stattfinden.

Für die Mutation läßt sich analog zu den bisherigen Matrizen eine Zustandsübergangsmatrix aufstellen. Es soll lediglich Mutation zugelassen werden, die K_x nach der Rekombination um maximal ein Element verändert. Die Elemente dieser Matrix **M** haben folgende Werte:

$$m_{ii} = 1 - p_m$$

$$m_{i\,i-1} = \frac{i}{n} * p_m$$

$$m_{i\,i+1} = \left(1 - \frac{i}{n}\right) * p_m$$

Der Aufbau der Matrix bedarf einiger Erklärungen. Wenn eine Kugel K_x kopiert wird, dann kommt es mit der Wahrscheinlichkeit p_m zu einem Kopierfehler, d.h. die Anzahl von K_x bleibt konstant mit 1-p_m. Da i Kugeln der Sorte K_x in der Population vorhanden sind, nimmt deren Zahl um 1 ab mit (i/n)*p_m.

Die Anzahl der Kugeln sei endlich und beschränkt. Deshalb wird durch Mutation immer nur die "Hausnummer" einer Kugel geändert. Im Mittel wird eine beliebige Kugel K_x genau so oft durch Mutation erzeugt, wie sie durch Mutation beim Kopieren verloren geht. Daß deren Anzahl um 1 zunimmt geschieht deshalb mit $(1\text{-}i/n) * p_m$.

Die Mutationsmatrix muß mit der altbekannten Zustandsübergangsmatrix multipliziert werden, um den Einfluß der Mutation geltend zu machen. Die Übergangsmatrix **G** ergibt sich als **P*M**. Im Prinzip existieren keine Endzustände mehr, da selbst wenn eine Kugelsorte ausgestorben ist, diese durch Mutation immer wieder neu entstehen kann. Um aber trotzdem Aussagen über das Erreichen solcher Extremwerte zu bekommen, empfiehlt sich, das erstmalige Erreichen eines Zustandes, in dem nur noch eine Kugelsorte existiert, als Endzustand festzulegen. Von allgemeinem Interesse sind mehrere Fragen:

1. Inwieweit verzögert die Mutation das Erreichen eines der Endzustände?
2. Verbessert bzw. verschlechtert die Mutation die Konvergenz zum richtigen Zustand?
3. Wie variieren die Antworten zu 1) und 2) mit verschiedenen ε und τ?

Um diese Fragen erschöpfend zu beantworten, sind viele Berechnungen notwendig. Deshalb sollen an dieser Stelle nur die wesentlichen Betrachtungen angestellt werden.

<u>E(A):</u> Wenn sich das gewünschte Allel durchsetzt, gibt diese Spalte den Erwartungswert der Anzahl von Generationen bis zur Konvergenz an.

<u>Sta(A):</u> Wenn sich das gewünschte Allel durchsetzt, gibt diese Spalte die Standardabweichung der Anzahl der Generationen bis zur Konvergenz an.

<u>Konv. bei 1 Allel:</u> Wenn nur ein Allel der gewünschten Sorte in der Population vorhanden ist, dann wird ein Prozentsatz angegeben, mit dem sich dieses Allel dennoch durchsetzt.

E(A)	Var(A)	Konv. bei einem Allel	Konv. bei 10% Allelen	Konv. bei 50% Allelen	τ	p_m
76.06	43.18	7.85	33.86	88.10	0	0
81.35	48.37	10.86	39.89	89.26	1	0.1
87.40	54.58	14.26	46.24	90.37	2	0.1
94.44	62.12	17.92	52.46	91.38	3	0.1
112.93	82.96	25.39	63.71	93.05	5	0.1
91.00	58.42	16.21	49.59	90.93	1	0.25
113.68	83.87	25.78	64.16	93.14	2	0.25
151.25	128.44	34.40	75.04	94.53	3	0.25
315.19	336.20	46.11	86.69	95.61	5	0.25
115.00	85.66	26.52	65.00	93.29	1	0.5
226.15	218.23	42.42	83.25	95.46	2	0.5
550.23	610.89	50.85	90.16	95.83	3	0.5
2840.02	4464.16	57.09	93.26	94.68	5	0.5
254.07	257.65	45.95	85.87	95.90	1	1.0
1672.63	2538.17	57.14	93.59	95.85	2	1.0
15961.77	8953.39	59.19	93.67	94.68	3	1.0
115256.27	222004.10	56.47	87.87	88.40	5	1.0

Abb.3.20: Tabelle für eine Population der Größe 50 bei einem Verhältnis der Qualität von K_x zum Rest von 51:49

Konv. bei 10% Allelen: Sind 10% der gewünschten Sorte von Allelen in der Population vorhanden wird ein Prozentsatz angegeben, mit dem sich dieses Allel durchsetzt.

Konv. bei 50% Allelen: Sind 50% der gewünschten Sorte von Allelen in der Population vorhanden wird ein Prozentsatz angegeben, mit dem sich dieses Allel durchsetzt.

Mutationsparameter τ: Anzahl der Mutationen pro Generation. Diese Anzahl berechnet sich einfach durch Multiplikation der Matrix **M** mit sich selbst; z.B. $\mathbf{M}^5$ bedeutet, daß fünf Mutationen stattgefunden haben.

Mutationsparameter p_m: Dieser Parameter gibt an, mit welcher Wahrscheinlichkeit mutiert wird.

Interpretation der Ergebnisse. Die Ergebnisse aus Abb.3.20 geben einen Überblick über den Einfluß der Mutation. Es wurde eine Populationsgröße von 50 vorausgesetzt bei einer selektiven Überlegenheit von K_x zum Rest von 51:49.

Die oberste Zeile gibt die Daten für den Fall an, daß keine Mutation stattfindet. Danach folgen jeweils vier Zeilen mit konstanten Werten für p_m. Bei $p_m = 0.1$ steigt E(A) von 81.35 bei einer Mutation pro Generation bis auf 112.93 bei fünf Mutationen pro Generation an. Dieser erhöhte Aufwand erscheint trotzdem lohnenswert, denn die Konvergenz zum richtigen Zustand bei nur einem Allel wurde von 7.85% (ohne Mutation) bis auf 25.39% gesteigert. Die Konvergenz bei 10% von K_x in der Anfangspopulation konnte erwartungsgemäß signifikant gesteigert werden. Bei 50% ist die Steigerungsrate nicht mehr so gut, das liegt daran, daß durch die Selektion sich sowieso schon das richtige Allel durchsetzen wird, wobei mehr Mutation diesen Prozeß kaum noch beschleunigen kann. Als wesentlichstes Ergebnis kann festgehalten werden, daß eine höhere Mutationsrate zu deutlich besseren Ergebnissen bei geringem Anteil von K_x in der Population führt.

Die Tendenz, welche oben schon angedeutet worden ist, setzt sich bei stärkerer Mutation fort. Bei einem Wert von $p_m = 0.25$ steigt bei 5 Mutationen der Erwartungswert von A auf 315 Generationen, während schon in fast der Hälfte aller Fälle sich das richtige Allel durchsetzt, selbst wenn es anfangs nur einmal in der Population vorhanden ist. Insgesamt verbessern sich die Werte zur Konvergenz zum richtigen Endzustand nur leicht, so daß der Aufwand bei sehr viel Mutation ungerechtfertigt erscheint. Die Anzahl der erwarteten erzeugten

Generationen steigt überproportional schnell an im Vergleich zu den beiden Mutationsparametern. Bei einer Mutationswahrscheinlichkeit von 1.0 und 5 Mutationen im Durchschnitt steigt der Erwartungswert E(A) gar auf über 100000. Die Konvergenz zum richtigen Endzustand geht sogar etwas zurück, da der Einfluß des Zufalls schon sehr stark ist.

Ähnliche Ergebnisse lassen sich auch für verschiedene Populationsgrößen und unterschiedliche Selektion gewinnen. Der Entwickler eines GA hat mit dem in dieser Arbeit entwickelten Formalismus ein hervorragendes Werkzeug zur Abschätzung von Qualität und Laufzeit seines Algorithmus zur Verfügung. Er kann für verschiedene Parameter des GA relativ einfach durch Aufstellen der Übergangsmatrizen und Einsetzen in die Formeln für E(A) und Var(A) klare und wertvolle Aussagen über seinen Algorithmus gewinnen.

Zusammenfassung. In diesem Kapitel ist die Mutation näher beleuchtet worden. Zunächst ist die Mutation als Meta-Operator implementiert worden mit überraschend guten Ergebnissen für ein Beispiel. Danach ist die Rolle der Mutation in GA allgemein untersucht worden. Das formale Modell zur Beschreibung des Genetischen Algorithmus ist um die Mutation erweitert worden. Mit Hilfe dieser Erweiterung ist es möglich, komplette genetische Ansätze theoretisch zu analysieren.

3.2.4 Inversion

Motivation. Zu Beginn eines GA wird eine Kodierung des Problems vorgenommen. Diese Kodierung bleibt zur Laufzeit des Verfahrens bestehen. Die Reihenfolge der Gene ist von Anfang an festgelegt. Dadurch ergibt sich die Konsequenz, daß insbesondere beim Crossing Over benachbarte Gene auf den gleichen Genbruchstücken liegen. So entsteht ein kodierungsabhängiger Zusammenhang von Genen untereinander, der zunächst einmal mit dem Problem nichts zu tun hat.

Es mag sein, daß sich bei einem Problem während des Evolutionsprozesses vorübergehend Abhängigkeiten zwischen verschiedenen Genen ergeben. Dann wäre es auch sinnvoll, wenn diese in der Kodierung benachbart sind. Wechseln diese Abhängigkeiten, dann läßt sich keine geeignete Anfangskodierung finden.

Arbeitsweise des Operators. Diese neue Zusammenstellung des Genmaterials wird durch die bisherigen Operatoren nicht gewährleistet. In der Natur geschieht dieser Vorgang durch die Inversion. Gegeben ist dazu ein Individuum der Form $\Xi = (\gamma_1, \gamma_2, \ldots, \gamma_n)$. Zwei Bruchstellen l_1 und l_2 werden ausgesucht, so daß das Invividuum zu $\Xi = (\gamma_1, \gamma_2, \ldots, \gamma_{l_1}, \gamma_{l_1+1}, \ldots, \gamma_{l_2-1}, \gamma_{l_2}, \ldots, \gamma_n)$ umgeformt werden kann. Die Inversion arbeitet nun dergestalt, daß sie das Genstück zwischen den beiden Positionen l_1 und l_2 herausnimmt und umgekehrt wieder einbaut. Dadurch ergibt sich nach der Inversion ein Individuum $\Xi' = (\gamma_1, \gamma_2, \ldots, \gamma_{l_2}, \gamma_{l_2-1}, \ldots, \gamma_{l_1+1}, \gamma_{l_1}, \ldots, \gamma_n)$.

Zweck des Operators. Die Schema-Theorie besagt, daß sich die Allele kurzer zusammenhängender Gene exponentiell vermehren. Durch die Inversion können diese Gruppen zur Laufzeit des Algorithmus neu zusammengestellt werden. Aus Sicht eines GA ist der Zweck der Inversion die Suche nach besseren Kodierungen des zugrunde liegenden Problems.

In der Biologie wird meistens die Ansicht vertreten, daß die Inversion den Zweck hat, ein Individuum auch bei wechselnden Umwelten noch existieren zu lassen. Es sollte einfach flexibler auf seine Umwelt reagieren können. Der direkte Einfluß der Inversion auf den Evolutionsprozeß gilt aber in der Biologie im allgemeinen als unklar.

Probleme. Die Inversion ist sehr selten implementiert worden. Es gibt in der einschlägigen Literatur auch kein sinnvolles Beispiel, an dem die Implementierung Erfolg gehabt hätte. Da keine theoretischen und praktischen Resultate vorliegen, ist über diesen Operator sehr wenig bekannt.

Das Hauptproblem bei der Implementierung der Inversion ist allerdings technischer Art. Zwei Individuen, welche rekombiniert werden mittels Crossing Over, erzeugen Nachkommen, welche keinen kompletten Gensatz mehr aufweisen, wie in Abb.3.21 verdeutlicht wird.

$\Xi = (\gamma_1, \gamma_2, \gamma_3, \gamma_4)$
$\Xi' = (\gamma_1, \gamma_3, \gamma_2, \gamma_4)$
nach der Rekombination (Crossing Over zwischen Genposition zwei und drei):
$\Xi_{neu1} = (\gamma_1, \gamma_2, \gamma_2, \gamma_4)$
$\Xi_{neu2} = (\gamma_1, \gamma_3, \gamma_3, \gamma_4)$

Abb.3.21: Inkompatibilität bei der Inversion

In Abb.3.21 sind zwei Individuen miteinander gekreuzt worden, von denen das zweite mittels Inversion die Genpositionen zwei und drei miteinander vertauscht hat. Die entstehenden neuen Individuen haben jeweils ein Gen doppelt und es fehlt ihnen dafür ein anderes Gen, so daß sie nicht mehr das zugrunde liegende System vollständig kodieren.

Bei dem erzeugten neuen Individuum ist auch zu entscheiden, ob es die Genfolge des einen oder des anderen Elternteiles übernimmt. Es ist sinnvoll, daß es die Genfolge eines zufällig ausgewählten Individuums oder das des Besseren übernimmt.

Lösungen des Inkompatibilitätsproblems.

1) Die Gene sind bisher immer nach ihrer Reihenfolge aufgelistet worden. Zu jeder Genposition kann zusätzlich die Information gespeichert werden, welches Gen sie enthält. Damit sind alle Individuen wieder kreuzbar. Der Speicheraufwand verdoppelt sich allerdings durch das Halten der Zusatzinformation. Auch die Algorithmen zur Rekombination bzw. Qualitätsberechnung sind komplizierter, da man nach jedem Gen im Genstring erst suchen muß. Diese Lösung des Problems ist aus den genannten Gründen

unattraktiv und bisher auch durch kein unterstützendes Beispiel zu rechtfertigen.

2) Die inkompatiblen Individuen können als nicht kreuzbar eingestuft werden. Nur gleiche Individuen können miteinander gekreuzt werden. Dieses Verfahren ist in der Praxis kaum zu verwirklichen, weil häufiges Einsetzen des Operators schnell zu einer Situation führt, in der kaum noch kreuzbare Individuen existieren. Auch träte massiv Inzucht auf, da die wenigen kompatiblen Individuen sich nur noch untereinander kreuzen dürften. Deshalb könnte die Inversion nur sehr selten eingesetzt werden und hätte damit voraussichtlich so gut wie keinen Effekt.

3) Die Inversion wird simultan auf die ganze Population angewandt. Dadurch bleibt die Kompatibilität der einzelnen Individuen garantiert, der zusätzliche Verwaltungsaufwand bliebe gering (einmal die Reihenfolge als String speichern und bei Anwendung der Inversion die ganze Population entsprechend umsortieren) und die Operatoren arbeiten wie gehabt.

Aufgabenstellung dieses Kapitels. Daß die Inversion für GA sinnvoll eingesetzt werden kann, ist aufgrund mangelnder Erfolge zu bezweifeln. In diesem Kapitel wird der Zweck der Inversion zunächst einmal anhand der Schema-Theorie abgeschätzt. Danach wird ein Beispiel analysiert, bei dem Inversion geeignet wäre, um durch Umordnung der Gene eine für das Crossing Over sinnvollere Reihenfolge zu erreichen. Die Umordnung liegt auf der Hand in diesem Beispiel. Es wird ein Inversionsalgorithmus programmiert und dessen Ergebnis interpretiert.

Als Beispiel dient das in schon mehrfach behandelte Beispiel2 (Abb.4.8; 40 Bits in vier Zehnergruppen). Zur Lösung wird der dort vorgestellte Algorithmus 1 (CO) verwendet. Charakteristisch für das Beispiel ist die Aufteilung in vier Zehnergruppen von Genen, so daß Schemata der Länge 10 die größte sinnvolle Einheit bilden. Das Problem war derart kodiert, daß die Zehnergruppen jeweils zusammenhängend waren.

Werden diese Gruppen anders verteilt, dann läßt sich durch den Einfluß von Crossing Over eine Verschlechterung der Ergebnisse erwarten:

Die Überlebenswahrscheinlichkeit von Schemata ergab sich durch die Formel

$$P_{surv}(\xi) = 1 - P_{cro} * \left(\frac{L_\xi}{n-1}\right) + \frac{N_{\xi_{Rest}} - 1}{N - 1} * (P_{cro} * \left(\frac{L_\xi}{n-1}\right))$$

Das längste betrachtete Schema hatte die Länge 9. Damit ergeben sich bei $N_{\xi_{Rest}} = 1$, $N = 100$, $n = 40$ und $P_{cro} = 1.0$

$$P_{surv}(\xi) = 1 - \left(\frac{L_\xi}{n-1}\right) = 1 - \frac{9}{39} = 76.93$$

bzw. bei $N_{\xi_{Rest}} = 81$

$$P_{surv}(\xi) = 1 - \left(\frac{L_\xi}{n-1}\right) + \frac{N_{\xi_{Rest}} - 1}{N - 1} * \left(\frac{L_\xi}{n-1}\right) = 1 - \frac{9}{39} + 0.8 * \frac{9}{39} = 95.39$$

Diese Formeln sagen aus, daß die Überlebenswahrscheinlichkeit der relevanten Schemata der Länge zehn durch Crossing Over nicht massiv behindert wird. Um die Inversion zu testen, ist die Vorgabe einer sehr schlechten Kodierung angebracht. Diese Kodierung soll die Leistungsfähigkeit des Algorithmus stark beeinträchtigen. Danach soll durch Inversion eine Kodierung gefunden werden, die wieder zur alten, gewünschten Leistung führt. Die schlechteste denkbare Kodierung nach der Schema-Theorie ist die möglichst weite Zersplitterung der Gengruppen. Dieses wird erreicht, indem abwechselnd ein Gen aus jeder Gruppe kodiert wird, so daß z.B. die ersten zehn Gene an die Stellen 1, 5, 9, 13 ... positioniert werden.

Wahrscheinlichkeiten bei schlechter Kodierung. Durch diese neue Kodierung ergeben sich andere Wahrscheinlichkeiten bezüglich der Zerstörung der Schemata. Die neuen Formeln sehen wie folgt aus:

Das längste betrachtete Schema hat nun die Länge 36. Damit ergeben sich bei $N_{\xi_{Rest}} = 1$, $N = 100$, $n = 40$ und $P_{cro} = 1.0$

$$P_{surv}(\xi) = 1 - \left(\frac{L_\xi}{n-1}\right) = 1 - \frac{36}{39} = 7.70$$

bzw. bei $N_{\xi_{Rest}} = 81$

$$P_{surv}(\xi) = 1 - \left(\frac{L_\xi}{n-1}\right) + \frac{N_{\xi_{Rest}} - 1}{N - 1} * \left(\frac{L_\xi}{n-1}\right) = 1 - \frac{36}{39} + 0.8 * \frac{36}{39} = 81.54$$

Diese Formeln sagen aus, daß die Überlebenswahrscheinlichkeit der relevanten Schemata gerade zu Beginn des Algorithmus extrem gering ist, also in der Phase, in der das Genmaterial noch sehr inhomogen ist. Diese Kodierung müßte logischerweise eine klare Verschlechterung des Ergebnisses zur Folge haben. Der Algorithmus ist unter den gleichen Voraussetzungen wie der Algorithmus CO nur mit schlechtest möglicher Kodierung getestet worden. Die Ergebnisse sind in der Tabelle von Abb.3.22 dokumentiert. Wie das Ergebnis aus Abb.3.22 deutlich zeigt, kann das globale Optimum nicht mehr von CO' gefunden werden. Die längeren Schemata können einfach nicht lange genug existieren, ohne zerstört zu werden.

Testen der Inversion. Um die Inversion anhand eines Beispiels zu testen ist folgende Vorgehensweise gewählt worden. Das Beispiel startet mit der oben geschilderten schlechtesten Kodierung. Jedes neuerzeugte Individuum wird der Inversion unterzogen, indem zufällig zwei Genpositionen ausgewählt werden, zwischen denen dann die Inversion durchgeführt wird. Die Nachkommen erben zunächst einmal die

	Durchschn. Punktzahl	Durchschn. Individuen	globales Optimum in %	10 Einsen in %	10 Nullen in %
CO	3770	8030	76.67	93.75	6.08
CO'	1368	12059	0.00	28.50	71.50

Abb.3.22: Vergleich zwischen CO und CO'

Genreihenfolge ihrer Eltern. Dann werden sie ebenfalls der Inversion unterzogen.

Um die Inversion auf diese Art zu implementieren, ist die Speicherung der Gene zusammen mit ihrer genauen Position notwendig. Dieses Verfahren benötigt die doppelte Speicherkapazität. Die Kodierung wird durch die Inversion ständig geändert. Individuen mit guter Kodierung werden durch Crossing Over im Durchschnitt sehr selten zerstört, so daß deren Schemata eine viel bessere Überlebenswahrscheinlichkeit besitzen. Die erzielten Ergebnisse sind in Abb. 3.23 zusammengefaßt. COI' bedeutet Algorithmus CO mit schlechtester Anfangskodierung und Inversion.

	Durchschn. Punktzahl	Durchschn. Individuen	globales Optimum in %	10 Einsen in %	10 Nullen in %
COI'	3678	11015	66.67	91.25	8.75

Abb.3.23: Ergebnisse von COI'

Die Ergebnisse sind überraschend: CO' kommt sehr dicht heran an die Leistung von CO, d.h. der Algorithmus hat flexibel günstig kodierte Individuen bevorzugt. Dieses Ergebnis zeigt das Potential der Inversion in Bezug auf das Finden günstiger Kodierungen.

Zusammenfassung. Der Operator Inversion ist getestet worden, um seine mögliche Verwendbarkeit zu demonstrieren. In der Literatur über GA ist das hier vorgeführte Beispiel meines Wissens nach das erste, für das dieser Operator Erfolg hatte. Sinn und Zweck der Inversion ist die Auswahl einer geeigneten Kodierung. Bei den meisten Problemen wählt man automatisch eine gute Kodierung. Dann kann Inversion außer zusätzlichem Verwaltungsaufwand nichts mehr nutzen. Deshalb ist die Inversion dann angebracht, wenn sich die Abhängigkeit zwischen den Genen während der Laufzeit verändert. Da dies in den meisten von GA behandelten Optimierungsproblemen nicht der Fall ist, kann dieser Operator in der Praxis nur sehr selten eingesetzt werden. Sind aber veränderliche Abhängigkeiten vorhanden, dann ist die Inversion der einzige der vorgestellten Operatoren, der den Einsatz eines GA möglich macht.

4. Anwendungen Genetischer Algorithmen

4.1 Anwendungen der Evolutionsstrategie

Übersicht. Der Terminus "Evolutionsstrategie" ist von I. Rechenberg bereits 1964 anläßlich eines Vortrags am Institut für Strömungstheorie geprägt worden. Die im Rahmen der Evolutionsstrategie (ES) entwickelten Algorithmen sind in Kap.2 ausführlich dargestellt worden. Diese Algorithmen sind sehr stark zugeschnitten auf praktische Anwendungen. In diesem Kapitel werden einige wesentliche und anschauliche Beispiele dokumentiert, bei denen ES mit Erfolg eingesetzt worden sind. Die Beispiele sollen möglichst repräsentativ sein. Eine ausführlichere Sammlung von über 200 Literaturstellen findet man in [Bäc92b].

Aus den Beispielen können einige verallgemeinernde Lehren gezogen werden, wenn man ihre Gemeinsamkeiten herausarbeitet. So liegt allen hier demonstrierten Anwendungen zugrunde, daß durch Variation einiger Parameter das zu optimierende System eine neue Gestalt erhält, die sehr leicht bewertet werden kann. Allen erfolgreichen Beispielen ist gemeinsam, daß konventionelle Optimierungsverfahren nicht eingesetzt werden konnten - obwohl großes Optimierungspotential vorhanden war.

4.1.1 Erste Anwendungen in den 60er Jahren

Während heute selbstverständlich ES als Computerprogramme implementiert sind, mußten bei den ersten praktischen Anwendungen, welche im folgenden beschrieben werden, noch die Parameter der jeweiligen Systeme per Hand eingestellt werden. Die Beispiele dieses Unterkapitels sind oft dokumentiert worden und werden z.B. in [Rec89a] oder [Rec89b] ausführlich erläutert. Die Abbildungen 4.1 bis 4.6 stammen aus diesen beiden Veröffentlichungen und konnten mit freundlicher Genehmigung der beiden Verlage verwendet werden.

Gelenkplatte im Windkanal

Problem1. Ein Tragflügel mit mechanischer Profilkorrektur wurde in vereinfachter Form - als Gelenkplatte - dargestellt. Dabei wurden sechs Flächenstreifen miteinander verbunden. Die Gelenke konnten einzeln verstellt und mit zwei Grad Winkeländerung eingerastet werden. Diese Gelenkplatte ist in einen Windkanal eingebaut worden, so daß sich Anfang und Ende der Platte in einer Höhe parallel zum Luftstrom befunden haben.

Evolution. Die Gelenkplatte wurde in einer zufälligen Zickzack-Form im Windkanal installiert (Abb.4.1). Die Variablen des Systems waren genau die Winkelgrade der Gelenke. Per Zufall wurden die einzelnen Gelenkstellungen geändert und per Hand verstellt.

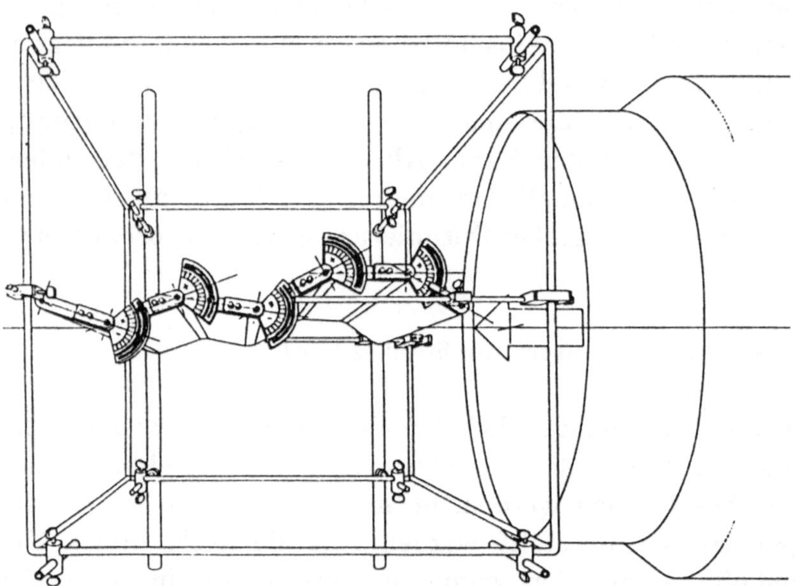

Abb.4.1: Gelenkplatte im Windkanal

Die neue Gelenkplatte wurde bezüglich ihrer Qualität (Strömungswiderstand) gemessen, wobei die Einstellung übernommen worden ist, wenn das Ergebnis besser war. Wenn die neue Einstellung zu einer

Verschlechterung des Strömungswiderstandes führte, dann sind die Änderungen zurückgenommen worden.

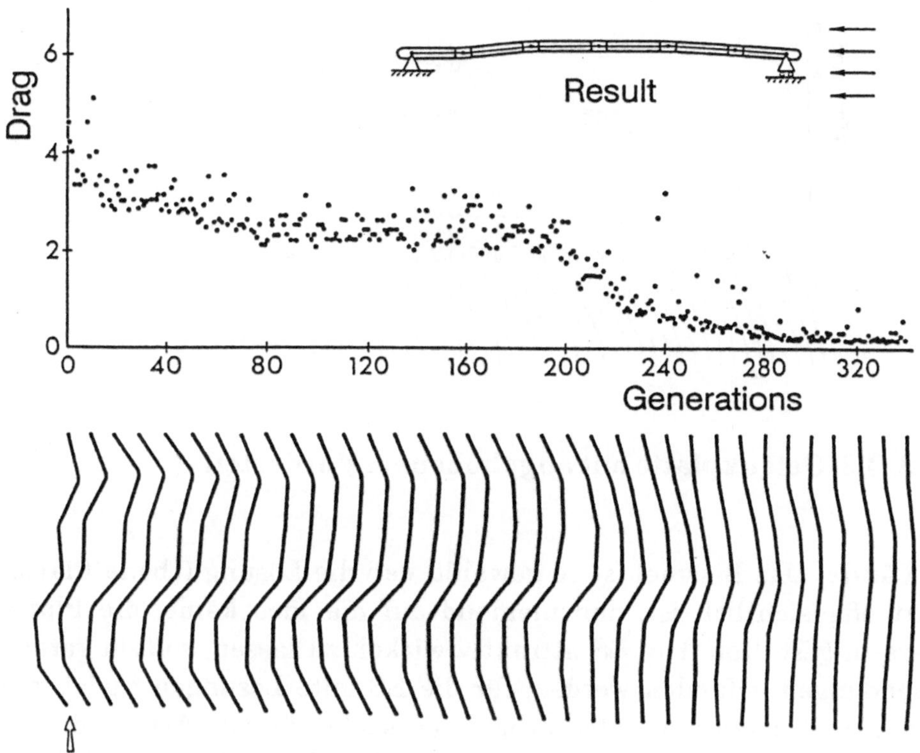

Abb.4.2: Ergebnis des ersten Versuchs

Ergebnis. Die verwendete Strategie ist eine (1+1)-ES, d.h. jede Verbesserung setzt sich durch, wobei Verschlechterungen sofort eliminiert werden. Das Ergebnis ist in Abb.4.2 dokumentiert. Die Grafik zeigt mit jedem Punkt eine Mutation des Systems an, welches sich langsam auf das Optimum zubewegt. Die Faltplatte hat sich zunehmend gerade ausgerichtet und eine fast ebene Form erreicht. Die optimale ebene Form konnte deshalb nicht erreicht werden, weil diese Form aufgrund der Meßgenauigkeit keinen besseren Wert lieferte. Anhand dieses einfachen illustrativen Beispiels konnte gezeigt werden, daß eine Mutations-Selektions-Strategie an praktischen Beispielen funktioniert.

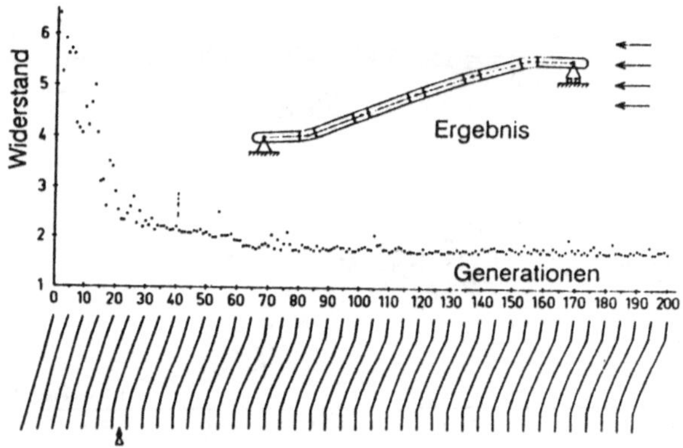

Abb.4.3: Gelenkplatte mit angehobenem Vorderteil

Einwände. Das Beispiel ist so gewählt, daß die Lösung (ebene Platte) derart offensichtlich ist, daß niemand auf die Idee käme, die Platte anders zu gestalten. Um ES attraktiv wirken zu lassen, sollten gerade Anwendungen gefunden werden, für die ES gute Lösungen findet, die nicht der Konvention entsprechen. Versuche dieser Art sind von Rechenberg durchgeführt worden, um das Potential von ES zu demonstrieren.

Gelenkplatte mit veränderter Rahmenbedingung. Beim nächsten Experiment wurde das Vorderteil der Gelenkplatte angehoben (Abb.4.3). Die Optimallösung hatte eine S-Form angenommen, welche bessere Ergebnisse lieferte als eine ebene, diagonal aufgehängte Platte.

Erste "richtige" Anwendung. Als erste Anwendung mit praktischer Relevanz wurde die Evolution eines Rohrkrümmers durchgeführt. Dabei war eine rechtwinklige Rohrumlenkung gesucht, die die kleinsten Umlenkverluste aufweist. Die Standardlösung und der neue, durch Evolution gefundene Rohrkrümmer wurden übereinandergelegt

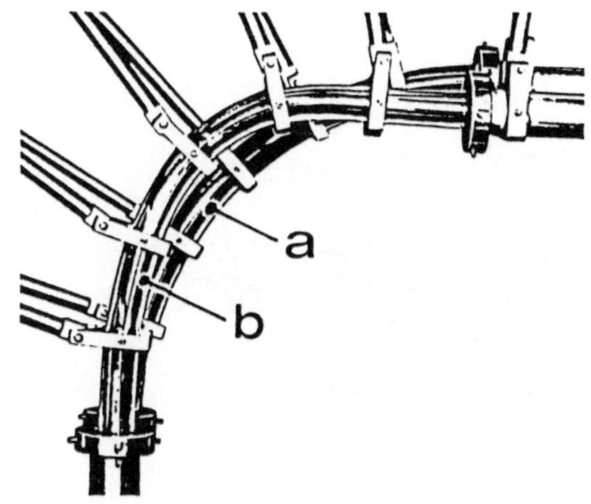

Abb.4.4: Rohrkrümmer

(Abb.4.4). Die Lösung a) zeigt den alten Verlauf des Rohrkrümmers, während b) die durch ES gefundene, bessere Lösung darstellt.

Besonders überraschend ist das leichte Überschwingen der Krümmung nach dem Rohrbogen. Durch diese unkonventionelle, technisch nicht erklärbare Lösung, wurde eine Reduzierung von 9% des Umlenkverlustes erreicht.

Evolution einer Zweiphasendüse. Die Optimierung einer Zweiphasen-Überschalldüse war die nächste Anwendung der Evolutionsstrategie. Erhitztes flüssiges Kalium floß in die Düse, wobei der Druck der Flüssigkeit soweit abgesenkt wurde, bis Teile der Flüssigkeit verdampften. Der Dampf triebt die Flüssigkeit vorwärts. Durch das Zusammenspiel von Dampf und Flüssigkeit wurden die Strömungsvorgänge innerhalb der Düse so komplex, daß die günstigste Düsenform nicht errechnet werden konnte. Die Düse wurde aus 330 Segmenten zusammengesetzt (Abb.4.5). Der genaue Ablauf dieser Optimierung ist in [Sch68] detailliert beschrieben.

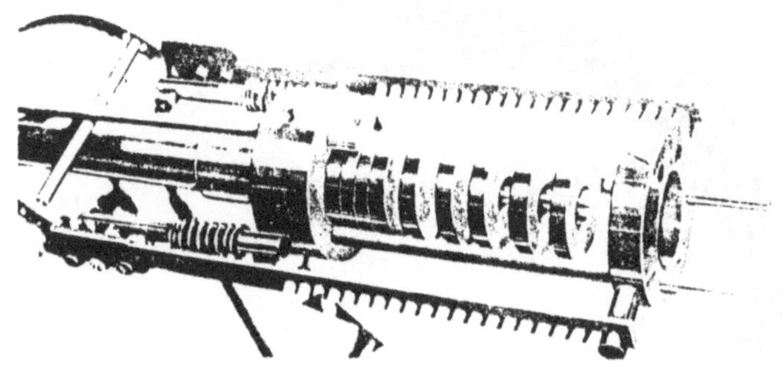

Abb.4.5: Zweiphasen-Überschalldüse

Im praktischen Experiment konnte sowohl die Anzahl als auch die Art der Zusammenstellung der Segmente variieren. Gesucht ist die Kombination, die den maximalen spezifischen Schub liefert. In Abb.4.6 ist die Ausgangsform oben aufgelistet sowie alle anderen übrigen Zwischenformen, welche schließlich zu der bizarr anmutenden Düse unten führten.

Der Wirkungsgrad der Ausgangsform betrug 55%. Dieser Wirkungsgrad konnte unter Einsatz von ES auf 80% gesteigert werden.

Zusammenfassende Bemerkungen. Den bisher geschilderten Beispielen ist gemeinsam, daß sie ohne Computersimulation durch Einstellung der Parameter per Hand gelöst worden sind. Es wurde jeweils eine simple (1+1)-ES verwendet, die aber schnell und effizient zu brauchbaren Lösungen geführt hat. Den Beispielen war gemeinsam, daß die Qualität der Lösung unmittelbar zu berechnen war, Für die Variablen des Systems gab es kein mathematisches Verfahren, welches eine optimale Auswahl der Parameter zuließ. Mit der Mutations- und Selektionsstrategie konnten gute Werte für die Parameter gefunden werden.

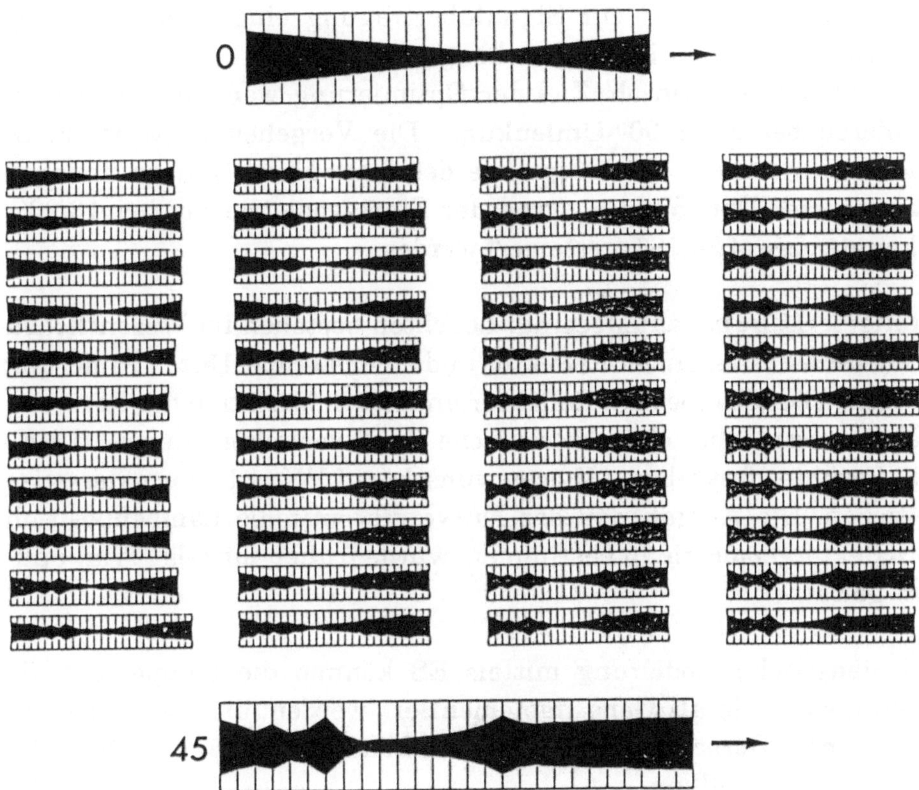

Abb.4.6: Evolution der Zweiphasen-Überschalldüse

4.1.2 Neuere praktische Anwendungen der Evolutionsstrategie

ES sind inzwischen anhand vieler weiterer Anwendungen evaluiert worden. Einige jüngere Anwendungen werden in diesem Kapitel exemplarisch vorgestellt. Die Ausführungen zu den ersten beiden Anwendungen folgen der Arbeit von K.-D. Müller [Mül86].

Optimierte Lichtleiterauslegung. Lichtleiter werden im wesentlichen zum Lichttransport und zur Signalübertragung eingesetzt. Der Wirkungsgrad solcher Lichtleiter hängt stark von den unterwegs auftretenden Verlusten ab. Ziel der Optimierung war die Verluste zu minimieren bei einer 90°-Umlenkung. Die Vorgehensweise ist recht einfach: man variiert die Geometrie der Umlenkung und mißt ihren Wirkungsgrad. Der Wirkungsgrad der Startgeometrie lag bei 13,20% und konnte bis auf 26,16% gesteigert werden.

Optimierte Leuchtenauslegung. Leuchten bestehen im Wesentlichen aus einem Gehäuse, einem Reflektor und einer Lampe. Durch Änderung der Position der Lampe zum Reflektor und durch Variation der Form des Reflektors wird die charakteristische Lichtverteilungskurve (LVK) einer Leuchte festgelegt. Die gewünschte LVK ist normalerweise vorgegeben. Die Aufgabe, zu der Kurve die optimale Lampenposition und Reflektorgeometrie zu bestimmen, wurde früher mittels "Trial-and-Error" gelöst.

Durch genetische Kodierung mittels ES können die Lampe und die Reflektorgeometrie als Gene implementiert werden; die LVK ist dann mittels eines Berechnungsverfahrens abzuschätzen und liefert die Qualität der Einstellung.

In der Praxis ist nach etwa 40-50 Generationen jeweils das Optimum gefunden worden. Die Ergebnisse sind fast perfekt gewesen. Das Verfahren führt zu einer Automatisierung des Konstruktionsprozesses und nimmt dem Konstrukteur eine zeitaufwendige Tätigkeit ab.

Evolution einer Linse. Diese interessante Anwendung wurde sowohl von I. Rechenberg [Rec89] als auch von M. Walk und J. Niklaus [Wal88] untersucht. Die Darstellung im Rahmen dieses Buches orientiert sich an der Arbeit von I. Rechenberg.

Gegeben ist ein Glaskörper, der unterschiedliche Dicken seiner Struktur aufweist. Der Glaskörper wird von parallel anströmenden Lichtstrahlen durchquert. Die Dicken des Glaskörpers sollen dergestalt variiert werden, daß sich alle Lichtstrahlen nach der Durchquerung in einem vorgegebenen Punkt P treffen. Der Glaskörper wird damit zur Sammellinse. Es läßt sich eine einfache Zielfunktion angeben, die den quadratischen Abstand der einzelnen Strahlen aufsummiert. Die veränderbaren Parameter der Linse sind einfach die Glasdicken an einigen festgelegten Stellen des Glaskörpers. Für das Beispiel wurden zehn Stellen definiert. Das Problem kann von ES sehr schnell und einfach gelöst werden und schon nach wenigen Generationen bildet sich eine Struktur heraus, die die Lichtstrahlen in einem Punkt bündelt.

Die Arbeiten aus [Wal88] betrachten zwei Anwendungsbeispiele ähnlichen Zuschnitts. Das erste Beispiel stellt eine Hintereinanderreihung von mehreren Linsen dar, beim zweiten Beispiel geht es darum, mittels zweier hintereinandergeschalteter Linsen die Lichtstrahlen in zwei festgelegten Punkten zu bündeln. Beide Aufgaben konnten mit der ES schnell und zuverlässig gelöst werden.

Reglersynthese. Eine wichtige, praktisch verwertbare Problemstellung ist von M. Ruppert [Rup82] untersucht worden - die Behandlung nichtlinearer Regelungssysteme. Die analytische Behandlung nichtlinearer Regelungssysteme ist ein bisher ungelöstes Problem - im Gegensatz zur linearen Reglersynthese. Die von Ruppert betrachtete Regelung von Hydraulikzylindern ist stark nichtlinear (wie die meisten realen praktischen Probleme), weil sich z.B. der Ventildurchfluß als nichtlineare Funktion von Druckdifferenz und Steuerschieberstellung ergibt, oder die Reibungskraft eine nichtlineare Funktion der Verfahrensgeschwindigkeit darstellt. Die Evolutionsstrategie wird bei dieser Problematik dergestalt eingesetzt, daß ein Regler in seiner Struktur vorgegeben wird, dessen Parameter noch zu optimieren sind.

Komplizierter wird die Optimierung dadurch, daß die Robustheit der Regler ein weiteres wichtiges Kriterium darstellt. Infolge von Temparatureinflüssen, Alterung, oder anderen kleinen Mängeln kann die Leistung des Reglers stark in Mitleidenschaft gezogen werden. Dieser Tatsache wird dadurch Rechnung getragen, daß die

Systemparameter durch Störungen (zufällige stochastische Fehler) beeinflußt werden.

Ruppert hat die Regelung anhand eines Beispielsystems untersucht. Er nahm die Synthese und Optimierung eines Reglers zur genauen Positionierung einer hydraulischen Translationseinheit vor. Der Verstellzylinder des Systems wird über ein elektrohydraulisches Servoventil angesteuert. Analytische Methoden brachten keine brauchbaren Ergebnisse. Mittels ES konnte ein einfacher, funktionsfähiger Regler entworfen werden, der die Steuerung in der gewünschten Form bewerkstelligte.

Reihenfolgeprobleme. Den Reihenfolgeproblemen liegt im allgemeinen ein Permutationsproblem der Form

$$\min \{F(p) \mid p = (p_1, p_2, \dots, p_m) \in P_m\}$$

zugrunde [Wer88], wobei $P_m = P(M)$ die Menge aller Permutationen der Elemente der Menge $M = \{1, \dots, m\}$ und F die Zielfunktion bezeichnet. In diese Problemklasse fallen zusätzlich zu Zuordnungs- oder Rundreiseproblemen auch viele Maschinenbelegungsprobleme. Probleme dieser Art gehören meist zur Klasse der NP-vollständigen Probleme, so daß für höherdimensionale Probleme Näherungsverfahren benötigt werden.

Für Reihenfolgeprobleme sind mittels evolutionärer Verfahren hervorragende Lösungen gefunden worden. Sehr wichtig ist dabei die Kodierung der Permutationen. Wenn nämlich Elemente der Permutation zusammengehören, die in der Kodierung weit auseinanderliegen, dann sind entweder große Mutationsschritte nötig, um diese Städte zusammenzubringen, oder viele kleine Schritte. Bilden sich aber zusammengehörige Cluster von Städten, dann ist es schwierig, noch einzelne Städte zu bewegen und es kommt zu sogenannten Frustrationseffekten mit lokalen, suboptimalen Minima. Die Erfolgswahrscheinlichkeit wird erhöht, indem man nur Mutationen der Permutation zuläßt, die das Ergebnis mit hoher Wahrscheinlichkeit verbessern. P. Ablay [Abl88] schlägt eine interessante Strategie für das Traveling-Salesman-Problem vor. Er bricht eine Kante zwischen den Knoten x_i und x_{i+1} zufällig auf. Als nächstes bricht er eine weitere Kante auf zwischen x_j und x_{j-1}, um einen Nachfolger für x_i zu finden. Diese Kante wird nicht zufällig ausgewählt, sondern es wird ein x_j gesucht, welches nahe an x_i liegt. Jetzt müssen die Städte x_{i+1} bis x_{j-1} an einer dritten Stelle wieder eingefügt werden. Diese dritte Stelle ist diejenige, welche zum bestmöglichen Ergebnis führt.

Diese Strategie für Reihenfolgeprobleme stellt eine gelungene Mischung aus evolutionären Methoden und Suchverfahren dar, die flexibel und effizient eingesetzt werden kann.

4.2 Anwendungen der Genetic Algorithms

Die ersten Untersuchungen bezüglich GA fanden in den USA genau wie in Europa schon in den 60er Jahren statt. Der entscheidende Aufschwung erfolgte durch das grundlegende Buch von J.Holland [Hol75]. Dieses Buch bildet eine theoretische Basis der GA. Die in den USA entwickelten Algorithmen, die Genetic Algorithms (GenA) sind bis heute noch sehr stark von Hollands Arbeit geprägt. GA sind in den USA seit Mitte der 80er Jahre sehr populär und etablieren sich im Lehrplan vieler Universitäten.

In diesem Kapitel wird ein Überblick über die grundlegenden Anwendungen der GenA in den USA gegeben. Die Untersuchung gliedert sich in zwei Hauptabschnitte: nämlich die Anwendung der GenA in der Optimierung (4.2.1) und bei den Classifier Systemen (4.2.2). Die wesentlichen Ergebnisse stützen sich auf die fünf "Proceedings ont the International Conference on Genetic Algorithms" [Gre85], [Gre87], [Sch89], [Bel91], [For93] und auf das 4.-7. Kapitel von Goldbergs Buch [Gol89]. Weil Goldberg in seinem Buch ausführlich auf die verschiedenen Anwendungen eingegangen ist, werden seine Ausführungen hier nur sehr knapp behandelt.

4.2.1 Genetic Algorithms in der Optimierung

Einige Biologen haben sich frühzeitig mit der Simulation von genetischen Systemen beschäftigt. Diese Arbeiten hatten zwar wenig praktische Relevanz, sind aber aus historischer Sicht interessant, da sie bereits Ende der 50er Jahre durchgeführt wurden. In den 60er Jahren wurden dann neue, kleinere Anwendungsfelder versuchsweise erschlossen. So gab es zum Beispiel Ansätze, Spielstrategien mittels evolutionärer Verfahren zu lernen. In der Mustererkennung gab es auch zu der damaligen Zeit erste Versuche der genetischen Optimierung.

Über diese frühen Versuche, GA einzusetzen, lassen sich einige allgemeine Aussagen treffen. Die Computer waren damals noch nicht so leistungsfähig, um praktisch relevante Anwendungen zuzulassen. Die Simulationen wurden meistens von Biologen durchgeführt, deren Domäne die Biologie als solche und nicht die genetischen Verfahren waren. Die Ergebnisse der damaligen Simulationen zeigten auf, daß evolutionäre Verfahren ein wertvolles Hilfsmittel sein können, von großer Bedeutung waren die erzielten Ergebnisse nicht.

Ein Nachteil der frühen Anwendungen war die fehlende Systematik der Ansätze: es gab keinen theoretischen Überbau und keine Aussagen zu den genetischen Operatoren. Deshalb haben sich anfangs der 70er Jahre die wichtigen Arbeiten mit theoretischen Grundlagen befaßt. Goldberg beschreibt in seinem Buch ausführlich diese Arbeiten, die als "praktische Anwendungen" einige Funktionen optimiert haben. Als wichtigste Arbeiten stellt Goldberg diejenigen von De Jong heraus, der fünf künstliche Zielfunktionen verwendet.

Eine wichtige praktische Anwendung stellt eine Arbeit von Goldberg dar, der in seiner Dissertation ein Pipeline System optimiert hat. Die Flüssigkeit in der Pipeline wird durch Kompressoren beschleunigt und verliert zwischendurch an Geschwindigkeit. In diesem System gibt es einige mögliche Optimierungsprobleme. Ein wesentliches Problem ist die benötigte Energie in bezug auf den verwendeten Druck. Goldberg hat zwei Varianten des Problems untersucht: in der ersten Variante werden die Kontrollvariablen der Kompressoren mittels vier Bit kodiert und variiert. Die zweite Variante erfordert ein komplizierteres Modell, wobei der Fluß durch die Pipeline an 15 verschiedenen Stellen gemessen wird. Die Werte dieser 15 Stellen werden kodiert. Die Ergebnisse beider Verfahren lagen jeweils nahe beim Optimum.

Goldberg beschreibt noch einige weitere Anwendungen, wie z.B. Bilderkennung nach Drehungen des Bildes oder Untersuchungen zum iterativen Prisoners Dilemma.

Eine gute Übersicht über den Stand der Anwendungen liefern die fünf Konferenzen über Genetic Algorithms, die seit 1985 alle zwei Jahre stattgefunden haben und auch jeweils Anwendungskapitel enthalten. Am häufigsten untersucht wurde das Traveling-Salesman-Problem. Es entwickelte sich zur populärsten Anwendung von GenA - vielleicht in seiner Beliebtheit zu vergleichen mit dem EXOR-Problem bei Neuronalen Netzen oder der Matrizenmultiplikation als Anwendung für Parallelrechner. Immer wieder wurden Scheduling-Probleme untersucht oder auch Partitionierungsprobleme. In neuerer Zeit finden GA verstärkt als Lernverfahren für Neuronale Netze (NN) Anwendung, z.B. [Hei89], [Hei90a].

Goldberg hat in seinem Buch noch eine lange Liste von GA Anwendungen zusammengestellt, die zunächst einmal das Bild vermitteln, daß GA in vielen Anwendungsbereichen relevant sind. Auffällig ist aber, daß die meisten dieser Anwendungen sehr kleine Spezialprobleme darstellen. Das Traveling-Salesman- Problem als kompliziertere Anwendung ist zwar von wissenschaftlichem Interesse, allerdings ist der kommerzielle Einsatz von TSP-Algorithmen weiterhin noch fraglich.

4.2.2 Classifier Systeme

Übersicht. Im Bereich des maschinellen Lernens sind GA praktisch im Rahmen der sogenannten Classifier Systeme eingesetzt worden. Im Folgenden gilt es, grundlegend die Funktionsweise dieser Systeme zu erklären und die wesentlichen Anwendungen aufzuzeigen. Die Darstellung hält sich eng an Kapitel 6 aus [Gol89].

Ein Classifier System besteht aus drei Hauptkomponenten:
1) Das Regelsystem
2) Das Kreditsystem
3) Der GA.

Regelsystem. Jede Regel funktioniert nach dem einfachen Algorithmus "if <Condition> then <Message>". In der Praxis arbeitet eine Regel dergestalt, daß sie eine Eingabe mit ihrer Bedingung "matcht" und bei Übereinstimmung feuert, d.h. eine Aktion auslöst. Jede dieser Regeln wird Classifier genannt und besteht aus zwei Bitstrings, die durch einen Doppelpunkt getrennt sind.

```
0000:1100
0#11:0000
###1:1111
###0:0001
0101:1001
1010:0110
```

Abb.4.7: Einfache Classifier

Die Symbole aus dem Condition Teil sind aus der Menge {0,1,#}, während die Messages lediglich mittels {0,1} kodiert werden. Das #-Symbol bedeutet Don`t Care - genau wie der "*" bei den Schemata. Ein Regelsystem funktioniert dergestalt, daß zunächst alle Regeln auf einmal mit einer Message verglichen werden. Wenn z.B. die Message 0011 an die Regeln aus Abb.4.7 angelegt wird, dann würden die zweite und dritte Regel feuern. Feuern bedeutet, daß die neuen Messages 0000 und 1111 ins System eingeschleust werden.

Das Kreditsystem. Das Regelsystem in der bisher beschriebenen Form entspricht einem einfachen, konventionellen binär kodierten Regelsystem. Ein solches System ist zunächst einmal nicht lernfähig, sondern erfüllt starr seine Aufgabe. Regeln müssen verändert, entfernt oder hinzugefügt werden, um Lernen zu ermöglichen.

Classifier Systeme verändern ihre Regeln nicht, sondern züchten neue Regeln unter Einsatz von GA und entfernen alte Regeln in Abhängigkeit von deren Qualität. Das Problem dabei ist eine zuverlässige Abschätzung der Qualität der einzelnen Regeln des Systems, damit die wesentlichen Regeln erhalten bleiben. Die Qualität der Regeln wird mit dem sogenannten Bucket-Brigade-Algorithmus (Eimerkette) abgeschätzt, dessen Grundlagen im Folgenden erklärt werden. Ein wichtiges Problem dabei ist die Tatsache, daß gerade das Zusammenspiel der Regeln berücksichtigt werden muß und nicht die Suche nach einer "besten" Regel im Vordergrund steht.

Jede Regel erhält einen Anfangswert, die sogenannte Stärke S. Eine Message wird an das System angelegt, wobei alle Regeln, die nicht feuern, ihre Stärke behalten. Alternativ dazu kann man diese passiven Regeln mit einer leichten Steuer (T für Tax) belegen, die an die aktiven Regeln zu zahlen wäre. Die aktivierten Regeln zahlen einen festen Prozentsatz ihrer Stärke (P für Prozentanteil) an die Regel, von der die Message ausging. Dieser Gewinn einer Regel wird mit R (Reward) bezeichnet. Die Stärke einer Regel S zu einem Zeitpunkt t entwickelt sich nach der einfachen Formel

$$S(t) = S(t-1) - T(t) - P(t) + R(t)$$

Der Bucket-Brigade-Algorithmus funktioniert wie folgt: Eine Message wird in das System eingebracht, einige Regeln feuern und zahlen Steuern, die internen Regeln werden weiter durch das System geschleust, und es werden neue Messages kreiert. Dieser Prozeß wird so lange iteriert, bis eine Abbruchbedingung erfüllt ist. Die letzte Message wird an die Umwelt abgegeben und von dort mit einer Bewertung versehen, die an die Regel gezahlt wird, die die letzte Message generiert hat.

Der Bucket-Brigade-Algorithmus führt bei gleichen Eingaben zu Regelketten, die in Abhängigkeit vom Gesamterfolg der Kette an Gewicht zu- bzw. abnehmen. Die Kette verändert ihre Gesamtstärke nur durch das Endergebnis, das am Schluß von der Umgebung gezahlt wird. Dadurch werden "gute" Ketten stärker bzw. ungeeignete Ketten langsam schwächer.

Der GA. Das Kreditsystem führt dazu, daß jede Regel zu jedem Zeitpunkt einen festen Wert hat. Durch diesen Wert ist ein Bewertungskriterium einzelner Regeln für den GA geschaffen. Der GA muß neue Regeln erzeugen, diese in das System einbauen und Regeln mit niedriger Bewertung ersetzen. Die neuen Regeln werden durch den Bucket-Brigade-Algorithmus bewertet und in eine Reihenfolge bezüglich ihrer Qualität gebracht.

Der GenA in seiner Standardform (siehe Kap.2) hat immer die Eltern durch die Kinder der folgenden Generation ersetzt. Das Überleben über mehr als eine Generation war prinzipiell nicht möglich. Für Classifier Systeme werden zwei neue Begriffe eingeführt: die Proportion und die Periode. Die Proportion ist eine Prozentzahl, die angibt, wie viele der Regeln durch den GA ersetzt werden. Die Periode gibt den Abstand von einem Aufruf des GA zum nächsten an. Der GA läuft nicht die ganze Zeit, sondern wird zu diskreten Zeitpunkten aktiviert, damit das System sich in Ruhe entwickeln kann. Oft ist es falsch, bei der Selektion nur die schwächsten Regeln zu ersetzen, weil das System dann zu schnell homogen wird - also nur noch sehr ähnliche Regeln aufweist. Stattdessen empfiehlt sich ein zusätzliches Kriterium, das die Ähnlichkeit des Kindes mit dem zu ersetzenden Individuum garantiert.

D. Goldberg beschreibt in Kapitel 6 seines Buches die Implementierung eines Classifier Systems in PASCAL. Er zeigt die Anwendbarkeit der Classifier Systeme anhand eines Beispiels - einem 6 Bit Multiplexer. Das Beispiel ist überschaubar, weil es nur $2^6 = 64$ Situationen beinhaltet.

Ein Classifier System mit 100 Regeln wurde erzeugt, das mit dem Bucket-Brigade-Algorithmus 88% richtige Lösungen produzierte. Alle 5000 Iterationszyklen wurde ein GenA aufgerufen, der 20 neue Regeln produzierte und in die Population einbrachte. Nach 50000 Iterationszyklen wurde eine Leistung von 96% richtiger Lösungen erreicht, wobei insgesamt nur 200 neue Regeln produziert wurden.

An dieser Stelle ist eine Interpretation der Leistung der Classifier Systeme angebracht. D. Goldberg schreibt, daß die erzielten Ergebnisse sehr ermutigend und mit menschlicher Genauigkeit zu vergleichen sind. Diese Ansicht kann ich nicht teilen. Eine solch simple Optimierungsaufgabe sollte von jedem einfachen Optimierungsverfahren schnell perfekt gelernt werden. 50000 Iterationszyklen für einen "fast" funktionierenden 6-Bit-Multiplexer wirken auf mich eher negativ. Dieses Beispiel zeigt lediglich, daß Classifier Systeme lernen können und daß Adaption dieser Systeme im Gegensatz zu herkömmlichen regelbasierten Systemen möglich ist. Die Effizienz der Classifier Systeme ist nach den bisherigen Überlegungen allerdings sehr zweifelhaft.

Anwendungen. Als erstes Classifier System wurde CS-1 [Hol78] entwickelt, was anhand der Aufgabe des Findens von Wegen in Labyrinthen erprobt wurde. Das System wurde darüber hinaus zum Pokerspielen benutzt. In den 80er Jahren sind Classifier Systeme dann zunehmend für Artificial-Life-Anwendungen erprobt worden. Jedes Classifier System steuert das Verhalten eines Individuums. Dieses Individuum regelt sein Verhalten (Nahrung finden, Gift vermeiden, Feinden entkommen, Beute suchen ...) durch den Bucket-Brigade-Algorithmus. Mittels GA können weitere Individuen erzeugt werden, von denen diejenigen überleben, die an die Natur am besten angepaßt sind.

Goldberg selbst hat Classifier Systeme bei der Optimierung von Pipelines eingesetzt. Des weiteren wurden boolesche Funktionen verschiedenster Art von Classifier Systemen gelernt.

Zusammenfassende Bemerkungen. Das Kapitel 4.2 faßt die wesentlichen Anwendungen von GenA zusammen. Diese Variante von GA ist in den USA sehr anerkannt und erlebt einen stürmischen Aufschwung. Die Theorie ist in den letzten 20 Jahren gut weiterentwickelt worden und die grundlegenden Vorgänge in GA sind verständlich geworden.

Wichtig für eine breitere Akzeptanz der GA sind praktische Anwendungsfälle, die zur Optimierung von Systemen führen, so daß industrielle Prozesse effizienter, billiger oder schneller durchgeführt werden können. Die bisher untersuchten Beispiele können einer kritischen Betrachtung nicht standhalten. Die Ergebnisse der einzelnen Applikationen sind größtenteils gut bis sehr gut, aber die betrachteten Beispielanwendungen haben kaum praktische Bedeutung erlangt. Die GA werden erst dann genügende Akzeptanz finden, wenn ihr Nutzen für kommerzielle Anwendungen nachgewiesen werden kann.

5. Der Lernvorgang in Neuronalen Netzen

Einführung. In diesem Kapitel wird der Bogen gespannt vom Begriff des Lernens zur Optimierung. Es wird aufgezeigt, inwieweit Optimierung und Lernen in der Informatik miteinander verwandt sind. Dabei wird deutlich, daß in der Informatik ein gegenüber der Umgangssprache stark eingeschränkter Begriff des Lernens verwandt wird. Auf dieser Grundlage können dann die vorhandenen Lernverfahren eingeordnet werden. Es gibt eine fast unübersehbare Anzahl verschiedener Lernverfahren, von denen im Rahmen dieser Arbeit einige wesentliche vorgestellt werden. Eine ausführliche Zusammenfassung bekannter Lernverfahren mit vielen weiterführenden Referenzen findet sich in [Hin89].

Verschiedene Lernverfahren werden anschließend anhand zweier Beispiele aus der industriellen Praxis verglichen. Zwei neue Lernverfahren werden dabei ausprobiert, die auf GA beruhen [Hei93]. Der Vergleich dieser Verfahren mit den anderen, etablierten Lernalgorithmen zeigt Stärken und Schwächen des GA im Rahmen konkreter Anwendungsbeispiele auf.

5.1 Modelle Neuronaler Netze

In diesem Kapitel wird das Grundmodell Neuronaler Netze (NN) beschrieben. Dieses entspricht weitestgehend dem in [Rum86b] bzw. [Nij89] vorgestellten Modell. Es werden im folgenden die einzelnen Komponenten eines allgemeinen NN erläutert.

Die Prozessorelemente. Die Prozessorelemente, auch Units genannt, sind die elementaren Verarbeitungseinheiten eines neuronalen Netzes. Die Aufgabe einer solchen Unit ist das Empfangen von Signalen anderer Units, das Verarbeiten dieser Signale zu einem Aktionspotential und das Erzeugen eines Output Signals. Jede Unit kann diese Aufgaben selbständig ausführen, so daß NN massiv parallel arbeiten können. In NN werden 3 Gruppen von Units unterschieden: Input, Hidden und

Output Units. Input Units werden von außen belegt; Output Units leiten ihre Ausgabe nicht an andere Units weiter und Hidden Units liegen zwischen den anderen beiden Unit Typen. Im weiteren Verlauf des Kapitels werden die Units mit

$$U=\{u_1,u_2,...,u_n\}$$

bezeichnet.

Das Verbindungsnetzwerk. Ein Prozessorelement eines NN leistet für das Gesamtsystem recht wenig. Die Kommunikation der Units untereinander ist deshalb von großer Bedeutung. In NN gibt es paarweise Verbindungen zwischen Units. Diese Verbindungen können entweder gerichtet oder ungerichtet sein. Eine empfangende Unit bekommt über eine Verbindung vom Sender dessen Output Signal, gewichtet mit einem Faktor, zugesandt. So wird jeder Verbindung im allgemeinen eine reelle Zahl als Gewicht zugeordnet. Das Gewicht entscheidet über die Stärke und damit auch über die Wichtigkeit der Verbindung. Im Gehirn gibt es hemmende und verstärkende Verbindungen. Demzufolge können die Gewichte in NN positive und negative Werte annehmen. Ein Gewicht zwischen den Units u_i und u_j wird mit w_{ij} bezeichnet, wobei als Konvention innerhalb dieser Arbeit stets gilt: bei gerichteten Verbindungen bezeichnet der erste Index die sendende und der zweite Index die empfangende Unit.

Die Struktur eines NN läßt sich mittels einer Konnektionsmatrix **V** beschreiben (Matrizen und Vektoren seien im Verlauf dieser Arbeit durch Fettdruck gekennzeichnet; Vektoren mit Klein- und Matrizen mit Großbuchstaben). Die Skalare v_{ij} von **V** erhalten Werte aus der Menge $\{0,1\}$. Die Existenz bzw. das Fehlen einer Verbindung zwischen u_i und u_j wird durch $v_{ij}=1$ bzw. $v_{ij}=0$ gekennzeichnet. Die Werte der Gewichte werden in der Gewichtsmatrix **W** gespeichert.

Transferfunktion eines Prozessorelementes. Die Transferfunktion einer Unit u_j gliedert sich in drei Teile: eine Eingabefunktion, eine Aktivierungsfunktion und eine Ausgabefunktion. Die Rolle dieser Funktionen sei im Folgenden etwas genauer beschrieben.

- die Eingabefunktion/Input Function

Jede Unit u_j verarbeitet zunächst ihren Input aus den einkommenden Verbindungen zu anderen Units. Im allgemeinen ist die Eingabefunktion $i_j(t)$ eine Funktion der Form

$$i_j(t) = f_j(w_{1j}{*}o_1, w_{2j}{*}o_2, \ldots, w_{l_j j}{*}o_{l_j}) + c$$

wobei die verwendeten Symbole folgende Bedeutungen haben:

l_j: Anzahl der zu u_j führenden Verbindungen,
o_i: Output der Unit u_i,
f_j: eine Funktion über die zu u_j führenden Verbindungen,
c: eine Konstante; oft Bias bzw. Schwellwert genannt.

Außerdem kann die Input Function noch über einen internen Speicher verfügen, so daß $i_j(t)$ zusätzlich noch von $i_j(t\text{-}1)$ abhängt. Meistens errechnet sich $i_j(t)$ jedoch einfach als $\Sigma w_{ij}{*}o_i$.

- die Aktivierungsfunktion/Activation Function

Die Aktivierungsfunktion $a_j(t)$ hängt von der Ausgabe der Eingabefunktion ab. Es ergibt sich demnach

$$a_j(t) = g_j(i_j(t) + c_j)$$

wobei c_j der Schwellwert ist. Meistens ist es so, daß eine Unit u_j einen Schwellwert s_j hat, dessen Überschreiten die Unit zur Ausgabe eines Signals veranlaßt. Dieser Schwellwert muß vom Aktivierungspotential $a_j(t)$ abgezogen werden. Dieser Term wird in der Praxis normalerweise dadurch eliminiert, daß jede Unit eine zusätzliche Verbindung zu einer "virtuellen" Unit hat, welche konstant den Wert 1 liefert. Das Gewicht zwischen u_j und der "virtuellen" Unit wird mit $-s_j$ angenommen.

Auch die Aktivierungsfunktion kann einen internen Speicher enthalten; also noch von $a_j(t\text{-}1)$ abhängen. Der Einfachheit halber wird aber meist in den einzelnen Neuronenmodellen nicht zwischen der Aktivierungsfunktion und der Input Function unterschieden, so daß $g_j(i_j(t)) = i_j(t)$ gilt.

- die Ausgabefunktion/Output Function

Die Ausgabefunktion ist die letzte Komponente der Transferfunktion. Ihre Aufgabe ist die Skalierung des Aktivierungszustands des Neurons. Die Ausgabefunktion ergibt sich aus der Aktivierungsfunktion mittels

$$o_j(t) = h_j(a_j(t))$$

Zur Realisierung der Output Function sind verschiedene Darstellungen üblich:

a) als Schwellenfunktion
Wenn das Aktionspotential seinen Schwellenwert s_j erreicht, wird $o_j=1$ gesetzt, ansonsten wird $o_j=0$ angenommen. Es ist natürlich möglich, auch andere Werte für o_j als 1 und 0 zu benutzen, so z.B. 1 und -1.

b) als sigmaförmige Funktion
Für manche der Lernverfahren ist es wichtig, daß die Output Function monoton und differenzierbar ist. Üblich ist, die Output Function dann als

$$o_j(t) = \frac{1}{1+e^{-a_j(t)}}$$

zu wählen.

c) als stochastische Funktion
Als Output wird meist 1 oder 0 angenommen. Dieser Output errechnet sich aus einer Wahrscheinlichkeit

$$P(a_j(t))$$

wobei P jedem Wert von $a_j(t)$ mit einer gewissen Wahrscheinlichkeit den Wert 0 oder 1 zuordnet.

d) als lineare Funktion
Der Output variiert zwischen einer Ober- und einer Untergrenze. Er berechnet sich mittels der Formel

$$o_j(t) = k * a_j(t)$$

mit k als reeller Konstante.

Selbstverständlich bleibt dem Entwickler eines NN die Möglichkeit, die Funktion h, f und g frei zu wählen, also auch ganz andere Funktionen zu verwenden.

Synchrone vs. asynchrone Arbeitsweise. Im menschlichen Gehirn sendet jedes Neuron autonom seine Impulse, wenn sein Schwellwert erreicht ist. Damit arbeiten die Neuronen asynchron. In NN ist es üblich, die Units in Ebenen zu unterteilen, wobei jede Ebene erst die Werte von der vorherigen Ebene erhält, wenn diese sich alle stabilisiert haben. Diese sehr gebräuchliche Klasse von Netzen werden als Feed-Forward-Netze bezeichnet. So wird die Arbeitsweise der Units künstlich synchronisiert. Diese Synchronisation geschieht vor allem in den Multi-Layer-Perceptrons (Kap.5.3). Asynchrone Arbeitsweise ist z.B. üblich in Hopfield Netzen und der Boltzmann Maschine. Die synchrone Arbeitsweise entspricht mehr dem algorithmischen Denken, denn das System hat jederzeit wohldefinierte Zustände. Obwohl Werte Stufe für Stufe durch das Netz propagiert werden, muß die Parallelität nicht zu sehr eingeschränkt werden, da die einzelnen Schichten mittels einer Pipeline effizient verarbeitet werden können. Bei asynchroner Arbeitsweise kann im Prinzip jede Unit parallel arbeiten; nur sind die Systemzwischenzustände nicht genau definiert.

Die Umwelt eines NN. Ein NN enthält von der Umwelt verschiedene Eingaben, an denen es sich orientiert. Da es bekanntlich nicht programmiert wird, paßt es sich durch Lernen dieser Umwelt an. Das Neuronale Netz verfügt über die Input Units $u_{i_1},\ldots,u_{i_k}$. Eine Belegung dieser Input Units geschieht durch einen sogenannten Eingabevektor, welcher k Werte enthält, die im Normalfall parallel als Aktivierungsfunktion der Input Units in das NN eingespeist werden. Das NN produziert über seine Output Units einen Ausgabevektor, welcher meist mit einem gewünschten Ausgabevektor verglichen wird. Je geringer der Fehler als Abweichung des erzielten Ausgabevektors von der gewünschten Ausgabe ist, desto besser ist die Qualität des Ergebnisses. Üblich als Fehlerfunktion ist der quadratische Abstand, also

$$\sum_{p=1}^{n} \sum_{j=1}^{m} \left(o_{pj} - t_{pj} \right)^2$$

wobei j ein Laufindex über alle Output Units ist und p einen Laufindex über alle Muster darstellt. Als Alternative kann die einfache Abweichung vom gewünschten Wert $|(o_{pj}-t_{pj})|$ genommen werden. Im Laufe der Arbeit wird der Output eines NN auch anders bewertet. Diese Bewertung als Qualitätsmaß eines NN wird im folgenden Qualitätsfunktion, Bewertungsfunktion, Zielfunktion oder auch Energiefunktion genannt. Als Bezeichnung wird meist "μ" für diese Funktionen gebraucht; bei manchen konventionellen Lernverfahren ist jedoch E als Kürzel von "Error" bzw. "Energie" üblich.

Die Aufgabe eines Lernverfahrens ist die sukzessive Verringerung des Fehlers. Es sollen also NN erzeugt werden, die zunehmend bessere Qualität haben. Bei Gradientenverfahren wird dies über das Ändern der Gewichte in Abstiegsrichtung der Zielfunktion erreicht. Evolutionsverfahren selektieren diejenigen NN mit der jeweils besten Qualität, so daß über die Zielfunktion eine "feindliche Umwelt" simuliert wird.

Zur Qualität. Im Rahmen dieser Arbeit ist die Qualität eines NN immer als die Fehlerabweichung vom Optimum betrachtet worden. Das liegt daran, weil das Lernen an sich im Mittelpunkt dieser Arbeit steht. Für praktische Anwendungen minimiert man den Fehler nicht bis zum Optimum hin, sondern probiert aus, inwieweit das NN sein gelerntes Wissen auf unbekannte Daten anwenden kann, d.h. die Fähigkeit des Generalisierens steht im Vordergrund.

5.2 Zur Bedeutung des Lernvorgangs in künstlichen Neuronalen Netzen

Übersicht. Wie in der Einleitung schon erwähnt, beschränkt sich die NN-Forschung im wesentlichen auf die Veränderung von Gewichten (Es gibt zwar auch immer wieder Ansätze zum Lernen durch Veränderung der Topologie, doch diese Ansätze haben sich in der Praxis nicht durchgesetzt). Die Gewichtsmodifikation wird zielgerichtet mittels Methoden durchgeführt, die in der mathematischen Optimierung ihren Ursprung haben. Der Sinn dieses Kapitels ist, sowohl die Bedeutung des Lernens im allgemeinen Sprachgebrauch zu klären, als auch speziell Lernen in NN zu verstehen.

5.2.1 Allgemeine Definition des Lernens

Definitionen des Lernens. Eine allgemeingültige Definition des Lernens ist sicher unmöglich, da dieser Begriff immer nur im Zusammenhang mit anderen Begriffen, die ebenfalls recht unscharf definiert sind (wie z.B. Gedächtnis, Speicher, Intelligenz, Adaption), zu verstehen ist. Zusätzlich erschwert wird eine exakte Definition durch eine Flut aktueller Veröffentlichungen, wobei nach [Hil73] die Anzahl derselben allein in der Lernpsychologie schon 10000 pro Jahr übersteigt. Darum ist nicht das Ziel einer Definition des Lernens in dieser Arbeit, neue Gedanken in diese Diskussion einzubringen, sondern pragmatisch mit dem Begriff des Lernens umgehen zu können. Um eine Definition des Lernens zu bekommen, die in etwa dem gesunden Menschenverstand entspricht und nicht zu speziell auf ein einzelnes Forschungsgebiet zugeschnitten ist (so bedeutet Lernen in der Hirnforschung etwas anderes als in der Psychologie oder gar in der Informatik), sei zunächst die Definition des Brockhaus [Bro70] zitiert.

Dort steht zu lesen: "Lernen [aus indogerm. leis -eine am Boden gezogene Spur-, -Geleise-] bedeutete ursprünglich das Erkennen einer Fährte und hängt daher mit den Wörtern Leistung und List zusammen. Das Lernen bezeichnet den Vorgang der Aufnahme und der Speicherung von Erfahrungen und der Konditionierung des Verhaltens. Ergebnis des Lernprozesses ist die Veränderung der Wahrscheinlichkeit, mit der Verhaltensweisen in bestimmten Situationen auftreten. Begrifflich wird Lernen einerseits von Reifung (spontane Verhaltensänderungen im Zuge der Entwicklung) und andererseits von reaktiven Zustandsänderungen (z.B. durch Verletzung oder pharmakologische Beeinflussung) unterschieden. Eine ganz präzise Differenzierung ist nicht möglich, weil man sich die organischen Grundlagen des Gedächtnisses nur als physiologische oder chemische Zustandsänderungen im Nervensystem vorstellen kann, die ihrerseits wieder mit dem Reifungsgeschehen in Zusammenhang stehen."

Eine andere Definition ist in [Sch80] gegeben: "Lernen ist verhaltensphysiologisch jede Modifikation des Verhaltens, die aus einem genetisch offenen Programm diejenigen Möglichkeiten auswählt und verwirklicht, die zu der Umweltsituation arterhaltend (teleonom) passen. Unter einem offenen Programm versteht man die Fähigkeit, im genetischen Programm nicht enthaltene Informationen über die Umwelt zu erwerben und für eine dauerhafte Anpassung im Gedächtnis zu speichern. Lernen setzt also eine genetisch nicht festgelegte wohl aber durch Erbfaktoren begrenzte Fähigkeit voraus, aus der Umwelt Informationen aufzunehmen und festzuhalten, wenn sie für die Erhaltung des Individuums sinnvoll sind (Teleonomie). Diese Definition ist sehr weit. Sie beschreibt alle diejenigen Verhaltensweisen oder Verhaltenselemente, die auf Grund der Modifikabilität genetischer Programme im individuellen Leben erworben werden können und einen Anpassungswert haben. Die Grenzen der Lernfähigkeit sind genetisch bestimmt und je nach Art und Individuum verschieden. Sie zu bestimmen, ist (auch beim Menschen) Aufgabe experimenteller Forschung. Ein Beispiel: Schimpansen lernen nie, eine (akustische) menschliche Sprache zu sprechen (weil die dazu erforderlichen motorischen Zentren genetisch nicht angelegt sind), sie können aber durch Anleitung und Nachahmung eine Zeichen- (Taubstummen-) sprache lernen. Lernen hat viele Facetten und jede Systematik der Lernvorgänge ist vorläufig."

Analyse der Definitionen. Lernen hängt zunächst einmal davon ab, daß das lernende System in der Lage ist Erfahrungen zu machen. Diese Erfahrungen müssen in irgendeiner Form gespeichert werden und später wieder abrufbar sein. Kann das System diese gespeicherten Erfahrungen in einer identischen (oder besser in einer nur irgendwie ähnlichen) Situation dahingehend benutzen, daß sich sein Verhalten in einer für es günstigen Art und Weise ändert, dann hat es gelernt. Physikalisch werden dabei irgendwelche Parameter (z.B. die Stärke von Verbindungen zwischen Nervenzellen) variiert.

Die Definitionen machen deutlich, daß es Lernprozesse völlig verschiedener Qualität auf unterschiedlichen Abstraktionsniveaus geben kann. So fällt eine simple Adaption zum Vorteil eines beliebigen künstlichen oder natürlichen Systems ebenso unter den Begriff des Lernens wie hochkomplexes Verhalten von Menschen.

5.2.2 Der Lernvorgang in natürlichen und künstlichen Neuronalen Netzen

Lernen findet in Nervensystemen statt. Die Fähigkeit zu lernen ist von allen Lebewesen am deutlichsten beim Menschen ausgeprägt. Die Lernprozesse beim Menschen finden im wesentlichen im Gehirn statt, sind hochkomplex und wenig verstanden. Allerdings sind in der Natur gerade diejenigen Lebewesen lernfähig, die die Möglichkeit haben, Änderungen in der Struktur ihres Nervensystems vorzunehmen. Um einige Aussagen zu bekommen, wie das Lernen physikalisch zu verstehen ist, empfiehlt sich die Untersuchung relativ simpler Lebewesen mit einfacher Struktur ihres Nervensystems.

Informationsübertragung in Nervensystemen. In Nervensystemen funktioniert die Informationsübertragung im wesentlichen durch die Fortpflanzung elektrischer Signale entlang der Nervenfasern. Diese elektrischen Signale entstehen nach dem "Alles-oder-Nichts"-Gesetz. Wenn das Membranpotential der Nervenzelle einen Schwellwert übersteigt, wird ein elektrischer Impuls erzeugt. Am Ende der

Nervenfaser befinden sich die sogenannten Synapsen, welche die Informationsübertragung zu den anderen Nervenzellen regeln. Die Synapse ist mit einer Flüsigkeit gefüllt (dem sogenannten Neurotransmitter) und von der Oberfläche der nächsten Nervenzelle durch einen schmalen Spalt (synaptischer Spalt) getrennt. Erreicht das elektrische Signal die Synapse, schüttet diese den Neurotransmitter in den synaptischen Spalt, wo dieser von Rezeptormolekülen anderer Nervenzellen bzw. Fasern empfangen wird. Die genauen Zusammenhänge sind beschrieben in [Ste88], [Key88] oder [Ive88].

Dieselbe Zelle kann trotz Verwendung des gleichen Neurotransmitters verstärkend (exhibitorisch) oder hemmend (inhibitorisch) auf andere Nervenzellen wirken. Die empfangende Nervenzelle muß dann aber unterschiedliche Rezeptormoleküle besitzen.

Lernen in Nervensystemen. Lernen bedeutet stark vereinfacht ausgedrückt das Ändern von Verhalten aufgrund von Erfahrungen. Da Lebewesen mittels ihres Nervensystems lernen ist anzunehmen, daß dort während des Lernprozesses Modifikationen der Nervennetzstruktur stattfinden. In [Kan88] ist das Ergebnis solcher Untersuchungen an der Meeresschnecke Aplysia dokumentiert.

Trifft ein schwacher Reiz die Atemröhre der Aplysia, zieht diese ihre Kiemen ein. Wird dieser Vorgang zehn bis fünfzehn mal wiederholt, gewöhnt sie sich an den Reiz und zieht ihre Kiemen nicht mehr ein. Nach einem Tag ist dieses erlernte Verhalten jedoch vergessen und der Reflex ist in voller Stärke wieder da.

Die internen Vorgänge im Tier während des Lernprozesses sind genauestens untersucht worden. Der Berührungsreiz aktiviert 24 sensorische Nervenzellen. Diese sind zum einen mit sechs motorischen Nervenzellen und zum anderen mit Interneuronen (Hidden Units) verbunden, welche ihrerseits Signale an die motorischen Nervenzellen liefern.

Während der Gewöhnungsphase ändert sich die Stärke des Informationsflusses. Das Signal der sendenden Nervenzelle kommt weiter in der gewohnten Stärke, doch das Membranpotential der empfangenden Nervenzelle variiert. Erfolgt der Reiz an der Atemröhre der Aplysia 15 mal hintereinander in Abständen von jeweils zehn Sekunden, dann wird das Membranpotential der empfangenden Nervenzelle immer schwächer. Wird der Versuch nach einer Stunde wiederholt, bleibt das Membranpotential der empfangenden Nervenzelle auf einem niedrigen Wert.

Die Tatsache, daß das Signal schwächer wird, kann im Prinzip zwei mögliche Ursachen haben.

1. Der freigesetzte Neurotransmitter wird weniger.
2. Die Empfindlichkeit der Rezeptoren nimmt ab.

Untersuchungen ergeben, daß die erste Möglichkeit zutrifft und zwar nicht nur bei der Aplysia, sondern auch bei allen anderen untersuchten Lebewesen mit Nervensystemen.

Ferner hat Kandel festgestellt, daß an Kurz- und Langzeitgedächtnis die gleichen Synapsen beteiligt sein können.

Lernen neurophysiologisch. Als Zusammenfassung der letzten Abschnitte bleibt festzuhalten, daß das Lernen mittels der Änderung der Stärke des zu übertragenden Signals im Nervensystem ein experimentell nachweisbares neurophysiologisches Korrelat hat. Diese Tatsache beschreibt jedoch nur einen - wenn auch sehr wichtigen - Aspekt des Lernens auf unterster Ebene des lernenden Systems. Andere Systeme ändern gewisse interne Parameter und lernen dadurch, während Nervensysteme die Stärke des zu übertragenden Signals modulieren. Im Prinzip macht das keinen Unterschied. Es stellt sich deshalb die Frage, inwieweit die Struktur eines Nervensystems als "höheres" neurophysiologisches Korrelat des Lernprozesses aufzufassen ist.

Unterschiede in der Speicherung. Nervensysteme benutzen ein grundlegend anderes Prinzip des Speicherns und Wiederauffindens von Daten als konventionelle Computer. Bei einem konventionellen Computer sind Daten als Bitstring unter einer gegebenen Adresse gespeichert. Mittels dieser Adresse wird das benötigte Datum jederzeit gefunden und kann bei Bedarf in den Hauptspeicher des Computers kopiert werden.

In Nervennetzen sind die Daten im allgemeinen nicht durch einzelne Neurone repräsentiert, sondern durch das Zusammenwirkungen vieler einzelner Neurone und ihrer Verbindungsstruktur. Die Speicherung erfolgt durch Lernen, d.h. das Ändern von Gewichten zwischen einzelnen Neuronen. Die einzelnen Daten sind im Prinzip verteilt gespeichert und nicht lokalisierbar und auch nicht wieder auslesbar. Damit können sie auch nicht explizit gelöscht werden, da die Zerstörung der Verbindungsstruktur dieser Daten gleichzeitig ähnliche Daten zerstören würde. Allerdings können bestimmte Daten langsam vergessen werden, indem durch das Speichern neuer Informationen die Verbindungsstruktur stark genug verändert wird. Dieser Prozeß entspricht dem Vergessen.

Zum Wiederauffinden der Daten wird das Muster neu erzeugt - es findet demnach kein Umkopieren statt. Statt dessen wird ein Teil des Musters aktiviert und dieser Teil bewirkt dann durch das Übertragen von Signalen den Aufbau des gewünschten Musters. Damit funktionieren Nervennetze als Assoziativspeicher, wobei das angelegte Teilmuster dem Suchschlüssel entspricht.

Die gespeicherten Daten sind demnach nicht passiv verfügbar oder adressierbar, sondern nur aktiv zu erzeugen. Außerdem sind sie nicht lokalisierbar.

Vorteile der Nervennetzstruktur für den Lernprozeß. Lernen bedeutet nicht nur das Speichern von Informationen, sondern auch das Wiederauffinden und geeignete Anwenden. Bei der herkömmlichen Datenspeicherung werden Daten nur über Adressen wiedergefunden.

Diese Methode ist zwar sehr exakt, aber auch äußerst unflexibel. Soll nämlich das gelernte Wissen auf eine ähnliche - aber nicht identische - Situation angewendet werden, stimmen gespeicherte und gesuchte Daten nicht exakt überein und sind damit verschieden. Gerade beim geeigneten Anwenden des Gelernten ist aber die Übertragung auf ähnliche Situationen, Ereignisse bzw. Muster wesentlich. Dazu ist die verteilte Datenspeicherung geradezu ideal, denn das Anlegen von Teilmustern oder zum Teil fehlerhaften Informationen kann auch noch das gewünschte Muster auslösen. Das Erkennen eines genau spezifizierten Zustands eines Systems erfordert demnach lediglich eine hinreichende Übereinstimmung zwischen dem gespeicherten Muster und der vorliegenden Situation. Deshalb ist die assoziative Datenhaltung gerade für das Lernen und die Anwendung gelernter Informationen enorm attraktiv, während die konventionelle Datenspeicherung für komplizierte, Genauigkeit erfordernde Berechnungen bestens geeignet ist.

Probleme der verteilten Speicherung. Die verteilte Datenspeicherung hat nicht nur Vorteile. Neu gelernte Muster verändern Gewichte und beeinflussen damit in kaum zu kontrollierender Art und Weise alte Gewichte. Im menschlichen Gehirn funktioniert dieses Prinzip zwar sehr gut, die grundlegenden Mechanismen sind aber angesichts der Komplexität der dort ablaufenden Prozesse nicht sehr gut verstanden. In Neuronalen Netzen stellt die Beeinflussung bereits gelernter Muster während des Lernens neuer Muster ein gravierendes Problem dar. Eine mögliche Lösung ist, nur die Speicherung orthogonaler Muster zuzulassen, um Interferenz zwischen Mustern zu vermeiden. Allerdings stellt diese Forderung eine starke Einschränkung an die Struktur der zu lernenden Muster dar, wie im weiteren Verlauf des Kapitels noch demonstriert werden wird.

Beispiel zur Unterstreichung des Ausgesagten. In [Hin86] wird ein Beispiel gegeben, welches die Rolle der verteilten, assoziativen Speicherung im Lernprozeß dokumentiert. Es geht darum, daß neues Wissen bereits bekannte Daten modifizieren kann, wenn es mit den neuen Daten irgendwie korreliert ist. Zum Beispiel mag als neue

Information gelernt werden, daß Schimpansen Zwiebeln mögen. Daraus kann unmittelbar geschlossen werden, daß auch Gorillas Zwiebeln mögen. Kommt allerdings später die Information hinzu, daß Orang Utans und Gibbons keine Zwiebeln mögen, erweist sich der Schluß als voreilig und wird wieder revidiert. Dabei kann dann allerdings passieren, daß inzwischen vergessen worden ist, ob Schimpansen oder Gorillas Zwiebeln wirklich mögen und für welches der Tiere die falsche Schlußfolgerung gezogen worden ist. Das Beispiel unterstreicht zum einen die Flexibilität des Lernens in verteilten, assoziativen Strukturen, zeigt aber zum anderen auch mögliche Nachteile auf.

Potentielle Lernmöglichkeiten in NN. Das in Kap.5.1 spezifizierte NN-Modell liefert einige freie Parameter, welche sich zur Modifikation des Netzes eignen. Das Verhalten des Netzes kann z.B. durch Hinzufügen (und Vernetzen) bzw. Wegnehmen neuer Prozessorelemente geändert werden. Es gäbe in diesem Falle zwei Veränderliche:

a) die Menge der Prozessorelemente
b) die Menge der Gewichte.

Eine weitere Möglichkeit wäre, die Anzahl der Prozessorelemente konstant zu halten, während ständig neue Verbindungen eingefügt bzw. gelöscht werden.

Die Transferfunktionen der Prozessorelemente können ebenfalls während des Lernprozesses modifiziert werden. Zum Beispiel wird in [Taw88] die Output Function als Veränderliche benutzt. Der Output eines Neurons berechnet sich nach der Formel

$$o_j(t) = \frac{1}{1 + e^{-k*a_j(t)}}$$

wobei k eine Variable ist, welche zur Laufzeit des Lernprozesses nach festgelegten Lernregeln verändert wird.

Das Lernen in NN geschieht aber normalerweise auf andere Art und Weise. Bei festgelegter Menge der Prozessorelemente, Verbindungen und Transferfunktionen wird lediglich die Stärke der Gewichte der Verbindungen variiert. Um welchen Betrag die Gewichte verändert werden, ist durch die Lernregel bestimmt. Die Lernregel sorgt im Normalfall für eine zielgerichtete Veränderung der Gewichtsstruktur nach mathematischen Methoden, andererseits ist eine zielgerichtete Veränderung der Gewichtsstruktur auch nach biologischem Vorbild möglich. So lernt ein NN z.B. in [Can90] bzw. [Spa90] und [Sig90], indem die Netzwerktopologie über die Impulsrate des Systems beeinflußt wird. Die Information, welche die Output Function an das Netz gibt, steckt dabei in der Impulsfrequenz der Signale.

Praktisch genutzte Lernmöglichkeiten. Um in der Praxis wirklich Erfolge zu erzielen, beschränken sich die Wissenschaftler auf ein möglichst einfaches Lernmodell, wobei (wie oben schon erwähnt) lediglich die Stärke der Gewichte der Verbindungen variiert wird. Die Anzahl der Prozessorelemente und Verbindungen bleibt fest, wobei die Argumentation dafür lautet, daß die Anzahl der Neurone im menschlichen Gehirn während der Lebenszeit eines Menschen nicht zunimmt (Bei der Geburt sind alle Neuronen im Gehirn bereits vorhanden. Während des Lebens eines Menschen sterben kontinuierlich Neuronen ab. Nervenzellen sind auch die einzigen Zellen beim Menschen, welche sich nicht weiter teilen). Beim Menschen wachsen zwar neue Verbindungen zur Lebenszeit nach, was aber dadurch simuliert werden kann, daß zu Anfang mehr Verbindungen als unbedingt nötig bereitgestellt werden und diese den Anfangswert 0 erhalten.

5.3 Grundlegende Lernverfahren

5.3.1 Ein Modell eines Lernalgorithmus

Algorithmus zum Lernen in NN. Wie in Kap.5.2 schon ausführlich dargelegt wurde, wird in der Praxis Lernen durch das Ändern der Gewichte durchgeführt. In der Literatur über NN gibt es eine große Zahl von Lernalgorithmen, die alle auf recht unterschiedliche Art und Weise dargestellt werden. An dieser Stelle wird das Grundmodell eines Lernalgorithmus vorgestellt, welches als Basis für die Betrachtung der anderen Algorithmen dient. Das Modell ist relativ allgemein gehalten, so daß sich die anderen Verfahren im wesentlichen unter dieses Modell subsumieren lassen. Anhand des Modells wird sofort deutlich, daß Lernen mittels NN nichts anderes ist als ein Optimierungsproblem.

Lernen NN:

1. [Zielfunktion festlegen]. Vorgabe der Zielfunktion μ.
2. [Abbruchkriterien festlegen]. Das Kriterium μ_{ABB} muß festgelegt werden, dessen Erreichen zur Terminierung des Verfahrens führt.
3. [Festlegen der Netzwerktopologie]. Bereitstellen einer Menge von Units und Definition der Konnektionsmatrix **V**.
4. [Festlegen der Transferfunktionen]. $\forall u_i \in U$: Definition der Eingabefunktion i_j, der Aktivierungsfunktion a_j und der Ausgabefunktion o_j.
5. [Festlegen der Gewichte]. Erzeugen einer Anfangsbelegung der Gewichte.
6. [Anpassen der Gewichte].

   6.1 [Netz durchlaufen]. Durchlaufen des Netzes für eine Teilmenge der Eingabevektoren $\mathbf{I} = \{i_1, i_2, ..., i_n\}$ und im Normalfall Vergleich der erzielten Ausgabevektoren $\mathbf{O} = \{o_1, o_2, ..., o_n\}$ mit der gewünschten Menge von Ausgabevektoren $\mathbf{T} = \{t_1, t_2, ..., t_n\}$ (meistens werden entweder alle Eingabevektoren angelegt und dann zu 6.2 gegangen, oder es wird lediglich ein einziger Eingabevektor verarbeitet).

6.2. [Qualität bestimmen]. Anhand der Zielfunktion μ_{ANN} (Bewertung des Netzes) berechnen.

6.3. [Gewichtsänderung durchführen]. Ändern einer Teilmenge der Gewichte nach einer vorgegebenen allgemeinen Lernformel.

7. [Abbruchkriterien testen]. falls μ_{ABB} nicht erfüllt ist: goto 6.
8. [Terminierung]. Ende.

Mathematische Optimierung. Nach [Neu75] liegt einem Optimierungsproblem die Aufgabe zugrunde, aus einer Reihe möglicher Alternativen die beste auszusuchen und zu realisieren. Für eine sogenannte Zielgröße (Kosten, Gewinn, Energie ...) soll bei bestmöglicher Ausnutzung der vorhandenen Ressourcen (Geld, Zeit, Maschinen ...) ein möglichst kleiner bzw. großer Wert gefunden werden. Die Ressourcen sind im allgemeinen nur beschränkt verfügbar. Die frei wählbaren Parameter werden mittels $x=(x_1,x_2,...,x_n)$ kodiert. Die Zielfunktion $\mu(x_1,x_2,...,x_n)$ ist dabei als eine Abbildung μ: $\mathbb{R}^n$ --> $\mathbb{R}$ aufzufassen, die jedem Vektor der Parameter eindeutig eine reelle Zahl zuordnet. Zusätzlich muß noch eine Menge $M \subseteq \mathbb{R}^n$ definiert werden, die einen zulässigen Bereich definiert. So ist es z.B. oft so, daß gewisse Variablen immer größer Null sein müssen oder bestimmte Obergrenzen nicht überschreiten dürfen.

Die Aufgabe der mathematischen Optimierung ist dann das Finden eines Zielfunktionswertes für $\mu(x_1,x_2,...,x_n)$ mit $(x_1,x_2,...,x_n) \in M$, wobei der gesuchte Wert von μ minimiert bzw. maximiert werden soll.

Analogie zu Lernen in NN. Das Lernen in NN verstanden als Modifikation der Gewichtsmatrix **W** ist analog zur mathematischen Optimierung. Um diesen Sachverhalt aufzuzeigen, muß das Lernen in NN so formuliert werden, daß sich genau ein Optimierungsproblem wie oben dargestellt ergibt. Der zulässige Bereich M ist im allgemeinen der $\mathbb{R}^n$. Oft ist es auch so, daß $M=[0,1]^n$ definiert wird. Die frei wählbaren

Parameter des Systems sind die einzelnen Gewichte der Verbindungen (Schritt fünf des Algorithmus). Die Zielfunktion μ ist dann eine Funktion über die Gewichte als Variablen. Das Ziel ist, diese Funktion zu maxi- bzw. minimieren. Deshalb sind mathematische Optimierung und Lernen in NN äquivalente Probleme, was natürlich eine Einschränkung gegenüber den Definitionen von Lernen aus dem Kapitel 5.2.1 darstellt. Der oben angegebene Algorithmus zeigt die beschriebene Äquivalenz klar und deutlich auf.

Formale Darstellung. Das Lernen in NN läßt sich nach den obigen Ausführungen für die in dieser Arbeit verwendeten Netzstrukturen einfach formalisieren. Gegeben sei ein Feed-Forward-Netzwerk mit

$n \in \mathbb{N}$: Anzahl der Trainingsmuster (gleich Anzahl der Inputvektoren I)

$\{(i_k(t), t_k(t)): i_k(t) \in \mathbf{R}^l,\ t_k(t) \in \mathbf{R}^m, k = 1,...,n\}$: Menge von Input-/Target-Output Paaren, wobei der Vektor der t_i den vorgegebenen gewünschten Output enthält

$i_j(t)$: Eingabefunktion (siehe 5.1)

$o_k(t)$: Ausgabefunktion (siehe 5.1)

Gesucht sind Gewichtsmatrizen

$W_s \in \mathbf{R}^{|L_{s-1}| \times |L_s|}$ $s = 1,2, ...$: W_s sind Gewichtsmatrizen zwischen den einzelnen Ebenen des Netzes mit $|L_s|$ Anzahl der Neuronen in Ebene s,

so daß die Fehlerquadratfunktion

$$\mu = \sum_{p=1}^{n} \mu_p = \sum_{p=1}^{n} \sum_{j=1}^{m} \left(t_{pj} - o_{pj} \right)^2$$

mit p = 1,...,n als Laufindex über alle Muster minimiert wird.

Zusammenfassung. Das Lernen ist eine noch wenig verstandene, faszinierende Leistung hochentwickelter biologischer Lebewesen. Legt man eine abstrakte, stark verallgemeinernde Definition des Lernens zugrunde, fallen auch sehr simple nicht-biologische Systeme unter eine solche Definition. Um in der Praxis lernfähige Systeme untersuchen zu können, muß jeweils festgelegt werden, was unter Lernen im Einzelfall zu verstehen ist. Dazu ist eine pragmatische, anwendungsbezogene Vorgehensweise sinnvoll. Aus diesem Grunde empfiehlt sich das Gleichsetzen von Lernen und Optimierung, was für ambitionierte Theoretiker sicherlich ein unbefriedigender Ansatz bleibt.

5.3.2 Ein Lernverfahren basierend auf der Hebbschen Regel

Lernen nach Hebb. Die ersten dokumentierten Aussagen zum Funktionieren des Lernens in Nervensystemen stammen von D.Hebb [Heb49]. Er meinte, daß Lernen in etwa so funktioniert, daß die Verbindung zwischen zwei Zellen verstärkt würde, wenn sie zur gleichen Zeit feuerten.

In unserer Terminologie ergibt sich daraus die einfache Formel

$$\Delta w_{ij}(t) = \varepsilon * o_i(t) * o_j(t),$$

wobei Δw_{ij} die Gewichtsänderung und ε eine Konstante (frei wählbar) darstellen. Ein einfaches auf Hebb's Regel basierendes Lernverfahren funktioniert wie folgt: Man legt an das NN eine Menge von Eingabemustern an. Nach Durchlauf der Menge I von Eingabevektoren ist die Änderung jedes Gewichtes durch die Formel

$$\Delta w_{ij}(t) = \varepsilon * \sum_{p=1}^{n} o_{ip}(t) * o_{jp}(t)$$

gegeben, mit p (pattern) als Laufindex für die Eingabevektoren aus I. Dabei ist anzumerken, daß die Gewichtsänderungen immer erst nach Anlegen sämtlicher Input Vektoren vorgenommen werden, was durch das Beispiel von Abb.5.1 und 5.2 demonstriert wird [McC88]. Der Vorteil der proportional zur Aktivierung der Neuronen erfolgenden Gewichtsveränderung ist die Verstärkung korrelierter Gewichte. Der Nachteil ist, daß selbst verblüffend einfach aussehende Muster nicht gelernt werden können.

Ein Lernalgorithmus basierend auf Hebbs Idee. Ein der Hebbschen Regel zugrunde liegende Lernverfahren kann wie folgt formuliert werden:

Hebb Lern:

1. [Zielfunktion festlegen]. Vorgabe der Zielfunktion μ.
2. [Abbruchkriterien festlegen]. Das Kriterium μ_{ABB} muß festgelegt werden, dessen Erreichen zur Terminierung des Verfahrens führt.
3. [Festlegen der Netzwerktopologie]. Bereitstellen einer Menge von Units und Definition der Konnektionsmatrix **V**.
4. [Festlegen der Transferfunktionen]. $\forall u_j \in U$: Definition der Eingabefunktion i_j als $\Sigma w_{ij} * o_i$, der Aktivierungsfunktion a_j als i_j und der Ausgabefunktion o_j als $k * a_j$ zur Skalierung des Inputs.
5. [Festlegen der Schrittweite]. Für den Lernvorgang ist eine Schrittweite ε notwendig. Diese wird einmal zu Beginn des Verfahrens eingestellt.
6. [Festlegen der Gewichte]. Willkürliches Erzeugen einer Anfangsbelegung der Gewichte.
7. [Netz durchlaufen]. $\forall i_k \in I$: Durchlaufen des Netzes

   $\forall w_{ij} \in W$: Mitprotokollieren von $\varepsilon * o_i * o_j$
8. [Qualität bestimmen]. Anhand der Zielfunktion μ_{ANN} (Bewertung des Netzes) berechnen. Meistens wird μ_{ANN}

als Differenz des gewünschten Outputs und des tatsächlich erzielten Outputs gewählt.

9. [Abbruchkriterien testen]. Falls μ_{ABB} erfüllt ist: goto 12.
10. [Gewichtsänderung durchführen]. Ändern der Gewichte nach der vorgegebenen Lernformel: $\Delta w_{ij}(t) = \varepsilon * \Sigma o_{ip}(t) * o_{jp}(t)$.
11. [Rücksprung]. goto 7.
12. [Terminierung]. Ende.

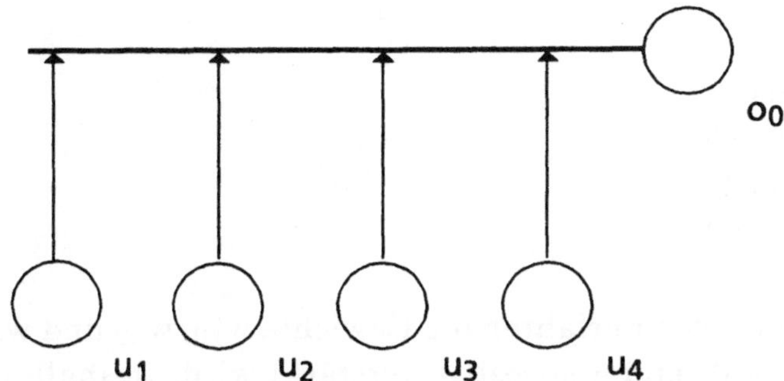

Abb. 5.1: Neuronales Netz zur Demonstration der Hebbschen Lernregel

Beispiel. Am Beispiel mit der Struktur aus Abb.5.1 und der Wertetabelle aus Abb.5.2 sei die Arbeitsweise des Hebbschen Lernverfahrens demonstriert.

	u_1	u_2	u_3	u_4	o_0	
i_1 (u_{11})	1	-1	1	-1	1	o_{i1}
i_2 (u_{12})	1	1	1	1	1	o_{i2}
i_3 (u_{13})	1	1	1	-1	-1	o_{i3}
i_4 (u_{14})	1	-1	-1	1	-1	o_{i4}

Abb.5.2: Einfaches Beispiel zur Demonstration der Hebbschen Lernregel

Die Input Vektoren $\mathbf{i_p}$ werden nacheinander angelegt. Es sollen Gewichte gefun-den werden, die zur richtigen Ausgabe $\mathbf{o_p}$ führen. Als Anfangsbelegung sei $w_{ij}=0$ gewählt für alle Gewichte. Die Parameter des Netzes werden wie folgt belegt: $\varepsilon=0.5$, $i_i(t)=a_i(t)=o_i(t)$ für alle Input Units und $o_0(t)=a_0(t)=\Sigma w_{i0}*o_i(t)$ für die Output Units.

Die Gewichtsänderung jedes Gewichtes ergibt sich nach Punkt 10 von Hebb Lern durch die Summe der Produkte der u_i mit den korrespondierenden o. Die Gewichtsänderung Δw_{10} zwischen u_1 und o_0 berechnet sich demnach als $u_{11}*o_{01} + u_{12}*o_{02} + u_{13}*o_{03} + u_{14}*o_{04} = \Delta w_{10}$. Die einzelnen Gewichtsänderungen im Beispiel berechnen sich wie folgt:

$\Delta w_{10}= 0.5*(1+1-1-1)=0$
$\Delta w_{20}= 0.5*(-1+1-1+1)=0$
$\Delta w_{30}= 0.5*(1+1-1+1)=1$
$\Delta w_{40}= 0.5*(-1+1+1-1)=0$

Unabhängig von der Wahl von ε erfahren die Gewichte w_{10}, w_{20} und w_{40} keinerlei Änderungen, während w_{30} positiv verstärkt wird. Deshalb ist nur das Gewicht w_{30} signifikant und für die Ausgabe nur die Übereinstimmung von u_3 und o_0 wesentlich. Weil diese aber im dritten Input Vektor nicht übereinstimmen, kann dieser Vektor niemals korrekt produziert werden. Daß für das kleine Beispiel überhaupt eine Lösung existiert, sieht man nach Auflösen des einfachen linearen Gleichungssystems, welches sich aus Abb.5.2 direkt ergibt. Die Lösung ist $w_{10}=-1$, $w_{20}=-1$, $w_{30}=2$ und $w_{40}=1$.

Orthogonalität der Inputvektoren. In [McC88] wird ausführlich erläutert, wie die Inputvektoren beschaffen sein müssen, damit das Lernverfahren funktioniert. An dieser Stelle soll nur das Ergebnis der dort angestellten Überlegungen kurz analysiert werden. Dazu ist zunächst ein kleiner Umweg zu machen. Das innere Produkt zweier Vektoren v_i und v_j mit je n Komponenten ist definiert als Summe des Produktes der einzelnen Komponenten, also

$$\sum_{k=1}^{n} \left(v_i\right)_k * \left(v_j\right)_k$$

Das normalisierte innere Produkt ist das innere Produkt dividiert durch die Anzahl der Komponenten n eines Vektors. Die Bedeutung des inneren Produktes wird klar, wenn man sich simple Beispiele vorstellt. Betrachtet seien Vektoren, deren Komponenten aus der Menge {-1,1} stammen. Sind beide Vektoren gleich, so ergibt sich als normalisiertes inneres Produkt stets 1 (starke Korrelation); sind beide Vektoren an jeder Position verschieden, ergibt sich -1 (Vektoren heißen antikorreliert) und sind die Vektoren an genau gleich vielen Stellen gleich und ungleich, erhält man 0 (Vektoren sind orthogonal). Damit gibt das normalisierte innere Produkt an, inwieweit zwei Vektoren einander ähnlich sind. Ein Spezialfall ist, wenn die Vektoren vollkommen unkorreliert sind (orthogonal). Eine Menge $V = \{v_1, v_2, \ldots v_n\}$ von Vektoren heißt dann auch eine orthogonale Menge von Vektoren, wenn

$$\forall v_i, v_j \in V: (v_i^T * v_j = 0) \wedge (i \neq j)$$

gilt.

Wie in [Jor86] demonstriert wird, kann das auf der Hebbschen Regel basierende Lernverfahren wie hier vorgestellt nur eine Lösung finden, wenn die Eingabevektoren eine orthogonale Menge von Vektoren bilden. Dieses wird demonstriert, indem der Lernprozeß algebraisch interpretiert wird. Die Assoziierung jedes Eingabevektors mit dem dazugehörigen Ausgabevektor geschieht über eine Gewichtsmatrix **W**. Für jedes Paar von Eingabe- und Ausgabevektoren existiert solch eine Matrix. Die Matrix für alle Vektoren ergibt sich einfach aus der Summe der einzelnen Matrizen. Sind die Eingabevektoren orthogonal, übt jeder Eingabevektor ausschließlich auf seinen ihm zugehörigen Ausgabevektor Einfluß aus. Andernfalls ist mit diesem Verfahren praktisch nichts zu lernen, was die Anwendbarkeit des Verfahrens sehr einschränkt.

5.3.3 Die Delta-Regel in Feed-Forward Netzen ohne Hidden Units

Delta-Regel. Betrachtet seien weiterhin sehr einfache Systeme, welche nur über Input und Output Units verfügen. Es ist nach einer einfachen Lernregel gesucht, die für solche Fälle zielsicher eine Gewichtskombination findet, welche eine Lösung darstellt. Der bekannteste Ansatz (siehe z.B. [Dud73], [Wid60] oder [Wid85]) ist die Delta-Regel, welche im einfachsten Fall durch die Formel

$$\Delta w_{ij} = \varepsilon * \delta_j * o_i(t)$$

gegeben ist, wobei δ die Differenz des gewünschten Ausgabewertes und des erzielten Ausgabewertes angibt: also

$$\delta_j = (t_j - o_j)$$

In [McC88] wird gezeigt, daß das Problem aus den Abb.5.1 und 5.2 mit Hilfe der Delta-Regel mühelos gelöst werden kann. Man kann leicht zeigen [Min69], daß die Delta-Regel immer einen Satz von Gewichten findet, der das zugunde liegende Problem löst, wenn solch ein Satz von Gewichten existiert.

Existenz einer Lösung. Unter welchen Bedingungen existiert ein solcher Satz von Gewichten? Leider nur, wenn der gewünschte Output der Bedingung

$$\forall p \in P: t_{jp} = \sum_{i=1}^{n} w_{ij} * o_{ip}$$

genügt. Das heißt, daß die Gewichte als Lösung des linearen Gleichungssystems für w_{ij} mit festen Werten t und o existieren. Dieses bedeutet wiederum, daß der gewünschte Wert jeder Output Unit als Linearkombination der Aktivierung der Input Units darstellbar sein muß. Diese Einschränkung wird offiziell als "linear predictability constraint" [McC86b] bezeichnet.

Pattern Associator. Die Delta-Regel wird typischerweise im sogenannten Pattern Associator (Abb.5.3) verwendet. Der Pattern

Associator ist ein Modell, in dem nur Input und Output Units vorhanden sind. Jede Output Unit ist genau mit allen Input Units verknüpft; zwischen anderen Units gibt es keine weiteren Verbindungen. Anstatt eine Lernregel zu benutzen, können die Gewichte w_{ij} aus einem linearen Gleichungssystem der Form

$$\forall p \in P: o_{jp} = \sum_{i=1}^{n} w_{ij} * i_{ip}.$$

berechnet werden ohne Anwendung der Delta-Regel. Die Unbekannten

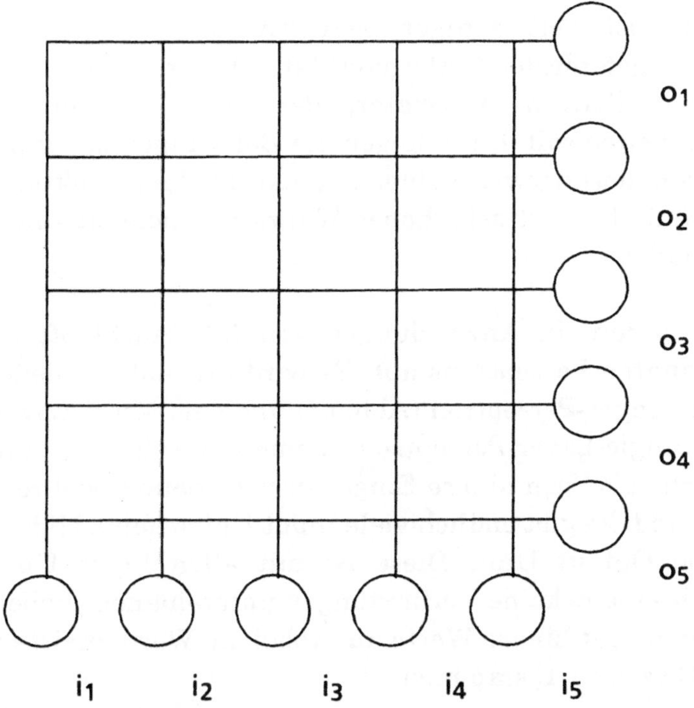

Abb. 5.3: Beispiel eines Pattern Associators

des Gleichungssystems sind die Gewichte w_{ij}. Um diese eindeutig zu bestimmen, sind mindestens n_1 (Anzahl der Input Units) linear unabhängige Eingangsvektoren vonnöten.

Der Pattern Associator hat die Aufgabe, Eingabemuster direkt in vorgegebene Ausgabemuster zu überführen. Natürlich gibt es eine Menge von Eingabemustern, die, wenn sie gelernt werden, durch die dabei notwendigen Gewichtsänderungen die Gewichtskombinationen bereits gelernter Muster zunichte machen. So kann nur ein Ausgabemuster o_p gelernt werden, wenn das zugehörige Eingabemuster i_p linear unabhängig ist von den anderen Eingabemustern. Bilden die Eingabemuster eine Menge linear unabhängiger Vektoren, können mit Hilfe des Pattern Associators beliebige Ausgabemuster erzeugt werden. Diese Einschränkung ist weit weniger restriktiv als die durch die Hebbsche Lernregel geforderte Orthogonalität. Angenommen, wir haben einen großen Pattern Associator, der viele verschiedene Eingangsbilder verarbeiten soll. Dann folgen die Belegungen der Input Units im Normalfall näherungsweise einer Zufallsverteilung. Vektoren aus Zufallszahlen sind aber mit sehr hoher Wahrscheinlichkeit linear unabhängig voneinander.

Single-Layer-Perceptron. In Anwendungen von NN taucht oft die Struktur des sogenannten Perceptrons auf. Es wird i.A. unterschieden zwischen dem Single-Layer-Perceptron (Abb.5.4) und dem Multi-Layer-Perceptron. Beim Single-Layer-Perceptron können die Input Units sowohl kontinuierliche als auch binäre Eingaben verarbeiten, während die Gewichte $w_{ij} \in \mathbb{R}$ sind. Es gibt endlich viele Input Units, keine Hidden Units und nur eine Output Unit. Diese ist mit allen Input Units verbunden, welche ihrerseits keine Verbindungen untereinander haben. Die Output Unit nimmt nur binäre Werte an, wobei die Werte meistens aus den Mengen {0,1} bzw. {-1,1} stammen.

Lernen mit dem Single-Layer-Perceptron. Die Aufgabe des Single-Layer-Perceptrons ist das Klassifizieren einer Menge von Input Vektoren in 2 Gruppen. Die Zugehörigkeit zu den Gruppen ist zu lernen. Dabei hat die Output Unit o eine Schwelle s_o, wobei o genau dann eine 1 produziert, wenn s_o überschritten worden ist. Das Lernverfahren, mit

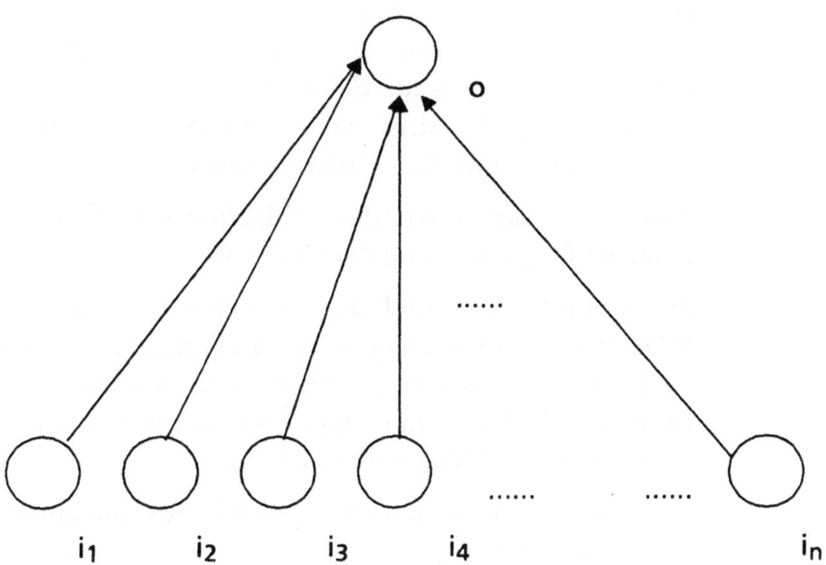

Abb. 5.4: Single-Layer-Perceptron

dem das Single-Layer-Perceptron Vektoren klassifiziert, kann wie folgt formuliert werden:

Lern Perceptron:

1. [Zielfunktion festlegen]. Vorgabe der Zielfunktion μ als $E = \Sigma(t_p\text{-}o_p)$.
2. [Abbruchkriterien festlegen]. Das Verfahren terminiert, wenn $E = 0$ ist.
3. [Festlegen der Netzwerktopologie]. Von jeder Input Unit wird genau eine Verbindung zu der einzigen Output Unit festgelegt. Zwischen den Input Units gibt es keine Verbindungen. Hidden Units werden nicht vorgesehen.

4. [Festlegen der Transferfunktionen]. $\forall u_j \in U$: Definition der Eingabefunktion i_j als $\Sigma w_{ij} * o_i$, der Aktivierungsfunktion a_j als (i_j - s_0) und der Ausgabefunktion o_j als Schwellenfunktion mit o_j = 1, wenn $a_j > 0$ eine vorgegebene Schwelle s_o überschreitet, und $o_j = 0$ bzw. -1 sonst.
5. [Festlegen der Gewichte]. Willkürliches Erzeugen einer Anfangsbelegung der Gewichte.
6. [Netz durchlaufen und Gewichtsänderungen]. $\forall i_k \in I$: Durchlaufen des Netzes für den Eingabevektor i_k. Ändern der Gewichte nach der vorgegebenen Lernformel: $\Delta w_i = (t_p - o_p) i_{kp}$. Ändern der Schwelle s_o nach der Formel: $\Delta s_o = -(t_p - o_p) = -\delta_p$.
7. [Abbruchkriterium testen]. Ist der Gesamtfehler E größer als 0 goto 6.
8. [Terminierung]. Ende.

Perceptron-Konvergenz-Theorem. Das Single-Layer-Perceptron sorgte für viel Aufsehen in der wissenschaftlichen Welt, als Rosenblatt das sogenannte Perceptron-Konvergenz-Theorem (für Single-Layer-Perceptrons mit binären Units) beweisen konnte [Ros59]. Dieses sagt nichts anderes aus, als daß mit Hilfe des o.g. Lernverfahrens das Perceptron garantiert eine Lösung findet - unter der Voraussetzung, daß die beiden Klassen, in die die Eingabevektoren zu unterteilen sind, linear separierbar sind.

Lineare Separierbarkeit. Mit Hilfe des Single-Layer-Perceptrons können genau die linear separierbaren Funktionen gelernt werden. Anschaulich bedeutet dies im zweidimensionalen Fall, daß eine Linie gefunden werden muß, die der Bedingung $i_1 * w_1 + i_2 * w_2 = s_0$ genügt, wobei diese Linie die Eingabevektoren genau in die gesuchten zwei Klassen zerlegen muß. Wie leicht einzusehen ist, existiert für das EXOR-Gatter keine solche Linie, weshalb es nicht durch das Single-Layer-Perceptron gelernt werden kann. Im mehrdimensionalen Falle lautet die verallgemeinerte Bedingung $\Sigma i_n * w_n = s_0$.

Die Aussage der garantierten Konvergenz erscheint enorm attraktiv, die Voraussetzung der linearen Separierbarkeit dagegen nicht als sehr gravierend. So dauerte es zehn Jahre, bis bewiesen werden konnte, wie restriktiv diese Einschränkung wirklich ist. An dieser Stelle seien wiederum nur die Ergebnisse der Analyse erläutert.

EXOR-Beispiel. Die EXOR-Funktion ist in Abb.5.5 dargestellt. Ein Single-Layer-Perceptron kann diese simple Aufgabe nicht bewältigen! Da $o=1$ ist, genau dann wenn eine der Input Units mit 1 belegt ist, gilt $w_1{*}i_1 > s_0$ und $w_2{*}i_2 > s_0$. Die Summe zweier Vektoren, die beide jeweils den Schwellwert überschreiten, kann nur kleiner als dieser sein, wenn sowohl beide Summen $w_1{*}i_1$ und $w_2{*}i_2$ als auch s_0 negativ sind. Dann kann aber die Eingabe von $i_1=i_2=0$ nur den Wert 1 liefern. Gilt $s_0 \geq 0$, müssen sowohl $w_1{*}i_1 > 0$ als auch $w_2{*}i_2 > 0$ gelten. Trivialerweise muß dann aber auch der letzte Eingabevektor $o=1$ erzeugen, da die Summe zweier positiver Zahlen nicht kleiner als eine der beiden Zahlen sein kann.

0 0	-->	0
1 0	-->	1
0 1	-->	1
1 1	-->	0

Abb.5.5: EXOR-Funktion

Die Einschränkung der linearen Separierbarkeit ist selbstverständlich gravierend. Für praktische Anwendungen kommt damit das Single-Layer-Perceptron kaum in Frage, da im allgemeinen Klassen von Mustern nicht durch eine Gerade bzw. Hyperebene getrennt werden können.

Dabei brauchen die Gewichte des Perceptrons gar nicht mühsam gelernt zu werden, sondern können als Lösung eines einfachen linearen Gleichungssystems der Form

$$\forall p \in P: o_{lp} = \sum_{i=1}^{n} w_{il} * i_{ip}$$

angesehen werden, wobei mindestens n_1 (Anzahl der Input Units) linear unabhängige Eingangsvektoren vonnöten sind.

5.3.4 Erweiterung der Delta-Regel auf Feed-Forward-Netze mit Hidden Units

Multi-Layer-Perceptron. Die bisherigen Untersuchungen haben ergeben, daß bei näherer Betrachtung mit NN nicht viel gelernt werden kann. Die Modelle sind schon in ihrer prinzipiellen Leistungsfähigkeit so stark eingeschränkt, daß praktisch verwertbare Anwendungen nicht in Betracht gezogen werden können. Mit der im folgenden vorgestellten Methode, die in [Rum86c] entwickelt wurde, änderte sich diese Situation grundlegend. Das Lernverfahren (Error Backpropagation genannt) beruht darauf, daß der jeweils ermittelte Zielfunktionswert durch das Netz zurückgeschleust wird, wobei ein Gradient errechnet werden kann. NN, die dergestalt modelliert werden, daß sie uner Anwendung von Error Backpropagation arbeiten, haben sich zwar weit von ihrem biologischen Vorbild (Nervennetzwerken) entfernt, sind aber mittels Gradientenabstieg recht einfach trainierbar.

Zum Einsatz von Error Backpropagation sind andere, komplexere Modelle von NN als in den vorhergehenden Untersuchungen vonnöten. Das Multi-Layer-Perceptron ist ein solches Modell. Es besteht aus einer Menge von n Schichten von Units, wobei die Schicht 0 die Input Units und Schicht n die Output Units beinhaltet. Es gilt: $\forall k: 0 \leq k < n \mid$ Jede Schicht k ist vollständig vernetzt mit Schicht $k+1$, wobei die Verbindungen jeweils von k nach $k+1$ gerichtet sind.

Beim Multi-Layer-Perceptron können die Input Units sowohl kontinuierliche als auch binäre Eingaben verarbeiten, während die Gewichte $w_{ij} \in \mathbb{R}$ sind. Normalerweise arbeitet die Ausgabefunktion jeder Unit derart, daß nur Werte aus der Menge {0,1} bzw. {-1,1} angenommen werden können. Da das im folgenden vorgestellte Lernverfahren aber ein Gradientenabstiegsverfahren ist, braucht es stetige Übertragungsfunktionen. So nimmt die Ausgabefunktion jeder Unit kontinuierliche Werte zwischen ihren beiden Extremwerten an. Es gibt eine Ebene von Input Units, in ein oder mehreren Ebenen angeordnete Hidden Units und eine Ebene mit Output Units.

Leistungsfähigkeit des Multi-Layer-Perceptrons. Sind die Units lineare Elemente, gilt die lineare Separierbarkeit trotz des Einsatzes von beliebig vielen Ebenen von Hidden Units. Dieser zunächst etwas überraschend anmutende Sachverhalt wird durch elementare Anwendung der Matrizenrechnung in [Jor86] dargelegt. Ist ein Hidden Layer vorhanden, kann jede Hidden Unit als ein eigenständiges Single-Layer-Perceptron interpretiert werden. Nach [Lip87] kann ein Multi-Layer-Perceptron mit genau einem Hidden Layer den Suchraum durch konvexe Funktionen separieren. Sind zwei Hidden Layer vorhanden, können theoretisch beliebig im Suchraum verteilte Punkte in verschiedene Klassen separiert werden [Dud73], [Lor76]. Damit ist aber lediglich ausgesagt, daß ein Multi-Layer-Perceptron mit 2 Ebenen von Hidden Units hinreichend ist zur Klassifikation beliebig strukturierter Muster; allerdings bleibt das Auffinden der problemadäquaten Gewichte das zu lösende Problem.

Trainieren von Hidden Units. In den vergangenen Jahren sind verschiedene Verfahren vorgestellt worden, die das Trainieren von Hidden Units erlauben. Das bekannteste und am weitesten verbreitete ist das oben erwähnte Error Backpropagation. Trotz guter Erfolge des Verfahrens (z.B.: [Sej87] mit dem NETalk Programm) und einer in der Praxis erstaunlich hohen Akzeptanz weist der Algorithmus auch Schwächen auf, die im Anschluß an die Vorstellung des Verfahrens kurz erläutert werden.

Error Backpropagation. Die Idee des Error Backpropagation ist einfach und naheliegend. Ausgehend von der Fehlerabweichung vom gewünschten Output am Ende des Netzes ist dieser Fehler rückwärts durch das Netz zurückzuschleusen. Der Gesamtfehler ist durch die quadratische Fehlerabweichung

$$E = \sum_{p=1}^{n} E_p = \sum_{p=1}^{n} \sum_{j=1}^{m} \left(t_{pj} - o_{pj} \right)^2$$

gegeben, wobei j den Laufindex über die Output Units kennzeichnet. E (als Kürzel für "Error") stellt in diesem Fall die Qualitätsfunktion dar. Die Aufgabe ist, einen Satz von Gewichten zu finden, welcher diese Funktion minimiert. Das verwendete Prinzip dahinter ist das der Gradientenabstiegsverfahren (z.B. [Neu75], [Pre88] oder [Lue68]), wobei durch lokale Gewichtsänderungen der globale Fehler minimiert wird. Das Verfahren terminiert, wenn jede einzelne Änderung eines Gewichtes zu einer Verschlechterung von E führen würde.

Error Backpropagation ist eine Kombination von nicht-linearen NN mit Gradientenabstiegsverfahren. Es kommen nur nicht-lineare Systeme in Frage, da in linearen Systemen durch die Einführung von Hidden Units nichts gewonnen werden kann.

Die Delta-Regel hatte sich als effizient und brauchbar erwiesen - die Tatsache, daß nur wenig in linearen Netzwerken ohne Hidden Units gelernt werden kann, hat mit der Güte der Delta-Regel nichts zu tun. Error Backpropagation wird von seinen Entdeckern auch als "Generalized Delta Rule" bezeichnet, da die Delta-Regel damit auch für Hidden Units angewandt werden kann. Die Grundidee ist dabei, die lokalen Gewichte nach der Formel

$$\Delta w_{ij} = -k * \frac{\partial E}{\partial w_{ij}}$$

zu verändern, so daß E minimiert wird. Die Herleitungen der wesentlichen Formeln sind in einfacher und allgemeinverständlicher

Form in [Rum86c] aufgeführt. Für jedes Gewicht im Netz ergibt sich eine Änderung der Form

$$\Delta w_{ij} = \varepsilon * \delta_{pj} * o_{pi}$$

Die Gewichtsänderung erfolgt also proportional zu einem frei wählbaren Parameter ε, einem Fehlersignal δ (Abweichung vom gewünschten Wert) und der Stärke der Ausgabeunit o. Die Berechnung der δ_{pj} erfolgt rekursiv und beginnt bei den Output Units. Diese δ werden durch

$$\delta_{pj} = (t_{pj} - o_{pj}) * o_{pj}'$$

berechnet, wobei o_j' die Ableitung der Ausgabefunktion ist. Eine für den Zweck des Verfahrens sehr günstige Ausgabefunktion wird später angegeben. Ist das Ziel des betreffenden Gewichtes keine Output Unit, wird δ berechnet mittels

$$\delta_{pj} = \sum_{k=1}^{n} \delta_{pk} * w_{jk} * o_{pj}',$$

wobei k ein Laufindex über die Units der höherliegenden Ebene ist.

Eigenschaften der Ausgabefunktion. Die Ausgabefunktion muß differenzierbar sein, darf andererseits aber nicht linear sein, da dann bekanntlich mit Hilfe von Hidden Units nichts gewonnen werden kann. Meistens wird die Funktion

$$o_j = \frac{1}{1 + e^{-a_j}}$$

verwendet. Diese Funktion hat neben den gewünschten Eigenschaften der Nichtlinearität, Monotonie und Differenzierbarkeit noch die weitere erfreuliche Eigenschaft, daß ihre Ableitung durch

$$o_j' = o_j * (1 - o_j)$$

gegeben ist. Da nämlich $0 \leq o_j \leq 1$ ist, erreicht $o_j*(1-o_j)$ sein Maximum für $o_{pj}=0.5$. Dies bedeutet, daß Units auf den Extremwerten 1 und 0 nur sehr geringe Änderungen erfahren, während diejenigen Units, die sich noch nicht "festgelegt" haben, den größten Änderungen unterzogen werden.

Error-Backpropagation-Algorithmus. Lernen mittels Backpropagation ist als Algorithmus wie folgt formulierbar:

Error Backpropagation:

1. [Zielfunktion festlegen]. Vorgabe der Zielfunktion μ als $E = \Sigma E_p = \Sigma\Sigma(t_{pj}-o_{pj})^2$.
2. [Abbruchkriterien festlegen]. Der Zielfunktionswert μ_{ABB} muß festgelegt werden, dessen Erreichen zur Terminierung des Verfahrens führt.
3. [Festlegen der Netzwerktopologie]. Bereitstellen einer Menge von Units und Definition der Konnektionsmatrix **V** - meistens wird ein Multi-Layer-Perceptron benutzt.
4. [Festlegen der Transferfunktionen]. $\forall u_i \in U$: Definition der Eingabefunktion $i_j = \Sigma o_i * w_{ij}$, der Aktivierungsfunktion $a_j = i_j + c$ und der Ausgabefunktion o_j als $1/(1+e^{-a_j})$.
5. [Festlegen der Gewichte]. Erzeugen einer willkürlichen Anfangsbelegung der Gewichte.
6. [Netz durchlaufen]. $\forall \Delta w_{ij}$ do: $\Delta w_{ij} = 0$;
   $\forall i_k \in I$ do

   6.1 [Auswertung eines Vektors]. Anlegen von i_k und Berechnen der Ausgabevektoren durch das Netz.

   6.2 [Berechnen der Deltas]. $\delta_{pj} = (t_{pj}-o_{pj}) * o_{pj}'$ für alle Output Units.
   $\delta_{pj} = \Sigma\delta_{pk} * w_{jk} * o_{pj}'$ für alle Hidden Units.

   6.3 [Aufsummieren der Gewichtsänderungen]. $\Delta w_{ij} = \varepsilon * \delta_{pj} * o_{pi}$.

7. [Qualität bestimmen]. Anhand der Zielfunktion für jeden durch das Netz erzielten Ausgabevektor die quadratische Abweichung vom gewünschten Output berechnen.
8. [Abbruchkriterien testen]. if [$\mu_{ANN} \leq \mu_{ABB}$] then goto 11.
9. [Gewichtsänderung durchführen]. Ändern einer Teilmenge der Gewichte nach der Lernformel $w_{ij} = w_{ij} + \Delta w_{ij}$.
10. [Rücksprung]. goto 6.
11. [Terminierung]. Ende.

Schwächen des Verfahrens. Das Verfahren hat sich in der Praxis bewährt und wird vielfach als Lösung des Problems des Trainierens der Hidden Units bezeichnet. Trotzdem weist es bei näherer Betrachtung doch bedenkliche Schwächen auf, die in der wissenschaftlichen Literatur größtenteils ignoriert werden.

Verwendung in Multi-Layer-Perceptrons. Error Backpropagation wird meist in Multi-Layer-Perceptrons verwendet. Ein charakterisierendes Merkmal dieser Art von Netzen ist die oben geschilderte Anordnung in Ebenen, die untereinander vollständig vernetzt sind. Durch diese sehr regelmäßige Struktur muß das spezielle zu lösende Problem an das Perceptron angepaßt werden - und nicht umgekehrt.

Die Gewichtsänderung ist von drei Parametern abhängig, nämlich von ε, δ und dem Ausgabesignal o_i der sendenden Unit. Die Schrittweite der Änderung ε ist konstant und deshalb für jede Gewichtsänderung gleich. Diejenigen Fehlersignale δ_k, welche von den Units einer Ebene empfangen werden, sind für alle Units einer Ebene gleich. Diese Fehlersignale nehmen durch die unterschiedlichen Gewichte auch verschiedenen Einfluß; aber jede Unit auf einer Ebene enthält die gleichen Fehlersignale wie die anderen Units auf derselben Ebene. Deshalb sind die Gewichtsänderungen von Units einer Ebene sehr stark miteinander korreliert, auch wenn diese weder miteinander verbunden sind noch durch das zugrunde liegende Problem korreliert sein sollten. So erfolgen Gewichtsänderungen stark korreliert, wobei die Korrelation oft nicht etwa dem Problem eigen ist, sondern der Struktur des Multi-Layer-Perceptrons und dem Error-Backpropagation-Algorithmus.

Dieser Nachteil kann dadurch umgangen werden, daß man kein Multi-Layer-Perceptron benutzt, sondern ein dem Problem angemessenes Netz entwirft. Die Frage nach allgemeinen Prinzipien, welche Art von Netzen welchen Problemen angemessen ist, ist zur Zeit noch vollkommen offen.

Feste Schrittweite. Ein gravierender Nachteil des Backpropagation Algorithmus ist die feste Schrittweite ε. Es gibt während des Ablaufs des Verfahrens Phasen, in denen kleine minutiöse Schritte vonnöten sind, während in anderen Phasen große, weite Schritte gebraucht werden. Feste Schrittweite bewirkt im ersten Fall oft eine Oszillation um ein lokales Optimum herum, während im letzteren Fall ein fester Wert der Schrittweite zu einer unnötigen Steigerung der Laufzeit führt. Verfahren zur Schrittweitensteuerung in Neuronalen Netzen sind mit gutem Erfolg in [Tro90] untersucht worden.

Biologische Inadäquatheit. Nach [Hin87] gibt es in biologischen Nervensystemen keine Anzeichen dafür, daß Synapsen auch in Rückwärtsrichtung benutzt werden können. Die Benutzung von Ableitungen und der steilste Abstieg mittels Gradientenverfahren ist der mathematischen Optimierung zuzuordnen und hat in der Biologie kein Äquivalent. Ein Multi-Layer-Perceptron, das mit Backpropagation trainiert wird, sollte deshalb im Grunde nicht als Abstraktion von NN aufgefaßt werden.

Zusammenfassende Bemerkungen. Die letzten kurzen Überlegungen verdeutlichen, daß Skepsis bezüglich der Existenz eines leistungsfähigen Lernverfahrens zum Trainieren von Hidden Units nicht so leicht von der Hand zu weisen ist. Das Error-Backpropagation-Verfahren ist ein Gradientenverfahren. Gradientenverfahren an sich (unabhängig von ihrer Eignung für NN) haben noch weitere Nachteile, welche beim Vergleich zwischen dem Lernen mittels Genetischer Algorithmen und Gradientenverfahren betrachtet wurden (Kap.2.4).

Error Backpropagation ist in diesem Kapitel in seiner grundlegenden Version vorgestellt worden. Es gibt Erweiterungen des Verfahrens, so daß dieses auch in Netzen mit Rückkopplung (rekurrente NN) benutzt werden kann (z.B. [Goe90] oder [Pin87]). Vorschläge zur besseren Konvergenz des Verfahrens durch gezielte Ausnutzung der Gradienteninformation sind von [Fah88] bzw. [Tro90] mit gutem Erfolg an Beispielen angewandt worden.

5.3.5 Kurze Analyse der Hopfield Netze

Das Hopfield Modell. Das Hopfield Modell [Hop85] dient zum Speichern und Wiedererkennen von Mustern. Muster werden zunächst im Netz gespeichert. Danach wird dem Netz ein Muster vorgelegt, das einem der Beispielmuster ähnlich ist. Das richtige Muster soll dann erkannt und angezeigt werden. Die Units sind vollständig vernetzt, wobei die Verbindungen nicht gerichtet sind, also

$$\forall u_i, u_j \in U: w_{ij} = w_{ji}$$

Jede Unit hat zwei mögliche Zustände:

$$\forall u_j \in U: o_j \in \{1,-1\}$$

Die zu speichernden Muster M_i^m werden doppelt indiziert, wobei i die Unit und m das gesamte Muster kennzeichnet.

Das zu lernende Muster wird zweifarbig (hell/dunkel) vorgestellt, wobei die Farben mit 1 und -1 bezeichnet werden. Jede Unit erhält automatisch ihren Wert $o_i \in \{1,-1\}$ zugeordnet. Die Gewichte des Netzes werden aus einer Summation über die zu speichernden Muster berechnet. Die Muster gelten nach der Gewichtsberechnung als gelernt, es gibt also kein iteratives Lernverfahren im Sinne des Lernens, wie es zu Beginn dieses Kapitels dargestellt wurde. Die Gewichte werden berechnet durch

$$w_{ij} = \frac{1}{N} * \sum_{m=1}^{n} M_i^m * M_j^m$$

mit N als Anzahl der gelernten Muster.

Algorithmus zur Mustererkennung in Hopfield Modellen. Zur Wiedererkennung eines Musters M wird folgender Algorithmus angewendet:

Hopfield:

1. [Zielfunktion festlegen]. Vorgabe der Zielfunktion als Minimierung der Zielfunktion $E = -(1/2)\ \Sigma\Sigma w_{ij} * o_i * o_j$.
2. [Abbruchkriterien festlegen]. Verändert sich der Systemzustand während eines Durchlaufs nicht mehr, ist ein lokales Minimum der Energiefunktion erreicht und das Verfahren bricht ab.
3. [Festlegen der Netzwerktopologie]. Bereitstellen einer Menge von Units und vollständige Vernetzung derselben.
4. [Festlegen der Transferfunktionen]. $\forall u_i \in U$: Definition der Eingabefunktion i_j als $\Sigma w_{ij} * o_i$, der Aktivierungsfunktion $a_j = i_j$, und der Ausgabefunktion $o_j = \text{sign}(a_j)$.
5. [Festlegen der Gewichte]. Die Startwerte der Gewichte sind gegeben aus einer Summation über die zu speichernden Muster, also $w_{ij} = (1/N) * \Sigma M_i^m M_j^m$.
6. [Netz durchlaufen]. Vorgabe eines Anfangsmusters M und iterative Berechnung eines neuen Musters, wobei o_j für jede Unit wie in Schritt 4 beschrieben neu berechnet wird.
7. [Abbruchkriterien testen]. Falls E nach Schritt 6 geringer geworden ist goto 6.
8. [Terminierung]. Ende.

Kurze Erläuterung des Algorithmus. Der Endzustand entspricht einem lokalen Minimum der Energiefunktion:

$$E = -\frac{1}{2}\sum_{i=1}^{n}\sum_{j=1}^{m} w_{ij} * o_i * o_j,$$

Durch Zustandsänderung eines "Neurons" wird immer der Wert der Zielfunktion erniedrigt. Die Folge ist, daß lokale Minima nicht verlassen werden können. Eine einfache Lösung besteht darin, auch Energieverschlechterungen zuzulassen. Zustandsänderungen werden dann mit einer Wahrscheinlichkeit $p(h_i)$ durchgeführt. So ist es prinzipiell möglich, aus lokalen Minima herauszukommen. Je tiefer das Minimum ist, desto höher ist die Wahrscheinlichkeit, daß sich nichts mehr ändert.

5.3.6 Die Boltzmann Maschine

Boltzmann Maschine. Die Boltzmann Maschine ist ein theoretisch vielversprechender Ansatz, der aber durch seinen extrem hohen Aufwand für Anwendungen unpraktikabel erscheint [Hin84]. Bei der Boltzmann Maschine gibt es nur ungerichtete Verbindungen, genau wie beim Hopfield Netz. Einige der Units, die sogenannten sichtbaren Prozessorelemente, werden als Input und Output Units gekennzeichnet. Da die Verbindungen ungerichtet sind, wird dadurch jedoch keine bestimmte Durchlaufrichtung für das Netz festgelegt.

Die Qualität des Systems wird durch eine sogenannte Energiefunktion

$$E = -\frac{1}{2}\sum_{i=1}^{n}\sum_{j=1}^{m} w_{ij} * o_i * o_j$$

repräsentiert. Das Ziel ist, diese Funktion zu minimieren.

Transferfunktionen. Ungewöhnlich ist die Arbeitsweise der einzelnen Neuronen. Jedes Neuron benutzt als Eingabefunktion

$$i_j = \sum_{i=1}^{n} w_{ij} * o_i + c$$

und als Aktivierungsfunktion

$$a_j = \frac{1}{1 + e^{-\frac{E_i}{T}}}$$

Der Wert der Aktivierungsfunktion bewegt sich zwischen 0 und 1, wobei die Steilheit des Anstiegs der Funktion vom Parameter T (zur Bedeutung des Parameters T als Analogon zu einer Temperatur in der statistischen Mechanik siehe [Kir83] bzw. [Ber88]) abhängt, der eine "Temperatur" simuliert. Die Arbeitsweise der Neurone ist stochastisch, so daß die Ausgabefunktion mit der Wahrscheinlichkeit $P(a_j)$ den Wert 1 und mit der inversen Wahrscheinlichkeit $1\text{-}P(a_j)$ den Wert 0 annimmt. In Abhängigkeit von der Temperatur ist die Arbeitsweise des Systems mehr oder minder zufallsabhängig (bei hohen Temperaturen zufällig; bei sinkenden Temperaturen wird der Zufall zunehmend eingeschränkt).

Arbeitsweise. Die Eingabe steht in Form einer Menge $I=\{\mathbf{i_1},\mathbf{i_2},...,\mathbf{i_k}\}$ von Eingabevektoren zur Verfügung. Die gewünschten Ausgaben sind ebenfalls bekannt und in der Menge $O=\{\mathbf{o_1},\mathbf{o_2},...,\mathbf{o_k}\}$ gespeichert. Es gibt zwei Phasen während des Lernens der Boltzmann-Maschine. Die sichtbaren Prozessorelemente werden werden während der ersten Phase mit einem Paar (i_j,o_j) belegt. Das System bewegt sich mittels Simulated Annealing auf einen Gleichgewichtszustand zu. In diesem Gleichgewichtszustand ist die Wahrscheinlichkeit konstant, mit der die einzelnen Units die Werte 1 bzw. 0 liefern. Dann wird das System im Gleichgewichtszustand eine Weile laufen gelassen, so daß für alle Verbindungen w_{ij} die Wahrscheinlichkeit $p_{ij}{}^{+}$ mitprotokolliert wird, daß zwei Units i und j gleichzeitig den Wert 1 haben. Dieser aufwendige Vorgang wird für alle Paare (i_j,o_j) mit $1 \leq j \leq k$ wiederholt.

In der zweiten Phase werden die sichtbaren Prozessorelemente mit Zufallswerten belegt. Erneut bewegt sich das System mittels Simulated Annealing in einen Gleichgewichtszustand und wieder wird eine

Wahrscheinlichkeit p_{ij}^- mitprotokolliert, daß beide Units i und j den Wert 1 haben. Die Gewichtsänderung erfolgt anschließend nach der Formel

$$\Delta w_{ij} = \varepsilon(p_{ij}^+ - p_{ij}^-)$$

Der Sinn des Subtrahierens der Resultate der zweiten Phase ist das Vermeiden eines Effektes, der darauf beruht, daß viele Hidden Units nur von anderen Hidden Units Signale empfangen. Da die Anzahl der sichtbaren Prozessorelemente unter Umständen recht gering ist, kann das System diese ignorieren, so daß Aktivitäten des Systems nur noch darauf zurückzuführen sind, daß sich die Hidden Units (unabhängig vom eigentlichen Problem) nur noch untereinander beschäftigen. Dieses Problem entsteht dadurch, daß eine im Vergleich zur Komplexität des gesamten Systems sehr geringe Datenmenge zu jedem Zeitpunkt vorliegt, die das ganze System zu stimulieren hat. Der Effekt des unerwünschten gegenseitigen probleminvarianten Beschäftigens mit unwichtigen Daten ist speziell in [Par57] untersucht worden.

Kurzer Kommentar. Durch die Verwendung des als leistungsfähig bekannten Simulated Annealing erzielt die Boltzmann Maschine für kleine Beispiele gute Resultate. Da aber Simulated Annealing sehr rechenaufwendig ist und auch für jedes Paar (i_j, o_j) einzeln angewandt wird, entstehen extrem lange Laufzeiten [Hin84].

Lern Boltzmann:

1. [Zielfunktion festlegen]. Vorgabe der Zielfunktion $E = -1/2\Sigma\Sigma w_{ij} * o_i * o_j$.
2. [Abbruchkriterien festlegen]. Der Zielfunktionswert E_{ABB} muß festgelegt werden, dessen Erreichen zur Terminierung des Verfahrens führt.
3. [Festlegen der Netzwerktopologie]. Bereitstellen einer Menge von Units und Definition der Konnektionsmatrix V. Die Verbindungen sind nicht gerichtet, so daß $w_{ij} = w_{ji}$ immer gilt.
4. [Festlegen der Transferfunktionen]. $\forall u_i \in U$: Definition der Input Funktion $i_j = \Sigma w_{ij} * o_i$, der Aktivierungsfunktion a_j

$=1/(1+e^{-E_i/T})$ und der Output Funktion $o_j=1$ mit $P(a_j)$ und $o_j=0$ mit $1-P(a_j)$.

5. [Festlegen der Gewichte]. Erzeugen einer Anfangsbelegung der Gewichte.

6. [Netz durchlaufen].

   6.1 [Phase +]. $\forall i_k \in I$:

   Der Benutzer hält die äußeren Knoten der Boltzmann Maschine auf festgelegten Werten fest (entspricht der Belegung mit Input und Output Units) und läßt das Netzwerk sich in Richtung eines Gleichgewichtszustands bewegen mittels Simulated Annealing. Für jede Verbindung wird anschließend die Wahrscheinlichkeit p_{ij}^+ mitprotokolliert, daß beide Units den Wert 1 hatten.

   6.2 [Phase -].

   Der Benutzer läßt die Boltzmann Maschine frei laufen (entspricht der Belegung der äußeren Knoten mit Zufallswerten) und läßt das Netzwerk sich in Richtung eines Gleichgewichtszustands bewegen mittels Simulated Annealing. Für jede Verbindung wird anschließend die Wahrscheinlichkeit p_{ij}^- mitprotokolliert, daß beide Units den Wert 1 hatten.

7. [Gewichtsänderung durchführen]. Ändern der Gewichte nach der Lernformel $\Delta w_{ij}=\varepsilon(p_{ij}^+ - p_{ij}^-)$.

8. [Qualität bestimmen]. Anhand der Zielfunktion die Energie E (Bewertung des Netzes) berechnen.

9. [Abbruchkriterien testen]. if [$E_{ANN} \leq E_{ABB}$] then goto 11.

10. [Rücksprung]. goto 6.

11. [Terminierung]. Ende.

5.3.7 Folgerungen aus den bisherigen Untersuchungen

Zwei unterschiedliche Probleme. Das Lernen in NN gliedert sich in zwei Teilaufgaben. Es ist zuerst ein Netz zu konstruieren, welches das Finden von Gewichten, die das zugrunde liegende Problem lösen, ermöglicht. Danach ist mittels eines Lernverfahrens eine passende Gewichtskombination zu finden.

Einfache Netze. Attraktiv wirken Netze ohne Hidden Units und mit linearen Transferfunktionen (wie z.B. der Pattern Associator), da das Lernen in dieser Art von Netzen relativ einfach vonstatten geht. Als erster Lernansatz wurde Hebbs Lernregel untersucht, die jedoch die Orthogonalität der Eingabevektoren voraussetzte. Danach wurde die Delta-Regel eingeführt, welche lediglich die lineare Unabhängigkeit der Muster verlangte. Auf der Delta Regel basierende Lernverfahren erweisen sich als brauchbar, nur können mit Netzwerken ohne Hidden Units nur linear separierbare Funktionen gelernt werden. Um kompliziertere Probleme zu lösen, sind NN mit nicht-linearen Transferfunktionen und Hidden Units vonnöten.

Kompliziertere Netzwerke. Verwendet man Netzwerke mit mindestens zwei Ebenen von Hidden Units, dann kann man beliebig im Suchraum liegende Eingabevektoren voneinander separieren. Solche Netze sind also für Klassifizierungsaufgaben hinreichend. Die Schwierigkeit ist, brauchbare Lernverfahren zu entwickeln, welche solche Netze trainieren können. In der Praxis hat sich zwar Error Backpropagation durchgesetzt, doch wie schon in Kap.2 gezeigt wurde, haben Gradientenverfahren allgemein Schwächen, die ihren Einsatz als universelles Lernverfahren fraglich erscheinen lassen. Theoretisch vielversprechend ist die Übertragung von SA auf NN. Dieser Ansatz ist für die Boltzmann Maschine versucht worden, hat aber in der Praxis bisher noch zu keiner brauchbaren Anwendung geführt. Ein Lernverfahren, welches das Auffinden der benötigten Gewichtskombination in akzeptabler Zeit garantiert (eine "Lösung" ist bei Gewichten mit endlicher Wertemenge einfach alle Gewichtskombinationen durchzuprobieren; der Aufwand steigt aber exponentiell in der Anzahl der Gewichte), ist noch nicht vorhanden.

Schlußfolgerung. Angesichts der Tatsache, daß in Zukunft dank schnell fortschreitender Technik NN mit Sicherheit hardwaremäßig so unterstützt werden können, daß auch Anwendungen mit großer Zahl von Verbindungen und Units möglich werden, wird der Bedarf an brauchbaren Lernverfahren zunehmen. Die Verbesserung bestehender Verfahren, die auf Hebbs Regel, steilstem Abstieg oder Simulated Annealing beruhen, sowie die Entwicklung neuartiger Lernverfahren sind deshalb zunehmend wichtige Forschungsschwerpunkte der NN-Forschung.

Ein Ziel dieses Kapitels ist mit dem Einsatz Genetischer Algorithmen einen alternativen Lernansatz vorzuschlagen. GA werden im Rahmen des Buches derart aufbereitet, daß sie als leistungsfähiges Lernverfahren praktisch einsetzbar sind.

5.4 Diskussion der Verwendung Genetischer Algorithmen als Lernverfahren in Neuronalen Netzen

Übersicht. Im Verlaufe dieses Kapitels sind verschiedene Lernverfahren für NN vorgestellt worden. Diese Lernverfahren sind alle der mathematischen Optimierung entnommen. Als zusätzliches Optimierungs- bzw. Lernverfahren sind GA in Kap.2 eingeführt worden.

Im folgenden werden folgende Untersuchungsrichtungen verfolgt: Zuerst wird ein Vergleich von GA mit konventionellen Optimierungsverfahren vorgenommen. Ziel des Vergleiches ist das Herausstellen von Problemklassen, für die die Anwendung der jeweiligen Verfahren sinnvoll erscheint. Das Ergebnis des Vergleichs legt nahe, daß eine geeignete Kombination von GA und Gradientenverfahren die Vorteile beider Algorithmen sehr gut zur Geltung bringen müßte. Deshalb werden zur Problemlösung für verschiedene Problemklassen auch verschiedene hybride Optimierungsverfahren (Kombination von einem GA und einem Gradientenverfahren) vorgeschlagen.

Die Argumente für die Verwendung der vorgeschlagenen Verfahren sind zwar klar und eindeutig, doch durch praktische Anwendungen können die Aussagen bezüglich der Eignung der verschiedenen Verfahren weiter unterstützt werden. Deshalb sind die behandelten Verfahren als Lernverfahren in einen Simulator für Neuronale Netze NNSIM [Nij89] integriert und mit zwei Beispielen aus der Sprach- bzw. Bildverarbeitung getestet worden.

5.4.1 Praktische Ergebnisse anhand von Anwendungen

Übersicht. Ziele dieses Kapitels sind die Analyse zweier Beispiele und Interpretation der Ergebnisse im Hinblick auf die Aussagen der bisherigen Kapitel. Die Beispiele stammen aus der Sprach- bzw. Bildverarbeitung und werden mit Hilfe von Neuronalen Netzen gelöst. Als Lernverfahren sind die oben geschilderten Verfahren implementiert und in den Simulator für neuronale Netze NNSIM eingebaut worden. Die Beispiele sind beide leicht skalierbar, indem die Anzahl der zu lernenden Muster beliebig variiert werden kann.

5.4.2 Die Applikationen

Sprachverarbeitung. Ein Phonem ist die kleinste sprachliche Einheit, die bedeutungsunterscheidend, aber nicht bedeutungstragend ist. Die Datensätze, welche die Grundlage dieser Applikation darstellen, sind kodierte Daten gesprochener Sätze und wurden von der Siemens AG München zur Verfügung gestellt.

Die deutsche Sprache läßt sich in 44 Phoneme unterteilen, die wiederum in 7 Phonemklassen aufgeteilt werden. So gibt es zum Beispiel die Klasse der Nasale, zu der die Phoneme "em,en,m,n" gehören. Die analogen Aufnahmesignale sind mit einer Abtastrate von 16 kHz digitalisiert worden. Zusätzlich wird alle 10 ms eine diskrete Fouriertransformation über einen Zeitbereich von 20 ms durchgeführt. Damit erhält man die Kurzzeitspektren des Sprachsignals. Diese Spektren werden transformiert, wobei man am Ende 16 sogenannte Cepstralkoeffizienten [Akt90] erhält, die einfach durch reelle Zahlen repräsentiert werden.

Bildverarbeitung. Die Daten sind ebenfalls von der Siemens AG München zur Verfügung gestellt worden. Handgeschriebene Ziffern 0 bis 9 sind in Dateien als Binärbilder unterschiedlicher Größe und Form abgespeichert. Um nicht zu viele Bildpunkte verarbeiten zu müssen, ist über jedes der Bilder ein 16x16 Pixel großes Abtastraster gelegt worden. Das Neuronale Netz lernt das Einordnen der Bilder in die richtige der 10 möglichen Klassen.

Kommentar. Die Applikationen stammen aus praktisch genutzten Daten bei der SIEMENS AG München-Perlach. Sie sind repräsentativ für das Lernen mit Neuronalen Netzen, da sie typische Anwendungen darstellen. Der Schwierigkeitsgrad der Probleme ist leicht variierbar, da genügend Daten zur Verfügung stehen. Die steigende Problemgröße erschwert die richtige Identifikation von wirklich 100% der Muster. Da jedes neu hinzukommende Muster die Struktur des Netzes ändert, ist das Erkennen aller Muster um Größenordnungen schwieriger für viele Muster (z.B. 2000 Ziffern) als für wenige Muster (z.B. 40 Ziffern). Damit können die vorgeschlagenen Algorithmen für verschiedene Schwierigkeitsgrade besonders gut verglichen werden.

Verwendete Neuronale Netze. Beide Probleme sind mit einfachen Feed-Forward-Netzen gelöst worden, welche jeweils über einen Hidden Layer verfügen. Die Phoneme sind mit 16-16-7 und die Ziffern mit 256-25-10 Netzen bearbeitet worden. Als Zielfunktion ist jeweils die Summe der quadratischen Abweichungen über die Differenz der erzielten Outputs zu den gewünschten Outputs gebildet worden. Die Zielfunktionsberechnung wird dadurch extrem aufwendig, daß alle Muster angelegt und vom Netz durchlaufen werden müssen, d.h. die Laufzeit pro Zielfunktionsberechnung nimmt mit der Problemgröße linear zu. Für die

Berechnung des Gradienten gelten die gleichen Aussagen wie für die Zielfunktion.

5.4.3 Die Implementierung

Umgebung. Die Lernalgorithmen sind in den Simulator NNSIM [Nij89] eingebunden worden. Dieser Simulator stellt dem Benutzer Neuronaler Netze mächtige Konstrukte zur Verfügung, mit deren Hilfe er sein Netz konstruieren kann. Dabei muß der Benutzer wichtige Parameter des Netzes, wie z.B. die Anfangsverteilung seiner Gewichte oder die Übergangsfunktionen in den Neuronen selbst bestimmen. Schließlich wird auch noch ein Lernverfahren zur Gewichtsoptimierung ausgewählt.

NNSIM wird seit Jahren vielfach eingesetzt und funktioniert im wesentlichen fehlerfrei. Der einzige Nachteil ist, daß der Simulator lediglich auf Apollo WS30 Workstations implementiert ist. Die leistungsfähigste Workstation dieses Typs verfügt bei SIEMENS über einen Motorola 68030 Prozessor und liegt damit am unteren Ende des Leistungsspektrums von heutigen Workstations.

Argumentation zur Wahl der Umgebung. Wesentlich effektiver wäre gewesen, mit den sehr aufwendigen und rechenintensiven Programmen ein Netz von SUN-Workstations zu beschäftigen. Allerdings hätte eine komplette Simulationsumgebung dort erst neu erstellt werden müssen. Diese neue Umgebung würde sicherlich zu Anfang noch etliche Fehler enthalten, was wiederum die Aussagekraft der Ergebnisse in Frage stellt.

Der Vorteil der NNSIM-Umgebung liegt nicht nur im Benutzerkomfort. Ziel der Untersuchungen ist ein möglichst objektiver Vergleich verschiedener Lernverfahren. Die Grundlage eines solchen Vergleichs muß eine äquivalente, solide Basis für alle Algorithmen sein. Praktisch ist so vorgegangen worden, daß immer die gleichen Netze konfiguriert worden sind (auch mit der gleichen Anfangsverteilung der Gewichte) und der Anwender lediglich einen Parameter angibt, der das entsprechende Lernverfahren kennzeichnet. Die Leistungsunterschiede der Algorithmen können durch die exakt gleichen Randbedingungen sehr gut gemessen werden. Wegen der relativ schwachen Rechenleistung haben allerdings allein die Messungen der funktionsfähigen Algorithmen ca. 10 Wochen in Anspruch genommen.

Implementierung der Lernalgorithmen. Die Lernalgorithmen sind bei NNSIM in einem eigenen Directory gespeichert und werden bei Ausführung eines Programms dazu gebunden. Dieses Directory ist um ein File erweitert worden, welches die im letzten Kapitel vorgeschlagenen Lernalgorithmen enthält. Alle Algorithmen sind in der Programmiersprache C implementiert worden. Zur Berechnung der Zielfunktion und des Gradienten sind jeweils die gleichen Funktionen aus dem NNSIM verwendet worden, was den Vergleich der Verfahren weiter objektiviert.

Die implementierten Algorithmen werden im folgenden beschrieben:
GA + Grad. Der GA hat eindeutig seine Stärke in der Anfangsphase eines Optimierungsalgorithmus. Es wird mit hoher Wahrscheinlichkeit ein Teilgebiet des Suchraums mit guten lokalen Optima gefunden. Gradientenverfahren hingegen sind stark startwertabhängig und haben ihre Stärke in der schnellen Konvergenz. Aus diesen Überlegungen wird deutlich, daß ein kombiniertes Verfahren, bei dem ein GA beginnt und von einem Gradientenverfahren zu einem geeigneten Zeitpunkt abgelöst wird, wesentliche Stärken beider Verfahren verbindet und entscheidende Schwächen vermeidet.

Grad(GA). Da die optimale Schrittweite während des Gradientenabstiegs oftmals variiert, ist eine ständige Anpassung an den Optimalwert vonnöten. Das Bestimmen der optimalen Schrittweite (die sogenannte Liniensuche) verlangt häufiges Berechnen der Zielfunktion. Deshalb bietet sich ein einfacher GA an. Nach dem Berechnen des Gradienten werden zufällig neue Schrittweiten ausgelost, für die auch die Zielfunktion berechnet werden muß. Die beste neue mutierte

Schrittweite ist dann auch die Ausgangsschrittweite für den nächsten Gradientenschritt.

Grad(const.). Wenn ein Problem sehr klein und einfach zu lösen ist, dann kann es vorkommen, daß ein ganz simples Gradientenverfahren direkt auf das Ziel lossteuert und dieses mühelos erreicht. Das Mitführen einer Population ist in solchen Fällen völlig überflüssig. Ein GA ist bei kleinen, einfachen Beispielen wesentlich schwächer als ein Gradientenverfahren, wenn das Optimum leicht zu finden ist. Deshalb ist zu erwarten, daß das eben vorgestellte hybride Verfahren bei kleinen Beispielen schwächer ist als Gradientenverfahren - aber bei zunehmend komplexeren Beispielen auch entsprechend an Boden gewinnt, um schließlich bei sehr komplexen Beispielen klar überlegen zu sein. Das einfache Gradientenverfahren wird im folgenden Grad(const.) genannt. "Const" bedeutet einfach konstante Schrittweite. Es sind natürlich auch andere Schrittweiten möglich als das einfache Wählen immer der gleichen Schrittweite.

Eine wesentliche Eigenschaft einfacher Gradientenverfahren ist die Tatsache, daß die aufwendige Zielfunktionsberechnung nicht vorgenommen werden muß. Es wird einfach stur in Richtung des Gradienten optimiert und die Zielfunktion wird erst dann ausgerechnet, wenn der Verdacht besteht, daß das Problem gelöst ist.

Grad(rand.). Die konstante Schrittweite kann unter Umständen zu Zyklen führen, wobei das Optimum ständig umschritten wird. Deshalb kann man ebenso einfach ein Verfahren wählen, welches von einer zufälligen Schrittweite ausgeht, d.h. die Schrittweite schwankt z.B. gleichverteilt im Intervall $[\varepsilon_{min}, \varepsilon_{max}]$. Die Ergebnisse dieses Algorithmus Grad(rand.) müßten im Normalfall ähnlich wie bei Grad(const.) ausfallen.

Grad(rand.). Die Schrittweite hat zu verschiedenen Zeitpunkten eines Algorithmus sehr unterschiedliche Werte. Manchmal muß man große Schritte eine lange Ebene hinab machen; dann wieder sind winzige Schritte vonnöten. Zur Bestimmung der optimalen Schrittweite gibt es diverse Verfahren, siehe z.B. [Pre88] oder [Tro91]. Die Verfahren erfordern wiederholtes Ausrechnen der Zielfunktion. Da diese Operation im Beispiel von NN extrem kostspielig ist, wird der Aufwand sehr groß bei komplexeren Verfahren. Deshalb bleibt zur Approximation einer guten Schrittweite die quadratische Interpolation übrig, die relativ gut arbeitet in der praktischen Anwendung und gleichzeitig nicht sehr großen Rechenaufwandes bedarf. Der Algorithmus arbeitet dann so, daß der nächste Gradient mit fester Schrittweite genommen wird, bis der Zielfunktionswert sich einmal verschlechtert. Dann wird mittels quadratischer Interpolation ein neuer Zielfunktionswert ermittelt. Dieses Verfahren Grad(interpol.) ist recht einfach und bringt wenig Rechenaufwand mit sich. Die Ergebnisse sollten sehr stark davon abhängig sein, inwieweit die Zielfunktion einer quadratischen Zielfunktion ähnelt.

Grad(const.) + $\mathbf{Grad_{alt}}$(GA). Das Standard Backpropagation Verfahren liefert nicht nur wegen der festen Schrittweite unnötigerweise schwache Resultate. Dadurch, daß immer nur der aktuelle Gradient verwendet wird, kommt es zu einem ineffizienten Zickzackkurs auf das Optimum hin [Pre88]. Das Berücksichtigen früherer Schrittweiten verbessert das Verfahren bedeutend. Deshalb wird bei NNSIM immer der neue Schritt als

$$\Xi_{i+1} = \Xi_i + \varepsilon_1 * g_{neu}(\Xi_i) + \varepsilon_2 * g_{alt}(\Xi_i)$$

berechnet, wobei g_{alt} die letzte Suchrichtung bezeichnet und ε_2 den Einfluß der alten Suchrichtung bestimmt. Für $\varepsilon_2 = 0.0$ degeneriert das Verfahren zum Error-Backpropagation-Verfahren. Der Einfluß des Momententerms wird zu Beginn des Verfahrens konstant eingestellt und nicht mehr variiert. Ein einfaches Verfahren besteht darin, sowohl den Wert für ε_2 leicht nach oben als auch leicht nach unten zu mutieren, um dann den besten Wert für Ξ_{i+1} zu bestimmen. Dieses Verfahren Grad(const.) + Grad_{alt}(GA) ist durch das mehrfache Ausrechnen der Zielfunktion sehr ineffizient und die praktische Verwendbarkeit ziemlich fraglich.

Zu den schon beschriebenen Algorithmen folgen an dieser Stelle noch einige Kommentare:

A1: Grad(GA)

Die Schrittweite wird mittels eines trivialen GA ausgerechnet. Die alte Schrittweite wird zweimal mutiert. Zum einen erhält man eine größere und zum anderen eine kleinere Schrittweite. Der größere Wert ε_{mut1} berechnet sich zu ε + rand(0, 0.5) und der kleinere Wert ε_{mut2} zu ε - rand(0, 0.5) . Rand(x, x+/-y) bedeutet, daß ein Zufallswert mit einer Gleichverteilung zwischen x und x+/-y ausgewählt wird. Für alle drei Werte wird die Zielfunktion neu durchgerechnet.

A2: GA + Grad(GA)

Die Gewichte werden als reelle Zahlen mit jeweils einem Gen kodiert. Zuerst werden die Gewichte abgespeichert, die Input und Hidden Layer verbinden und dann die Gewichte der Verbindungen von Hidden Layer und Output Layer. Die Anfangspopulation enthält 25 Individuen, die weitere 25 Nachkommen hervorbringen. Die besten 25 Individuen überleben und bilden die nächste Population. Wenn die Individuen sich so ähnlich sind, daß die erzielten Zielfunktionswerte nur noch um weniger als 1% voneinander abweichen, dann wird auf A1 umgeschaltet.

A3: Grad(const)

Dieses Verfahren entspricht dem Error Backpropagation Verfahren mit einem zusätzlichen Momententerm und konstanter Schrittweite. Für unterschiedliche Problemgrößen haben sich jeweils andere Schrittweiten als gut geeignet erwiesen. Als Faustregel hat sich herausgestellt, daß die Schrittweite etwa linear mit der Problemgröße abnehmen sollte (Problemgröße multipliziert mit der Schrittweite ist etwa konstant).

A4: Grad(interp.)
Mittels quadratischer Interpolation wird ein neuer Schritt berechnet. Ein weiterer Zielfunktionswert muß zusätzlich berechnet werden, was zu einem etwas gesteigerten Rechenaufwand führt.

A5: Grad(rand.)
Die Schrittweite wird zufällig variiert.

A6: Grad(const.) + Grad_{alt}(GA)
Der Momententerm variiert um +/- 0.1. Dann müssen jeweils Gradient und Zielfunktion neu berechnet werden. Die beste der drei Schrittweiten des Momententerms ist Ausgangspunkt der nächsten Schrittweite.

5.4.4 Kriterien zur Abschätzung der Qualität der Algorithmen

Die beiden Beispiele sind für alle Algorithmen in verschiedenen Ausprägungen getestet worden. Für die Interpretation der Ergebnisse ist nicht nur einfach die Laufzeit an sich interessant, sondern auch die Zusammensetzung der Laufzeit. Deshalb werden die Algorithmen bezüglich verschiedener Kriterien miteinander verglichen. Diese Kriterien werden im folgenden erörtert.

1. Kosten
Bei Benutzung eines sequentiellen Computers ist die Laufzeit proportional zur Summe der Kriterien 2 und 3. Die Kosten sind deshalb als Summe von 2 und 3 definiert.

2. Kriterium: Anzahl der Aufrufe der Qualitätsfunktion
Im Vergleich mit den Berechnungen der Zielfunktion und des Gradienten kosten alle anderen Operationen so gut wie keine Rechenzeit bei der Implementierung auf einer Workstation. Zielfunktion- und Gradientenberechnungen kosten wiederum etwa gleich viel.

3. Kriterium: Anzahl der Aufrufe der Gradienten
siehe 2.

4. Kriterium: Anzahl der Lernschritte
Ein Lernschritt bedeutet für die Implementierung der Lernalgorithmen das einmalige Aufrufen der Lernfunktion für ein NN. Die Komplexität dieser Aufrufe ist vollkommen unterschiedlich, so berechnet Error Backpropagation jeweils nur einen neuen Gradienten, während ein GA für 25 neue Individuen eine Bewertung durchführt.

Bei einem Gradientenverfahren wird pro Lernschritt schließlich ein Individuum erzeugt, welches wieder der Ausgangspunkt für das nächste Individuum ist. Parallel können das nächste und das übernächste Individuum natürlich nicht erzeugt werden, weil Ξ_i jeweils von Ξ_{i-1} abhängig ist. Anders sieht die Situation beim GA aus. In einem Lernschritt wird in Abhängigkeit von der alten Population eine Menge von Individuen erzeugt, wobei die einzelnen neuerzeugten Individuen unabhängig voneinander sind. Diese könnten im Prinzip parallel erzeugt werden.

Bei Ausnutzung der vollen Parallelität des Algorithmus kann die Zielfunktionsberechnung auch noch vereinfacht werden, indem die zu lernenden Daten auf einem Parallelrechnersystem auf die einzelnen Knoten verteilt werden. Im Prinzip können die meisten Aktionen innerhalb eines Lernschrittes fast beliebig parallelisiert werden. Die einzelnen Lernschritte müssen immer sequentiell ablaufen, da neu erzeugte Individuen der Population ρ_i immer nur von ρ_{i-1} abhängen. Die Anzahl der Lernschritte ist genau dann von praktischem Interesse, wenn ein möglichst großes Parallelrechnersystem zur Verfügung steht. Außerdem kann mittels der Anzahl der Lernschritte die Qualität eines Algorithmus sehr gut beurteilt werden, weil offensichtlich wird, wie viele Schritte zum Erreichen des Optimums wirklich nötig sind (was aus der Laufzeit nicht unbedingt abgelesen werden kann).

5. Kriterium: Anzahl der Schritte mit schlechterem Zielfunktionswert

Bei Verschlechterung wird der neue Wert der Zielfunktion trotzdem akzeptiert. Je instabiler und unzuverlässiger ein Verfahren funktioniert, desto öfter werden schlechtere Zielfunktionswerte berechnet.

6. Kriterium: Erfolg
Das fünfte Kriterium gibt die Erfolgsquote des Verfahrens in Prozent an, d.h. wie oft das Problem gelöst worden ist.

5.4.5 Ergebnisse der Simulationsläufe

Angesichts der mehr oder weniger theoretischen Aussagen über das Verhalten verschiedener Optimierungsverfahren in den vorherigen Kapiteln werden für unterschiedlich schwierige Probleme von jedem Verfahren vorhersagbare Leistungen in der Anwendung auf konkrete Probleme erwartet.

Kleine Probleme. Als erste zu betrachtende Probleme sind die Klassifizierung von 20 Phonemen und 40 handgeschriebenen Ziffern betrachtet worden.

Abb.5.6 und 5.7 zeigen die Resultate. Auffälligerweise sind die Ergebnisse und ihre Relationen zueinander sehr ähnlich. Deshalb geschieht die Diskussion anhand nur einer Tabelle (Abb.5.6). Die einzelnen Spalten haben die im vorigen Kapitel festgelegte Bedeutung. Zusätzlich gibt "Diff" die Kosteneffizienz in Prozent an auf Basis des besten Verfahrens; d.h. ein Wert von 107 bedeutet, daß das Verfahren 7% mehr Kosten verursacht als das beste Verfahren. Mit Hilfe von Diff lassen sich später Entwicklungstendenzen erkennen in Bezug auf die steigende Problemgröße. "Anzahl" bezeichnet die Zahl der gelernten Datensätze.

Diskussion der Ergebnisse von Abb.5.6 und 5.7. Bei den gewählten kleinen Beispielen haben die beiden einfachsten Verfahren einen

Reihung	Diff	Kosten	Zifu	Grad	Schritte	Verschl	Erfolg
A3: Grad(const.)	100	33,5	2,3	31,2	31,2	1,2	100
A5: Grad(rand.)	102	34,3	1,8	32,5	32,5	0,9	100
A1: Grad(GA)	112	37,5	25,0	12,5	12,5	0,0	100
A4: Grad(inter.)	193	64,5	43,0	21,5	21,5	4,3	100
A2: GA+Grad(GA)	290	97,0	90,0	7,0	10,3	0,0	100
A6: Grad(const.) $Grad_{alt}$(GA)	550	184,2	92,1	92,1	30,7	2,5	100

Abb. 5.6: 40 Ziffern gemittelt über 200 Läufe

Reihung	Diff	Kosten	Zifu	Grad	Schritte	Verschl	Erfolg
A5: Grad(rand.)	100	33,0	1,6	31,4	31,4	2,1	100
A3: Grad(const.)	104	34,3	2,1	32,2	32,2	2,3	100
A1: Grad(GA)	110	36,3	24,2	12,1	12,1	0,0	100
A4: Grad(inter.)	191	63,0	42,0	21,0	21,0	4,5	100
A2: GA+Grad(GA)	234	77,2	66,9	10,3	12,5	0,0	100
A6: Grad(const.) $Grad_{alt}$(GA)	449	148,2	74,1	74,1	24,7	0,5	100

Abb. 5.7: 20 Phoneme gemittelt über 200 Läufe

teilweise sehr deutlichen Vorsprung vor den anderen Algorithmen.

Dieser Vorsprung resultiert aus den wenigen Zielfunktionsberechnungen. Beide Verfahren berechnen jeweils den Gradienten und gehen mit ihrer Schrittweite "blind" in die gewünschte Richtung. Wenn die gemessenen Fehlerabweichungen sehr klein sind, wird die Zielfunktion berechnet, um festzustellen, ob der gesamte Fehler kleiner als Eins ist (Abbruchbedingung). Alle anderen Verfahren müssen zu ihrer Orientierung immer wieder die Zielfunktion berechnen. Da alle Verfahren das Problem immer gelöst haben, kann man allgemein empfehlen, einfache Probleme mit einfachen Verfahren zu lösen.

Interessant ist, daß der Algorithmus mit der genetisch berechneten Schrittweite fast schon so gut funktioniert hat wie die beiden einfachen Verfahren. Grad(GA) hat nur 12,5 Schritte bis ins Ziel gebraucht und ist mit sehr viel weniger Schritten ausgekommen als A1 und A2 (> 30 Lernschritte).

Um auf die erwarteten Ergebnisse für größere Anwendungen zu schließen, lohnt sich der Blick auf Abb.5.8.

A2: GA + Grad(GA)	A1: Grad(GA)	A4: Grad (interp.)	A6: Grad (const.) $Grad_{alt}$(GA)	A3: Grad (const.)	A5: Grad(rand.)
10,3	12,5	21,5	30,7	31,2	32,5

Abb.5.8: Lernschritte im Vergleich

Betrachtung der Lernschritte. Der hybride GA kommt mit den wenigsten Lernschritten/Generationen aus. Das Verfahren geht am sorgfältigsten vor - muß aber so viele Berechnungen dabei anstellen, daß die Effizienz 2,9 mal schlechter ist als bei A3 (siehe Spalte Diff in Abb.5.6). Mit steigender Problemgröße müßten die beiden Verfahren A1 und A2 deutlich an Boden gewinnen gegenüber den anderen Verfahren und der Nachteil der sorgfältigen Suche bezüglich Effizienz sollte dann durch die gezielte Lösungsfindung kompensiert werden können. Dieser Sachverhalt wird im folgenden untersucht.

Steigende Problemgrößen. Die Kosten für die einzelnen Algorithmen steigen unterschiedlich schnell an. In Abb.5.9 sind die Kosten für steigende Problemgrößen des Mustererkennungsbeispiels angegeben. Es sind die Größen 40, 80, 120, 160 und 200 betrachtet worden.

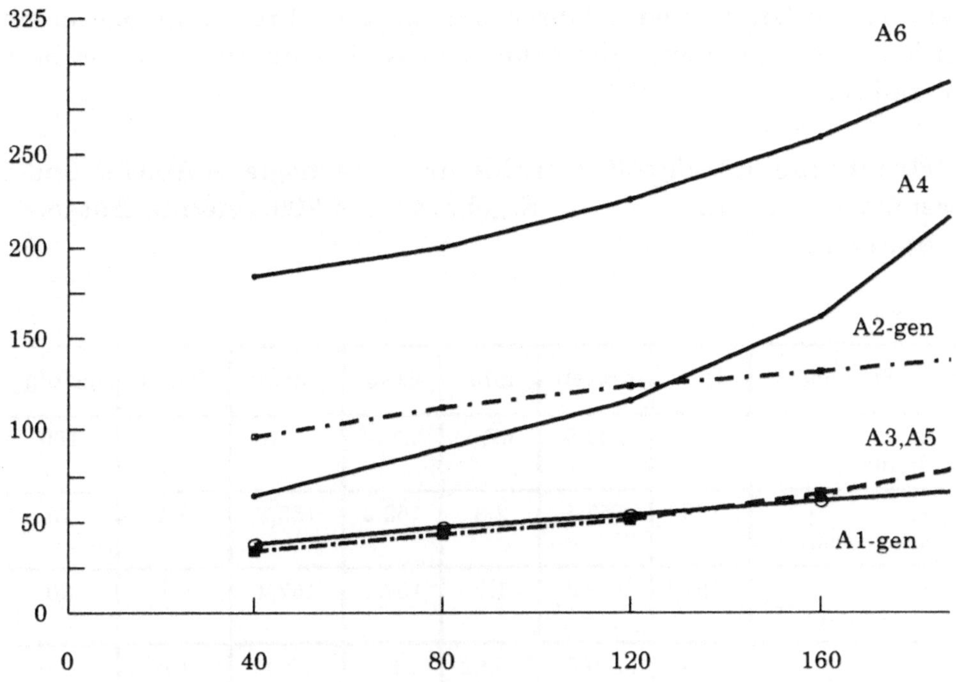

Abb.5.9: Kosten der Ziffern über variierende Problemgrößen

Wie man deulich sehen kann, steigen die Kosten bei den beiden genetischen Verfahren A1 und A2 sehr langsam an im Vergleich zu den restlichen Algorithmen. Bei einer Problemgröße von 160 wird A1 (Gradientenverfahren mit genetischer Schrittweitenbestimmung) zum effizientesten Verfahren. Diese Tendenz verstärkt sich bei der Problemgröße von 200 noch. Die erzielten Ergebnisse zur

Phonemerkennung sind völlig analog zu den in Abb.5.4 diskutierten und deshalb nicht weiter aufgeführt.

Tendenziell läßt sich feststellen, daß für steigende Problemgrößen die einfachen Gradientenverfahren von dem genetisch gesteuerten Gradientenverfahren überflügelt werden müßten. Das Verfahren A1 ist sehr einfach zu implementieren und äußerst flexibel einsetzbar als Alternative zu anderen Gradientenverfahren. Für mittlere Problemgrößen erweist sich ein Gradientenverfahren mit genetischer Schrittweite als bestes Verfahren.

Betrachtung mittelgroßer Probleme. In Analogie zu Abb.5.1 und 5.2 werden in 5.10 und 5.11 die Ergebnisse für 200 gelernte Datensätze dargestellt.

Reihung	Diff	Kosten	Zifu	Grad	Schritte	Verschl	Erfolg
A1: Grad(GA)	100	100,5	67,0	33,5	33,5	2,5	100
A3: Grad(const.)	155	155,5	2,3	153,2	153,2	8,4	70
A5: Grad(rand.)	159	159,3	1,9	157,4	157,4	8,1	80
A2: GA + Grad(GA)	180	180,9	159,2	21,7	27,4	1,8	100
A4: Grad(interp.)	440	441,8	294,6	147,3	147,3	31,6	20
A6: Grad (const.) $Grad_{alt}$(GA)	979	984,3	492,1	492,1	164,0	325,5	50

Abb. 5.10: 100 Phoneme gemittelt über 100 Läufe

Die Kostenentwicklung ist anhand von Abb.5.9 schon behandelt worden. Das Verfahren A1 hat sich als gut bewährt. Das Optimum ist für die bisher betrachteten Probleme mittels Gradientenabstieg erreichbar

Reihung	Diff	Kosten	Zifu	Grad	Schritte	Verschl	Erfolg
A1: Grad(GA)	100	68,1	45,4	22,7	22,7	1,7	100
A3: Grad(const.)	123	83,8	2,1	81,7	81,7	4,2	80
A5: Grad(rand.)	125	84,9	1,8	83,1	83,1	4,7	85
A2: GA+Grad(GA)	206	140,5	126,5	14,0	18,5	1,3	100
A4: Grad(interp.)	355	241,8	161,2	80,6	80,6	16,5	25
A6: Grad (const.) $Grad_{alt}$(GA)	446	303,6	151,8	151,8	75,9	12,8	50

Abb. 5.11: 200 Ziffern gemittelt über 100 Läufe

gewesen. Ein reines genetisches Verfahren findet auch das Optimum, doch das exakte Ausloten des Suchraumes ist überflüssig und kostet viel Rechenzeit durch das oftmalige Berechnen der Zielfunktion. Das Verfahren A2 braucht zwar im Durchschnitt die wenigsten Schritte bis zum Optimum, aber der Suchaufwand bewirkt, daß es ineffizient wird. A6 benutzt wechselnden Einfluß der vorletzten Schrittweite, was bewirkt, daß es sehr instabil läuft. Die beiden einfachen Verfahren A3 und A5 bleiben brauchbar, fallen aber leistungsmäßig mit steigender Problemgröße zunehmend zurück. Das Verfahren mit evolutionsgesteuerter Schrittweite führt keine Population mit sich, sondern bleibt in erster Linie ein Gradientenverfahren. Zur Laufzeit paßt es sich den erforderlichen Schrittweiten an. Zu Gute kommt dem Verfahren, daß sich die Schrittweiten, welche zu gutem Fortschritt führen, nur langsam ändern. Die Anpassung geschieht ohne allzu großen Aufwand und verläuft erfolgreich. Dabei werden typischerweise Werte für die Schrittweite im Intervall [0.1 ; 10.0] berechnet. Da während fast jeden Laufes bei 200 Ziffern sowohl die kleinen als auch die großen Schrittweiten vorgekommen sind, erscheint bei mittleren Problemgrößen eine feste Schrittweite inakzeptabel zu sein.

Leistung des genetischen Verfahrens. Als bestes Verfahren für mittlere Problemgrößen hat sich A1 erwiesen: ein Gradientenverfahren mit genetischer Schrittweitenbestimmung. Das hybride Verfahren A2, welches mit einem genetischen Algorithmus beginnt und dann später auf ein Gradientenverfahren umschaltet, hat im Vergleich dazu bisher nicht gut abgeschnitten.

Sieht man aber einmal ab von der reinen Effizienz, dann fällt die Leistung von A2 in verschiedenen Kategorien auf.
- Zusammen mit A1 hat es als einziges Verfahren alle Beispiele zuverlässig gelöst
- Die Folge der besten Werte pro Lernschritt weisen die wenigsten Verschlechterungen auf
- Das Verfahren erreicht das Ziel mittels der wenigsten Lernschritte

Bei mittelgroßen Beispielen ist trotzdem die Effizienz des Verfahrens nicht vergleichbar mit A1, da das Mitführen der Population noch mehr Aufwand als Nutzen bringt. Diese Aussagen decken sich mit den Prognosen über die Leistungsfähigkeit der GA. Sicher und zuverlässig arbeiten GA auch für kleine und mittlere Probleme; allerdings schlägt ihr Aufwand stark zu Buche.

Große Beispiele. In Abb.5.12 sind die Ergebnisse aufgelistet, die erreicht worden sind beim Lernen von 1000 Ziffern und in Abb.5.13 die Ergebnisse bei 2000 gelernten Ziffern. Die Läufe haben etwa sechs Wochen (Rechenzeit) gedauert, um das Datenmaterial für die beiden Abbildungen auszumessen. Für noch größere Beispiele ist eine leistungsfähigere Hardware erforderlich.

Resultate. Bei großen Beispielen hat sich der Trend zu genetischen Verfahren deutlich verstärkt. Sowohl beim Lernen von 1000 als auch 2000 Ziffern hat das Verfahren A2 in allen 10 Läufen das beste Resultat erzielt. Ferner ist das Verfahren auch nach allen Kriterien deutlich

Reihung	Diff	Kosten	Zifu	Grad	Schritte	Verschl	Erfolg
A2: GA + Grad(GA)	100	420,3	337,8	82,5	93,6	11,7	100
A1: Grad(GA)	156	654,3	436,2	218,1	218,1	19,5	100
A3: Grad(const.)	239	1004,6	2,5	1002,1	1002,1	115,5	50
A5: Grad(rand.)	245	1027,8	3,0	1024,8	1024,8	109,0	50
A4: Grad(interp.)	----	----	----	----	----	----	----
A6: Grad (const.) $Grad_{alt}$(GA)	----	----	----	----	----	----	----

Abb. 5.12: 1000 Ziffern gemittelt über 10 Läufe

Reihung	Diff	Kosten	Zifu	Grad	Schritte	Verschl	Erfolg
A2: GA + Grad(GA)	100	967,5	746,3	221,1	238,1	32,5	100
A1: Grad(GA)	178	1721,1	1147,4	573,7	573,7	67,3	100
A3: Grad(const.)	326	3157,6	2,0	3155,6	3155,6	394,6	30
A4: Grad(rand.)	333	3220,0	2,5	3217,5	3217,5	417,0	20
A5: Grad(interp.)	----	----	----	----	----	----	----
A6: Grad (const.) $Grad_{alt}$(GA)	----	----	----	----	----	----	----

Abb. 5.13: 2000 Ziffern gemittelt über 10 Läufe

überlegen gewesen. Das Verfahren mit der genetisch gesteuerten Schrittweite fällt mit zunehmender Komplexität immer weiter zurück; die restlichen Verfahren liefern indiskutable Ergebnisse. Überzeugend ist vor allem die Sicherheit, mit der A2 das Optimum jeweils angestrebt hat. Die wichtigste Erkenntnis ist, daß die Überlegenheit des hybriden Verfahrens mit steigender Problemgröße immer deutlicher wird. Die Ergebnisse lassen sich im einzelnen wie folgt aufschlüsseln:

Diff/Kosten
Bezüglich der Kosten hat das hybride Verfahren einen respektablen Vorsprung von 56% gegenüber Grad(GA) bei 1000 Ziffern, was sich für 2000 Ziffern auf 78% vergrößert. Die anderen beiden Verfahren, die das Problem noch manchmal gelöst haben, fallen auch im Erfolgsfall in der Leistung weit zurück.

Zifu/Grad/Schritte
Schaut man sich die Anzahl der benötigten Lösungsschritte an, so braucht das hybride Verfahren um einen Faktor 10 weniger Lernschritte als die einfachen Gradientenverfahren für 2000 Ziffern. Dadurch fällt das häufige Berechnen der Zielfunktion nicht mehr ins Gewicht.

Verschl/Erfolg
Die Wahrscheinlichkeit, sich mit einem Gradientenschritt zu verschlechtern, steigt mit der Komplexität des Problems stark an, was besonders aus der Statistik der Algorithmen A3 und A4 ersichtlich wird. Die Algorithmen A1 und A2 müssen zwar oft die Zielfunktion ausrechnen; sie bewegen sich damit aber sicherer durch den Suchraum. Die Erfolgsquote liegt dann auch weiterhin bei soliden 100% für A1 und A2, wogegen die anderen Algorithmen immer seltener ein Optimum finden können.

5.4.6 Zusammenfassung der Ergebnisse

Die Betrachtungen von Kap.5.1 haben zu verschiedenartigen Vorschlägen für Optimierungs- und Lernverfahren geführt. Über die

Arbeitsweise der Verfahren konnte so viel prognostiziert werden, daß bestimmte Ergebnisse für verschieden schwierige Probleme erwartet werden konnten. In Kap.5.4 sind dann zwei Beispiele untersucht worden, die mittels NN zu lernen waren. Abb.5.14 faßt noch einmal die Ergebnisse zusammen bezüglich der unterschiedlichen Kostensteigerung für Error Backpropagation, GA + Grad(GA) und Grad(GA).

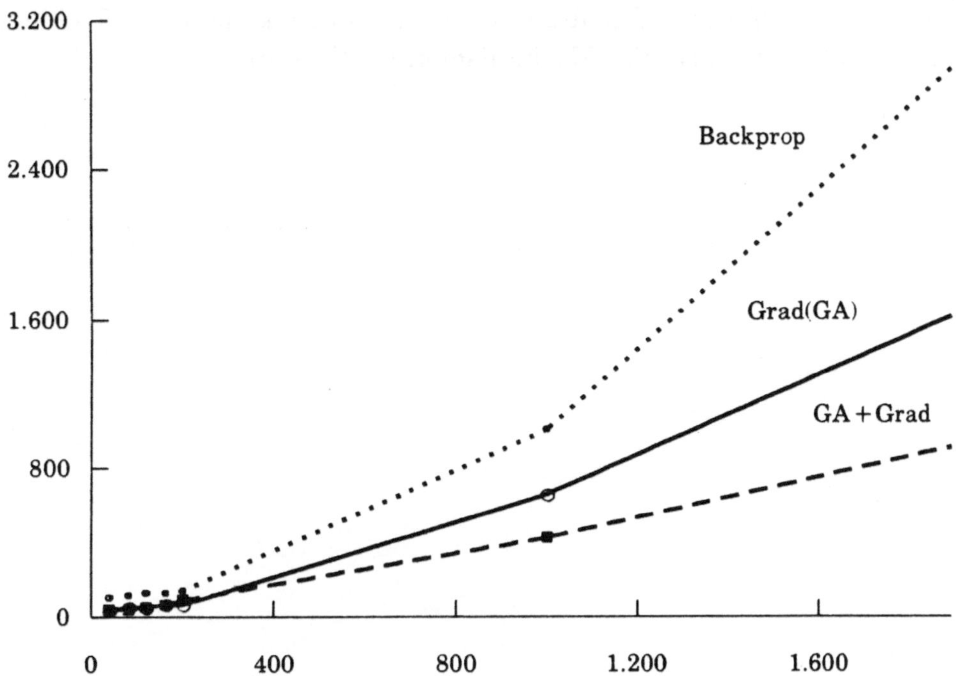

Abb.5.14: Lernverfahren für unterschiedliche Problemgrößen

Bei großen Problemen hat sich erwartungsgemäß ein hybrides Verfahren durchgesetzt, welches mittels eines GA zunächst vielversprechende Teile des Suchraums gefunden und danach mittels eines Gradientenverfahrens das Optimum approximiert hat. Für mittelgroße Probleme erweist sich ein hybrides Verfahren als sehr gut geeignet, welches über eine genetisch gesteuerte Schrittweite verfügt. Für kleine Spielbeispiele gilt die Regel: je einfacher das Verfahren, desto schneller wird die Lösung gefunden.

Mit dem Vordringen von NN in den Bereich kommerzieller Anwendungen wird der Bedarf nach Lernverfahren steigen, welche leistungsmäßig stärker sind als Varianten der bisher eingesetzten Gradientenverfahren. Für die dann zu lösenden komplexen Probleme stellen GA leistungsfähige Mechanismen zur Verfügung.

6. Unterstützung Genetischer Algorithmen mittels paralleler Architekturen

Motivation zum Einsatz von Parallelität. GA arbeiten unter Verwendung von Populationen. Damit wird das zu optimierende System wiederholt kodiert und es entsteht zusätzlicher Verwaltungsaufwand. Wie in den vorangegangenen Kapiteln jedoch wiederholt aufgezeigt worden ist, liegt im Zusammenspiel der Population die Stärke der GA, so daß gerade große Populationen zur vorteilhaften Anwendung von GA wichtig sind.

Verschiedene Architekturen paralleler Systeme werden im Hinblick auf ihre Eignung für die Implementierung von GA betrachtet, wobei die Arrayrechner als am besten geeignet zur Unterstützung von GA erscheinen. Im Rahmen dieser Arbeit liegt der Schwerpunkt bezüglich Parallelverarbeitung bei assoziativen Speicherarchitekturen, die im Prinzip als Arrayrechner verstanden werden. Zwei konkrete Architekturen werden untersucht; zum einen der assoziative Universalprozessor AM^3 (Kap.6.2) und zum anderen flagorientierte Assoziativspeicher (Kap.6.3).

Auf dem AM^3 ist ein genetischer Basisalgorithmus in zwei unterschiedlichen Versionen implementiert worden. In der ersten Version ist lediglich der ortsadressierte Speicher des AM^3 verwendet worden; die zweite Version benutzt zur Verwaltung der Population darüber hinaus den assoziativen Speicher des AM^3. Da beide Versionen funktional äquivalent arbeiten, ist der Leistungs-unterschied lediglich auf die unterschiedliche Speicherung der Population zurückzuführen. Beide Versionen sind für unterschiedliche Genlängen und Populationsgrößen auf dem AM^3 gemessen und verglichen worden. Die Implementierung ist zusammen mit der Universität Frankfurt durchgeführt worden. Die wesentlichen Implementierungsdetails zum assoziativen GA auf AM^3 sind in [Sch93] nachzulesen.

6.1 Die Eignung von Genetischen Algorithmen für parallele Architekturen

Parallelität von GA. GA beinhalten ein großes Potential zur Parallelisierung. Ein GA führt in einer Schleife immer wieder die gleichen Operationen durch, wie in Abb.6.1 demonstriert ist.

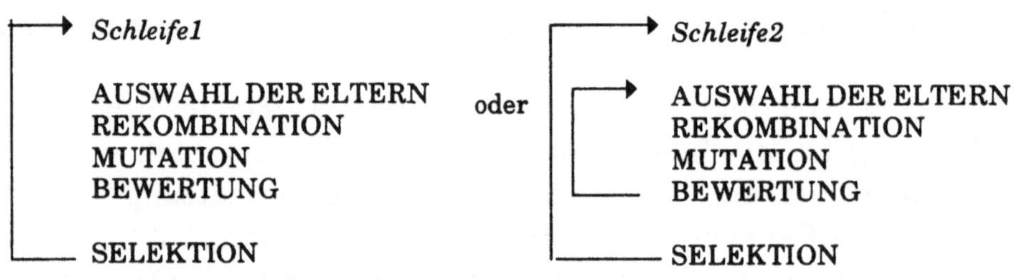

Abb.6.1: Schleifen in GA

Abb.6.1 enthält zwei Schleifenkonstruktionen, welche in GA typischerweise immer wieder auftauchen. Schleife1 beschreibt einen GA, der nach Erzeugen des Individuums gleich eine lokale Selektion durchführt. Schleife2 erzeugt zuerst eine Reihe von Individuen, welche irgendwann der Selektion unterworfen werden.

Zur Parallelisierung solcher Schleifen bieten sich zwei völlig unterschiedliche Möglichkeiten an. Entweder kann jeder einzelne Operator parallelisiert werden (feinkörniger Parallelismus), oder die ganze Schleife wird auf mehreren Recheneinheiten gleichzeitig ausgeführt (grobkörniger Parallelismus). Die nachfolgenden Ausführungen werden zeigen, welche Art von paralleler Architektur zur Unterstützung von GA am besten geeignet ist.

Parallele Rechnerarchitekturen. Das Spektrum paralleler Rechnerarchitekturen ist mittlerweile so groß, daß eine Untergliederung in klar abgrenzbare Teilgruppen notwendig ist (siehe z.B. [Gil81], [Gon89], [Hwa85], [Kle87]). Parallelität kann auf ganz unterschiedlichen Ebenen in Rechensystemen eingesetzt werden - die fast selbstverständliche Art der Parallelität wie z.B. durch bitparallele Verarbeitung oder die Aufgabenteilung zwischen Verarbeitungs- und E/A-Funktionen soll allerdings an dieser Stelle nicht weiter betrachtet werden. Die Eignung von GA wird im weiteren Verlauf des Kapitels 6.1 für drei Klassen von Architekturen untersucht - nämlich Vektorrechner, Arrayrechner und Multiprozessorsysteme.

6.1.1 Genetische Algorithmen und Vektorrechner

Allgemeine Aussagen. Das grundlegende Verarbeitungsprinzip des Vektorrechners ist das Pipelining. Eine Maschinenoperation wird in eine Sequenz von Teilfunktionen aufgebrochen, die durch parallel arbeitende Hardwareeinheiten zeitlich überlappt ausgeführt werden können. Um die Pipeline wirklich zu nutzen, müssen sehr viele gleichartige Daten hintereinander durch sie hindurch transportiert werden. Vektoren mit streng konsekutiver Adreßfolge sorgen für die beste Auslastung der Pipeline. Vektorrechner gehören zur Klasse der sogenannten SIMD-Rechner (Single Instruction - Multiple Data [Fly72]).

Die Cray-Rechner z.B. verfügen über mehrere Pipelines für Gleitkomma- oder Festkommarechnung. Der Parallelitätsgrad ist bei Vektorrechnern auf die Anzahl der Stufen der Pipeline (sowie die Anzahl parallel arbeitender Pipelines) beschränkt.

Die durch die Pipeline mögliche Leistung kann nur genutzt werden, wenn zum einen lange Vektoren zur Verarbeitung vorliegen und zum anderen die Daten schnell genug aus dem Speicher geholt werden können. Vektorrechner unterstützen das schnelle Holen der Daten, indem ein Befehl nicht nur einmal ausgeführt wird, sondern n-mal (mit n als Länge der zu verarbeitenden Vektoren) nacheinander auf gleichartig strukturierten Daten. Diese Datenvektoren werden sequentiell abgearbeitet. Parallelität kommt nur durch die Überlappungen innerhalb der Pipelines zustande. Trotzdem ist diese Art der Datenverarbeitung sehr effizient, da der Befehl für einen Vektor nur einmal entschlüsselt werden muß. Der Zugriff auf den Hauptspeicher wird ebenfalls mittels Pipelining durchgeführt. Mittels verschränkter Speicherorganisation (Memory Interleaving) wird eine Aufgliederung in Speicherbänke erreicht. Die Vektoren werden dergestalt auf diese Speicherbänke verteilt, daß konsekutive Adressen in verschiedenen Bänken gespeichert sind. Eine hohe Bandbreite beim Speicherzugriff gewährleistet dann die nötige Übertragungsrate vom Speicher zu den Vektorregistern des Prozessors.

Eignung für GA. Die Gene jedes Individuums sind als Vektor angeordnet und deshalb von einem Vektorrechner gut zu verarbeiten. Für die Rekombination können so z.B. sehr schnell zwei Vektoren mit Geninformationen miteinander verknüpft werden. Diese Vektoren werden aber (wie oben erläutert) sequentiell verarbeitet. Diese Verarbeitung geschieht sehr schnell und damit ist eine Beschleunigung von GA zu erwarten.

Aufwendige GA verwenden Populationen von mehreren tausend Individuen. Ein Vektorrechner würde das Kopieren der Geninformation zwar beschleunigen, könnte aber die in der Population enthaltene Parallelität nicht unterstützen. Die Schleifen aus Abb.6.1 würden von einem Vektorrechner sequentiell verarbeitet. Im Prinzip könnte aber die Population in Teilpopulationen aufgeteilt werden, die dann parallel (da keine Datenabhängigkeiten bestehen) die entsprechenden Schleifen von Abb.6.1 durchführen. Die neuentstandenen Individuen könnten dann auch parallel der Bewertungsfunktion unterzogen werden. Ein Parallelrechner, der diese Art von Parallelität unterstützt, kann theoretisch einen Parallelitätsgrad erreichen, der in etwa linear mit der Populationsgröße wächst. Dieser Parallelitätsgrad ist sehr viel höher als derjenige, der durch die Stufen einer Pipeline erreicht werden kann.

6.1.2 Genetische Algorithmen und Arrayrechner

Allgemeine Aussagen. Array- (oder Feld-) rechner bestehen aus gleichartigen Rechenwerken. Eine gemeinsame Kontrolleinheit steuert diese Rechner synchron. Damit hat man eine SIMD-Struktur. Der Befehlsstrom wird normalerweise per broadcast an alle Rechenwerke verteilt, die dann parallel und synchron an gleichgearteten Aufgaben arbeiten.

Die einzelnen arithmetisch-logischen Verarbeitungseinheiten (PE im folgenden für "Processing Elements" genannt) führen jeweils synchron den gleichen Befehl aus - in Abhängigkeit von den ihnen zur Verfügung stehenden Daten. Der einzige Freiheitsgrad, der ihnen bleibt, ist das Nichtausführen eines Befehls. Unterteilt man eine CPU in Befehls- und Datenprozessor [z.B. Gil81], dann besitzt eine PE im Arrayrechner lediglich den Datenprozessor. Eine komplette CPU mit Befehls- und Datenprozessor ist lediglich in der Kontrolleinheit vorhanden. Meistens haben die PEs untereinander noch die Möglichkeit, über einfache Verbindungen miteinander zu kommunizieren, was auch von der Kontrolleinheit gesteuert wird.

Eignung für GA. Eine Population von n Individuen sei gegeben. Mittels einer Ladeanweisung können jeweils zwei Individuen auf n/2 Prozessoren verteilt werden. Die beiden Schleifen von Abb.6.1 können anschließend auf jedem Prozessor parallel und synchron ausgeführt werden. Schaut man sich z.B. Schleife2 aus Abb.6.1 an, dann kann die Kontrolleinheit die Befehle zur Erzeugung neuer Individuen den PEs parallel per Broadcast geben. Nachdem jede PE eine Anzahl k von "Kindern" gleichzeitig erzeugt hat, kann z.B. jede PE ihre lokal besten Individuen zurückgeben. Alle diese Operationen sind gleichartig und können auf den Daten synchron durchgeführt werden.

Die einzelnen Prozessoren bei Arrayrechnern sollen billig und einfach sein, so daß eine große Menge von ihnen zur Verfügung gestellt werden kann. Solche Systeme sind im allgemeinen ohne viel Aufwand skalierbar. Arrayrechner sind deshalb sehr gut für Aufgaben geeignet, die das parallele Ausführen gleicher komplexer Aufgaben mit unterschiedlichen Daten verlangen. GA bestehen aber gerade aus solchen Aufgaben; das Erzeugen der Nachkommenschaft, das Berechnen der Zielfunktion oder die Selektion beinhalten viele nach dem selben Schema stereotyp wiederkehrende Operationen. Der Parallelitätsgrad bei GA ist weitestgehend abhängig von der Populationsgröße; darüber hinaus haben die Untersuchungen der vergangenen Kapitel gezeigt, daß GA am besten für komplexe Probleme eingesetzt werden können, die eine große Population erfordern. Der Arrayrechner ist deshalb eine natürliche Grundlage eines GA auf Hardwarebasis.

6.1.3 Genetische Algorithmen und Multiprozessorsysteme

Allgemeine Aussagen. In der einschlägigien Literatur gibt es verschiedene Definitionen von Multiprozessorsystemen. In dieser Arbeit wird einfach davon ausgegangen, daß alle Systeme, die über mehr als einen kompletten Prozessor (jede PE besitzt einen eigenen Befehls- und Datenprozessor) verfügen, unter den Begriff eines Multiprozessorsystems fallen. Im Unterschied zu den anderen beiden Architekturklassen sind Multiprozessorsysteme MIMD-Architekturen (Multiple Instruction - Multiple Data [Fly72]). Multiprozessorsysteme bestehen im allgemeinen aus einer Menge von asynchron arbeitenden kompletten Prozessoren, die über leistungsfähige Netz- bzw. Bussysteme miteinander kommunizieren und kooperieren. Einzelne Prozessorelemente sind normalerweise relativ teuer, so daß die Anzahl der verwendeten Prozessorelemente bei Multiprozessorsystemen meistens um ein bis zwei Größenordnungen unter der Zahl der in Arrayrechnern verwendeten Prozessoren liegt.

Eignung für GA. Die oben erläuterte Parallelisierungsstrategie für Arrayrechner bietet sich auch an für Multiprozessorsysteme. Zur Parallelisierung eines GA würde man wieder die Population auf die unterschiedlichen Prozessorknoten verteilen. Diese Teilpopulationen würden Nachkommen erzeugen, diese bewerten und die besten Individuen ihrer Nachkommenschaft selektieren. Alle Prozessoren würden parallel arbeiten; sie müßten wenig kommunizieren und wären fast ständig ausgelastet.

Die aufwendige Architektur der Einzelknoten eines Multiprozessorsystems kann von einem GA nicht genutzt werden. Die asynchrone Arbeitsweise bringt keinen Gewinn, da jeder Knoten den gleichen Algorithmus abarbeitet. Aus dem gleichen Grund ist nicht einzusehen, warum jeder Knoten einen eigenen Befehlsprozessor benötigt. Schließlich ist eine aufwendige Kommunikationsstruktur nicht von Belang, da sehr wenig kommuniziert wird.

Der Vorteil eines Arrayrechners gegenüber einem Multiprozessorsystem liegt darin, daß er im Normalfall über wesentlich mehr PEs verfügt. Deshalb kann der Arrayrechner erheblich größere Populationen parallel verarbeiten.

6.1.4 Praktische Konsequenzen aus den Überlegungen

Implementierung. Nach der kurzen Analyse der Kapitel 6.1-3 sind Ergebnisse von Implementierungen des GA auf verschiedenen Architekturen von Interesse, um meßbare Ergebnisse zu bekommen. Im Prinzip bieten alle drei vorgestellten Ansätze Möglichkeiten zur Beschleunigung von GA. Weil der durch die Population bestimmte Parallelitätsgrad bei Vektorrechnern gar nicht berücksichtigt wird, scheinen diese wenig attraktiv zu sein für weitere Untersuchungen. Multiprozessorsysteme nutzen ebenso wie Arrayrechner die Parallelität der Population aus. Der Vorteil der Arrayrechner ist, daß die einzelnen PEs durch ihre einfache Architektur in großen Stückzahlen preiswert zur Verfügung gestellt werden. Die Vorteile der aufwendigen Prozessoren von Multiprozessorsystemen bringen im Spezialfall der parallelen Abarbeitung von GA keinen Vorteil gegenüber den einfachen PE der Arrayrechner.

Im Rahmen dieser Arbeit ist eine Architektur, die ein gutes Potential zur parallelen Verarbeitung von GA bietet, vertiefend untersucht worden. Aufgrund der oben angestellten Überlegungen sollte es sich dabei um eine SIMD-Architektur handeln, die dem Prinzip des Arrayrechners entspricht. Als zu untersuchendes System ist eine Architektur gewählt worden, die auf assoziativer Datenspeicherung beruht. Bei einem Assoziativspeicher kann ein Speicherregister mehr als nur Daten speichern. Neben den grundlegenden Speicherfunktionen sind eine Reihe von logischen und arithmetischen Operationen auf den einzelnen Speicherregistern vollparallel möglich. Diese Operatoren können für die Implementierung der genetischen Operatoren genutzt werden. Assoziativspeicher verfügen damit über eine Logik, die jede Speicherzelle als einfaches Prozessorelement nutzen kann. Damit kann ein auf Assoziativspeichern basierender Rechner als Arrayrechner eingeordnet werden. Von großem Interesse ist, ob in der Praxis GA durch eine solche Architektur wirklich gut unterstützt werden können. Die folgenden Kapitel werden dieser Frage nachgehen.

6.2 Genetische Algorithmen auf dem AM^3

Zu Anfang dieses Kapitels 6.2 wird die Architektur AM^3 vorgestellt, auf der die Implementierung des GA vorgenommen worden ist. Danach wird beschrieben, wie GA für diese Architektur implementiert worden sind. Es sind Vergleichsmessungen durchgeführt worden, die den Speedup einer assoziativen Speicherung der Population gegenüber herkömmlicher Speicherung mittels ortsadressierten Speichern aufzeigen.

6.2.1 Der assoziative Universalprozessor AM^3

Grundlegende Idee. Der Prozessor AM^3 (Associative Microprogrammable Multipurpose Monoprozessor) stellt eine heterogene Spezialarchitektur dar, welche in flexibler Weise das von Neumann-Konzept mit dem Einsatz von assoziativen SIMD-Elementen verbindet [Wal92]. Der Vorteil einer solchen Architektur liegt auf der Hand: Teile der Daten, welche für assoziative Suche geeignet sind, können im Assoziativspeicher gehalten werden, während andere Daten in herkömmlichen

RAMs gespeichert sind. Dabei können die Daten vom Programmierer auf Programmiersprachenebene beliebig auf die beiden Speicher verteilt werden. Als Programmiersprache steht dem Benutzer auf dem AM3 C++ zur Verfügung - erweitert um assoziative Spezialbefehle für den AM3.

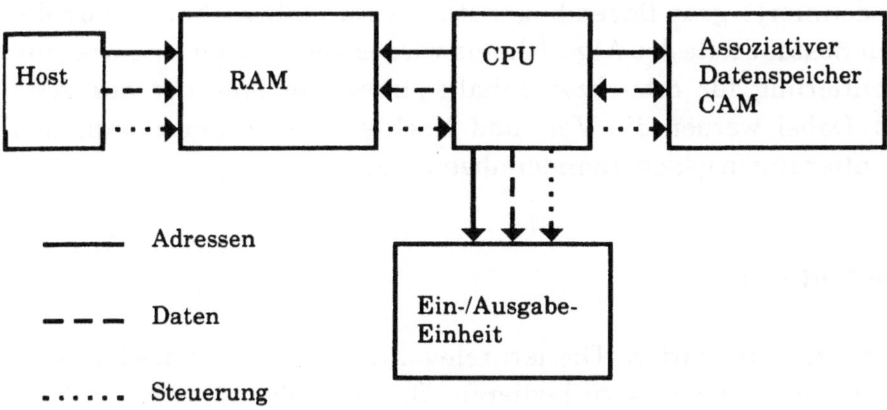

Abb.6.2: Architektur des AM3

Architektur des AM3. Bild 6.2 [Wal92] stellt die Architektur des AM3 im Prinzip dar.

Die Zentraleinheit ist dabei sowohl mit einem ortsadressierten Speicher (RAM oder ROM) wie auch einem assoziativen Speicher (CAM) verbunden. Unter Verwendung des ortsadressierten Speichers als Dual-Port-RAM kann der AM3 noch an eine Host-Workstation angeschlossen werden.

Die genauen Einzelheiten der Arbeitsweise des AM3 sind für das Konzept der Verarbeitung der GA mittels Assoziativspeichern irrelevant. Wesentlich ist, daß eine Klasse von Maschinenbefehlen zur

Erzeugung eines Trefferbestandes im Assoziativspeicher vorhanden ist. Die einzelnen Treffer können mit dem Rechenwerk weiterverarbeitet, modifiziert und auch in den Assoziativspeicher zurückgeschrieben werden.

Im folgenden wird entwickelt, wie GA mit einem System wie dem AM^3 effizient verarbeitet werden können. Als Grundlage dient dazu der in Kap.5.1 definierte grundlegende genetische Basisalgorithmus. Für die einzelnen Bestandteile des Algorithmus wird jeweils analysiert, wie eine Implementierung für orts- bzw. inhaltsadressierte Speicher des AM^3 aussieht. Dabei werden die Vor- und Nachteile der unterschiedlichen Implementierungen gegeneinander abgewogen.

6.2.2 Die Kodierung

Struktur der Population. Die lernrelevanten Parameter des Systems sind durch Gene eindeutig zu kodieren. Dabei ergibt sich die Struktur aus Abb. 6.3.

Population: $P = \{I_1, I_2, \dots, I_k\}$

Individuum: $I = \{G_1, G_2, \dots, G_l\}$

Gen: $G = \{0,1\}^m$

Abb.6.3 : Struktur einer Population im Speicher

Diese Datenstruktur unterteilt die Population in k Individuen mit jeweils l Genen, die wiederum aus m Bits bestehen. Die Implementierung dieser Datenstruktur mittels orts- und inhaltsadressierten Speichern ist wie folgt geschehen:

Ortsadressierter Speicher

Ein ortsadressierter Speicher hat die Struktur eines Arrays. Die Datenstruktur läßt sich ganz natürlich und einfach implementieren. Die Gene werden sequentiell hintereinander gespeichert - ebenso wie die Individuen. Ohne Suche ist jedes Gen mittels Adreßrechnung auffindbar. Ein Gen wird als ein Tupel (Objektadresse, Objektdaten) dargestellt. In C + + ist die Datenstruktur

int population [ANF + KIN] [INP + 2]

gewählt worden. Population ist ein zweidimensionales Array, wobei der erste Index die Populationsgröße (ANF ist Zahl der Anfangspopulation; KIN sind die jeweils erzeugten Kinder) bezeichnet und INP die Anzahl der Gene kennzeichnet. Es werden INP+2 Gene benötigt, da neben den Genen zu jedem Individuum auch noch der laufende Index (Gennummer 1) und der Qualitätswert (Gennummer 2) gespeichert wird.

Inhaltsadressierter Speicher

Assoziativspeicher allgemein. Die Ausführungen basieren auf der Arbeit von [Kre91]. Normalerweise werden in einem assoziativen Speicher Daten wie Mengen gehalten. Die Konsequenz ist, daß der Zugriff auf die Daten über den Inhalt der Speicherzelle erfolgt. Damit ist auch eine eindeutige Zuordnung der Gene zu ihren Individuen zunächst einmal nicht mehr möglich. Um die zu den jeweiligen Individuen gehörigen Gene wieder aufzufinden, benötigt jedes Gen zwei Zusatzinformationen, die als "tag bits" anzuhängen sind:

a) zu welchem Individuum sie gehören (laufende Nummer des Individuums): $\{0,1\}^i$

b) welches Gen des Individuums sie kodieren (laufende Nummer des Gens): $\{0,1\}^j$

Dadurch wird die reine genetische Information auf die Länge h=m-i-j verkürzt. Ein Gen hat dann im Prinzip die Darstellung $G^* = \{0,1\}^h \; X \; \{0,1\}^i \; X \; \{0,1\}^j$.

Beispiel: Gen 20 von Individuum 12 habe den Wert 55 und soll aus dem Assoziativspeicher gelesen werden (h=6; i=5; j=5).

G =	*110111*	*01100*	*10100*
	55	*12*	*20*

Die Wortbreite ist h+i+j=16. Das Auffinden des Gens geschieht durch folgende Belegung des Such- und Maskenwortes.

Suchwort:	*000000*	*01100*	*10100*
	0	*12*	*20*
Maskenwort:	*000000*	*11111*	*11111*

Im Trefferregister kann nur eine Eins angezeigt werden und dieses gesuchte Gen wird in das Trefferwort ausgelesen.

Implementierung auf dem AM3. Diese kompliziert aussehenden Strukturen lassen sich in C++ sehr elegant und effizient in eine Datenstruktur abbilden. Die Datenstruktur ist in Zusammenarbeit mit der Universität Frankfurt entstanden [Sch93].

```
const GRD = 6; // Anzahl der Bits für Genstrings
const GRP=5; // Anzahl der Bits für Population
const GRG = 5; // Anzahl der Bits für Genkodierung

#define pop_code       access.access_pop_code
#define gen_code       access.access_gen_code
#define gen_str     access.access_gen_str

union p_entry {
    struct {
        unsigned long access_gen_str: GRD;
        unsigned long access_pop_code: GRP;
        unsigned long access_gen_code: GRG;
```

```
    } access;
    UL w;
};
```

Diese Datenstruktur bedarf einiger Erläuterungen: Die definierten Konstanten geben die Werte für h,i und j für ein Gen G* an. Für das oben definierte Beispiel sind die Konstanten mit h=6, i=5 und j=5 zu besetzen. Die eigentliche Datenstruktur access ist als Union definiert, d.h. es entspricht in etwa einem Varianten Record in PASCAL. Auf eine Variable vom Typ p_entry kann entweder als Unsigned-Long-Typ zugegriffen werden oder als access-Typ. Dieser Typ access teilt die Bits von access in drei Teile, auf die dann einzeln zugegriffen wird. Um diesen Zugriff syntaktisch nicht zu kompliziert aussehen zu lasen, sind die drei Makros (#define ...) definiert worden.

Wird diese Datenstruktur von einem Benutzerprogramm aus verwendet, muß im Programm eine Variable vom Typ Union p_entry definiert werden, also z.B.

```
union p_entry G.
```

Um das Gen vom obigen Beispiel im AM^3 unterzubringen, sind einige einfache Operationen notwendig, nämlich:

```
G.pop_code = 12;
G.gen_code = 20;
G.gen_str = 55;
am3.ISM(G.w);
```

Zuerst werden über die Zugriffsfunktionen der Datenstruktur access die drei relevanten Werte belegt und dann das Ergebnis mittels eines Einfügebefehls abgespeichert. Vom Benutzer des AM^3 wird damit wenig an speziellen Kommandos verlangt.

Das AM^3-Konzept. Daten nur inhaltsorientiert verarbeiten zu können, ist im allgemeinen ein Nachteil. Dieses Problem ist erkannt worden und folgerichtig sieht der AM^3 vor, daß auch im inhaltsadressierten Speicher ein logischer Adreßraum erzeugt werden kann. Dafür stellt das System eine interne Verwaltung bereit. Objekte können intern mit einem Objektindex versehen werden, wobei die Objekte noch weiter durch Wort- oder sogar Teilwortindizes strukturiert werden können. Auf diese kann dann ortsadresssiert zugegriffen werden. Analog zu dem Tupel (Adresse, Daten) gibt es beim AM^3 den Tupel (Index, Daten). Der Index wird dabei noch unterteilt in Objekt-, Wort- und Teilwort-Index. In [Kre91, S.20] wird dieser Sachverhalt wie folgt kommentiert: "Diese Aufteilung in Objekt-, Wort- und Teilwortindex entspricht der Adressierung eines dreidimensionalen Arrays im ortsadressierten Speicher mit dem Unterschied, daß bei einem wortorientiert-vollparallelen Assoziativspeicher kein Speicherplatz ungenutzt bleibt und die Speicherworte in beliebiger Reihenfolge ohne physikalische Zwischenräume gespeichert werden können."

Vergleich der beiden Speicherkonzepte. Die typischen Vorteile von Assoziativspeichern sind bei der Kodierung nicht von Nutzen. Werden die Daten wie Mengen behandelt, müssen zusätzliche Tag Bits zur Verfügung gestellt werden. In [Kre91] wird der Einsatz von Assoziativspeichern alternativ zu herkömmlichen RAMs dann empfohlen, wenn Daten gleicher Struktur vollparallel der gleichen Behandlung unterzogen werden sollen.

6.2.3 Rekombination

Ortsadressierter Speicher

Zwei Individuen werden zufällig zur Rekombination ausgewählt und mittels Direktzugriff aus dem Speicher geholt. Anschließend wird ein neues Individuum erzeugt, welches in den Speicher zurückgeschrieben wird. Dieses Verfahren ist einfach, wobei allerdings Aufwand durch den Transport der Daten zwischen Prozessor und Speicher entsteht.

Diese Art der Rekombination beruht auf Zufallsauswahl der Individuen. Neuere Arbeiten im Bereich der GA wie z.B. [Müh91] haben aufgezeigt, daß komplexere Rekombinationsmöglichkeiten Vorteile bringen können. Dort wird ein Rekombinationsoperator verwendet, bei dem sich Individuen als Rekombinationspartner nur ähnliche Individuen aussuchen. Als direkte Konsequenz bilden sich schnell Subpopulationen heraus, die unabhängig voneinander Teile des Suchraumes abdecken. Diesem Verfahren ist der Vorgang in der Natur analog, daß einzelne Individuen sich aus einem Herdenverband heraus-lösen und ihre eigene Nische in der Umgebung suchen, wo eine neue, kleine Subpopulation heranwachsen kann. Um möglichst ähnliche Individuen zu finden, sind oft sehr laufwendige Suchoperationen not-wendig.

Inhaltsadressierter Speicher
Zum Auffinden zufällig ausgewählter Individuen ist das assoziative Suchen nicht von Vorteil. Ganz anders sieht es bei der neueren Art der Rekombination aus, bei der zu einem zufällig gewählten Individuum selektiv ein ähnliches Individuum bestimmt werden muß. Hier ist assoziatives Suchen sehr von Nutzen. Es gibt verschiedene Möglichkeiten zum Einsatz der assoziativen Suche. Man könnte zum Beispiel eine Teilmenge (Schema) des zuerst gewählten Individuums aussuchen (mit Absicht oder auch durch Zufall) und alle diejenigen Individuen bestimmen, welche unter dieses Schema fallen. Von der Treffermenge - wenn sie nicht leer ist - wird ein Individuum bestimmt und als Partner ausgewählt. Diese Auswahl kann erfolgen, indem das Schema vergrößert wird und sich so die Treffermenge verkleinert, oder einfach durch Auslesen der Treffer und Berechnen der Hamming-Distanz zwischen dem zuerst festgelegten Individuum und den Treffern.

Vergleich der beiden Konzepte. Ein Beispiel illustriert die Vorgehensweise.

Individuum 1 = Suchwort
0111 0001 1100 1010

Maskenwort:
1100 0000 0000 1111

gesuchtes Schema:
*01** **** **** 1010*

Besteht die Treffermenge beispielsweise aus 30 Individuen, so kann diese durch Vergrößerung des Schemas weiter reduziert werden. Ist die Treffermenge klein genug, werden die selektierten Individuen ausgelesen. Danach wird die Hamming-Distanz berechnet. Die ausgelesene Treffermenge muß natürlich klein sein im Verhältnis zur Populationsgröße.

Dieses Verfahren ist sehr effizient, da die Suchoperationen nach Anlegen des Schemas durch paralleles, inhaltsorientiertes Suchen erfolgen - ohne die Individuen überhaupt aus dem Speicher auszulesen. Im Gegensatz dazu muß jedes Individuum der Population bei einem ortsadressierten Speicher einzeln aus dem Speicher ausgelesen werden. Zusätzlich geschieht der Vergleich bezüglich der Übereinstimmung der Schemata rein sequentiell für jedes Gen einzeln. Der Aufwand ist so beträchtlich, daß die meisten Entwickler von diesem eigentlich sehr guten Konzept aus Effizienzgründen Abstand nehmen.

Mit dem Voranschreiten der Technologie werden Rechenleistungen verfügbar, die zunehmend aufwendige Optimierungsalgorithmen wie z.B. GA erlauben. Bei der Rekombination gilt dabei das Suchen nach ähnlichen Partnern in sehr großen Populationen als vielversprechend. Gerade für solche Aufgaben ist eine Architektur wie der AM^3 geeignet. Für ambitionierte Anwendungen ist deshalb der Einsatz von inhaltsadressierten Speichern zu empfehlen, da sehr effizient komplexere Rekombinationsstrategien wie z.B. gezielte Auswahl unterstützt werden können.

Implementierung auf AM^3. Die Rekombination ist im Rahmen der in diesem Kapitel vorgestellten Untersuchungen in sehr einfacher Form implementiert worden. Spezielle Analysen zur Unterstützung aufwendiger Rekombinationsstrategien werden an dieser Stelle nicht weiter verfolgt. Nachkommen werden einfach durch Kopieren der Gene zufällig ausgeloster Eltern erzeugt. In diesem Falle ist unwesentlich, ob die

Daten dabei aus einem assoziativen oder einem ortsadressierten Speicher stammen.

6.2.4 Mutation

Kurze Argumentation. Mutation bedeutet im Prinzip nichts anderes als den Einbau von "Kopierfehlern" während der Rekombination. Die Rekombination wird im Prozessor durchgeführt. Ob die mutierten Gene aus einem RAM oder CAM stammen, spielt keine Rolle.

6.2.5 Selektion

Ortsadressierter Speicher

Die Population wird zur Durchführung der Selektion meistens sortiert. Es gibt zwar andere Selektionsverfahren, doch die Untersuchungen von Kap.4.2 zeigen eine eindeutige Überlegenheit von Verfahren auf, die auf sortierten Populationen arbeiten. Zum Sortieren der Population muß im allgemeinen ein Verfahren der Komplexität $O(n \log_2 n)$ (mit n als Anzahl der zu findenden Individuen) wie z.B. Quicksort herangezogen werden. Dazu muß die Population aus dem Speicher ausgelesen und in der neuen Reihenfolge wieder zurückgeschrieben werden. Dieser Vorgang ist an sich schon aufwendig. Hinzu kommt die Rechenzeit durch den Prozessor, die ebenfalls beträchtlich ist.

Inhaltsadressierter Speicher

Die zu lösende Aufgabe ist bei der Selektion das Finden der besten n Individuen einer Population der Größe $n+k$. Der Assoziativspeicher kann dazu sehr effizient eingesetzt werden.

Zum Sortieren sind nur die Qualitätswerte der Individuen nötig. Die Qualitätswerte werden bei allen Individuen als Gen Nr.0 gespeichert. Diese Gene werden mittels eines assoziativen Befehls gefunden. Die gefundenen Qualitätswerte können anschließend in einer Schleife ausgelesen werden. Dabei wird mittels eines weiteren assoziativen

Befehls jeweils das Minimum bestimmt, d.h. in der Schleife kann mit jeder Iteration der nächste Qualitätswert gelesen werden.

Aus Gründen der Effizienz ist einfach aufsteigend der schwächste Qualitätswert bestimmt worden. Mit einem einzigen assoziativen Befehl werden alle Gene des zugehörigen Individuums gelöscht. Am Ende der Schleife bleiben genau die Gene der n besten Individuen erhalten. Insgesamt läßt sich das Sortieren im AM^3 wie folgt zusammenfassen:

1. Finden der Gene Nr.0 (alle Qualitätswerte) mittels eines assoziativen Befehls
2. Schleife (k mal durchlaufen):
   Auslesen des Gens mit der schwächsten Qualität - ein assoziativer Befehl
   Löschen der Gene des gefundenen Individuums - ein assoziativer Befehl

Die Such- und Sortiervorgänge geschehen implizit im AM^3. Deshalb ist eine klare Leistungssteigerung zu erwarten.

Vergleich der Ergebnisse. Wie aus den Erläuterungen hervorgegangen ist, wird die Selektion durch assoziative Speicher hervorragend und effizient unterstützt. In der Praxis wird vielfach implizite Selektion eingesetzt, um den Aufwand des Sortierens jeder neuen Generation zu vermeiden. Das assoziative Suchen ersetzt jedoch ohne viel Aufwand das Sortieren der Population und erlaubt damit den effizienten Einsatz expliziter Suchverfahren, die sich wie in Kap.4.2 gezeigt den anderen Selektionsverfahren als überlegen erweisen. *Das Sortieren an sich als Rechenvorgang wird dabei implizit parallel durch Suchvorgänge im CAM erledigt - ohne zusätzliche Belastung des Prozessors.*

6.2.6 Ergebnisse praktischer Vergleichsmessungen

Vorgehensweise. Anhand der in Kap.6.2.1 - 6.2.5 aufgestellten Überlegungen ist zu vermuten, daß GA durch den Einsatz von Assoziativspeichern gut unterstützt werden können. Wichtig zur Untermauerung dieser These ist das Messen von Beispielen auf einer objektiven Vergleichsgrundlage. Zu diesem Zweck ist ein einfacher GA in zwei Versionen implementiert worden. In der ersten Version (GA.SE für sequentieller GA) verwendet der GA ausschließlich ortsadressierten Speicher. Die zweite Version (GA.AS für assoziativer GA) benutzt neben ortsadressiertem Speicher zur Verwaltung der Population einen inhaltsadressierten Speicher. Beide Versionen des GA laufen trotz der unterschiedlichen Implementierung funktional äquivalent. In Zusammenarbeit mit der Universität Frankfurt sind beide Algorithmen entwickelt und mit verschiedenen Parametersätzen auf dem AM^3 emuliert worden. Die Arbeitsumgebung des AM^3, sowie die Werkzeuge für die Messungen, als auch die Messungen selbst sind in [Sch93] beschrieben. Im folgenden werden die Messungen analysiert.

Der Basisalgorithmus. Der in Kap.5.1 festgelegte allgemeine GA ist wie folgt ausgestaltet worden:

GA für AM^3:

1. **[Zielfunktion festlegen].** μ wird als Summe der Allele mit dem Wert 1 gebildet.
2. **[Abbruchkriterien festlegen].** Der Algorithmus terminiert, wenn alle Allele eines Individuums den Wert 1 haben.
3. **[Genetische Kodierung vornehmen].** Jedes der Gene hat eine festgelegte Wertemenge, nämlich {0, 1}.
4. **[Festlegen der genetischen Operatoren].** Die genetischen Operatoren Rekombination, Mutation und Selektion werden verwendet.

5. **[Anfangsbelegung vornehmen].** Erzeugen einer Anfangspopulation $\rho_1 = (\Xi_1, \Xi_2, ..., \Xi_n)$. Dabei erhält jedes Individuum Ξ_i pro Genposition ein Element aus der Wertemenge {0, 1} per Zufall zugeteilt.
6. **[Rekombination].** Erzeugen einer Menge $\{\Xi_{n+1}, \Xi_{n+2}, ..., \Xi_{n+k}\}$ von Individuen durch sukzessive Anwendung der genetischen Operatoren.
7. **[Qualität bestimmen].** Zählen der Einsen und Zuweisen dieses Wertes als Qualität an das Individuum.
8. **[Selektion].** Bilden einer neuen Population durch Selektion der n besten Individuen aus der Menge der n + k Individuen in Abhängigkeit von deren Qualität.
9. **[Abbruchkriterien testen].** Haben alle Allele eines Individuums den Wert 1?
10. **[Terminierung].** Ende.

Dieser einfache GA erzeugt zufällig eine Menge von Individuen, die aus Nullen und Einsen bestehen. Das Verfahren terminiert, wenn ein Individuum an jeder Genposition eine "1" aufweist. Natürlich wird dieses "Problem" sehr schnell von einem GA gelöst. In diesem Algorithmus kommen die wesentlichen genetischen Operatoren in grundlegender Form vor. Da man das Problem beliebig skalieren kann durch Variation der Anzahl der Gene, lassen sich sehr gut aussagekräftige Messungen durchführen.

Festlegen der Testreihen. Anhand dieses Beispiels läßt sich gut sehen, inwieweit die Beschleunigung der genetischen Operatoren durch assoziative Speicherung unterstützt werden kann, da beide Versionen GA.SE und GA.AS des oben genannten Algorithmus funktional identisch sind. Für verschiedene Populationsgrößen bei variierender Anzahl der Genlänge sind Meßreihen durchgeführt worden.

Sowohl GA.SE als auch GA.AS sind für alle Populationsgrößen mit den Genlängen 10, 25 und 40 gemessen worden. Interessant ist in diesem Zusammenhang die Feststellung, ob die zunehmende Parallelität zu Performance-Gewinnen des GA.AS führt.

Der GA arbeitet unterschiedlich, wenn die Population größer bzw. kleiner gewählt wird. Bei größeren Populationen (die in der Praxis üblich sind) steigt der Sortieraufwand deutlich an. Nach den Ausführungen von Kap.6.1 ist zu vermuten, daß die inhaltsadressierte Speicherung sich bei steigender Problemgröße zunehmend bemerkbar macht. Folgende Populationsgrößen sind gewählt worden, die typische bei GA verwendete Werte vertreten:

2 Eltern, 2 Kinder
5 Eltern, 5 Kinder
25 Eltern, 25 Kinder
10 Eltern, 100 Kinder
50 Eltern, 100 Kinder
100 Eltern, 10 Kinder

Abb.6.4: Verwendete Populationsgrößen

Laufzeitmessungen. Die Zeitmessungen sind auf der Basis gezählter Assemblerbefehle durchgeführt worden. An dieser Stelle sei bereits darauf hingewiesen, daß GA.AS für alle Beispiele schneller gelaufen ist als GA.SE. Die beiden Algorithmen laufen funktional äquivalent. Sie verwenden den gleichen Prozessor und (per Annahme) gleichschnelle Speicherbausteine. Deshalb sind alle gemessenen Unterschiede *einzig und allein auf das unterschiedliche Speicherkonzept* zurückzuführen.

In Abb.6.5 sind alle Gesamtlaufzeiten bilanziert. Die Zeilen geben die verwendeten Populationsgrößen und die Spalten die Anzahl der Gene des behandelten Beispiels an. Die absoluten Zahlen der gemessenen Befehle sind nicht von Interesse; statt dessen wird der Leistungsunterschied immer als Quotient "Instruktionen GA.SE/Instruktionen

GA.AS" angegeben; wenn z.B. GA.SE 15000 und GA.AS 10000 Instruktionen benötigt hat, dann würde im entsprechen-den Kästchen eine 1.50 stehen.

	10	25	40
2E 2K	1.22	1.07	1.04
5E 5K	1.52	1.22	1.07
10E 100K	1.58	1.25	1.16
25E 25K	4.00	2.14	1.59
50E 100K	5.08	3.11	2.19
100E 10K	16.71	6.50	3.90

Abb.6.5: Gesamtlaufzeiten im Vergleich

Der GA.AS hat zu einer deutlichen Leistungssteigerung in der Gesamtlaufzeit geführt. Der Erfolg ist einzig und allein auf die unterschiedliche Speicherverwaltung zurückzuführen. Besonders wichtig ist die Tatsache, daß der Leistungsunterschied für steigende Populationsgrößen deutlich ansteigt. Während für Generationen aus zwei Eltern und zwei Kindern der Vorteil noch bei 22% gelegen hat, ist er für 100 Eltern und 10 Kinder pro Generation auf 1571% angewachsen (bei einer Genlänge von 10). Für reale praktische Probleme sind Populationen mit 10^3 - 10^5 Individuen zu erwarten, was den Vorteil des GA.AS zunehmend verstärken sollte. Für größere Populationen ist nach den in Abb.6.5 dokumentierten Ergebnissen der Einsatz von assoziativer Speicherung von großem Vorteil.

Einfluß der Rekombination. Mit zunehmender Genzahl nimmt der Vorsprung des GA.AS in absoluten Zahlen (Differenz der Instruktionen) zu, allerdings ist der Quotient für kleinere Genzahlen höher. Der Grund dafür liegt in der Implementierung der einzelnen Operatoren verborgen. Aufgrund implementierungstechnischer Schwierigkeiten mußten die Daten bei der Rekombination einzeln aus dem Assoziativspeicher ausgelesen werden. Diese Einzelauslesung wurde etwas komplexer implementiert als das Auslesen bei einem ortsadressierten Speicher (siehe Abb.6.6). Mit steigender Genlänge nimmt die Anzahl der durch die Rekombination benötigten Instruktionen überproportional zu. Deshalb steigt zwar der Vorteil des GA.AS in absoluten Zahlen (Differenz der Instruktionen) weiter an, doch der Quotient wird langsam kleiner.

	10	25	40
2E 2K	0.97	0.93	0.93
5E 5K	0.98	0.93	0.93
25E 25K	0.98	0.93	0.93
10E 100K	0.99	0.93	0.94
50E 100K	0.99	0.93	0.94
100E 10K	0.93	0.90	0.92

Abb.6.6: Rekombination

Die Quotienten für die Befehle zur Rekombination (einschließlich Mutation) sind in Abb.6.6 aufgelistet. Die Resultate sind fast konstant und weisen einen Vorteil für GA.SE auf. Dieser Vorteil ist darauf zurückzuführen, daß nur auf Kosten des Verzichtes gleicher Funktionalität beider Algorithmen eine effiziente Implementierung des GA.AS möglich gewesen wäre.

	10	25	40
2E 2K	1.85	2.99	4.37
5E 5K	1.85	2.99	4.36
25E 25K	1.85	2.99	4.35
10E 100K	1.85	2.99	4.35
50E 100K	1.85	2.99	4.35
100E 10K	1.85	2.99	4.34

Abb.6.7: Bewerten

Ausrechnen der Qualitätsfunktion. Das Berechnen der Zielfunktion konnte in diesem Fall unterstützt werden, da paralleles Zählen der Einsen in jedem Genstring im Prinzip möglich ist. Mit steigender Länge des Genstrings wächst der Quotient stark an, während die Größe der Population keinen Einfluß auf die Effizienz ausübt.

Sortieren der Population. Das Sortieren ist ein aufwendiger Prozeß. Beim GA wird natürlich nicht die gesamte Population sortiert, sondern nur eine Auswahl der besten n aus n+k Individuen getroffen. Die zeitaufwendigste Operation ist das Vertauschen zweier Individuen (Umkopieren aller Gene). Da die besten n Individuen immer sortiert vorliegen, müssen lediglich die k Kinder in die Population einsortiert werden. Dieses Einsortieren geschieht, indem der Platz der einzelnen Individuen zunächst berechnet wird (viele neue Individuen sind a priori schwächer und fallen mittels einer Vergleichsoperation mit dem schwächsten Individuum der Population heraus). Am Schluß werden die Individuen dann erst eingeordnet.

Trotz dieses effizienten Algorithmus wird das Sortieren bei zunehmender Populationsgröße sehr aufwendig. Zurückgreifen auf lokale/implizite Selektionsverfahren bringt wenig, da zwar nicht mehr sortiert werden muß, aber die Leistung des Algorithmus deutlich abnimmt.

Der GA.AS findet parallel alle Qualitätswerte mittels eines Befehls. Dann kann mittels eines parallelen Vergleichs das Gen mit der schwächsten Qualität gefunden werden. Das ganze dazugehörige Individuum wird mittels eines weiteren Befehls gelöscht. Dieses Verfahren ist sehr einfach (von der Software aus betrachtet) und steigt in der Komplexität mit steigender Größe der Population nur sehr wenig an, da die Parallelität voll genutzt wird.

Der Vorteil des GA.AS ist klar meßbar - was überrascht, ist die Größe der Überlegenheit. Mit Sicherheit ist nicht erwartet worden, daß eine Überlegenheit von bis zu einem Faktor von 500 herauskommen kann.

	10	25	40
2E 2K	4.78	3.26	1.91
5E 5K	16.80	14.63	5.48
25E 25K	110.87	126.47	96.68
10E 100K	27.53	30.43	26.64
50E 100K	216.89	276.71	229.50
100E 10K	519.31	495.93	399.74

Abb.6.8: Sortieren

Zusammenfassung. Der Einsatz von Assoziativspeichern bewirkt einen klar meßbaren Speedup beim Einsatz für GA. Dieser Speedup fällt sehr stark ins Gewicht, ohne die Funktionalität des Programmes zu beeinflussen. Vom Benutzer wird lediglich verlangt, daß er die entsprechenden Datenstrukturen benutzt, die ihm aber in einer speziellen Datei zur Verfügung gestellt werden können. Aus Gründen der Anwenderfreundlichkeit muß der Benutzer den Zugriff auf RAM oder CAM vom Programm aus steuern können. Sind diese Voraussetzungen gegeben, können GA so beschleunigt werden, wie in diesem Kapitel analysiert worden ist. Mit steigender Komplexität verfügbarer Rechnerkapazitäten lassen sich auch aufwendigere GA implementieren. Aus Effizienzgründen ist bisher meist mit kleinen Populationen und einfachen genetischen Operatoren, wie z.B. zufälliger Rekombination oder impliziter Selektion, gearbeitet worden. In der Zukunft sollen aber bessere Operatoren zunehmend eingesetzt werden. Deshalb wird auch der Wunsch nach besserer Hardwareunterstützung spürbar werden. Das Konzept des AM^3 ist hier zukunftsweisend, da es Unterstützung gerade für die komplizierteren Operatoren bringt. Will der Benutzer aber einfachere Operatoren implementieren, dann bietet der AM^3 auch die normale Unterstützung durch ortsadressierte Speicher an.

Schaut man sich die Ergebnisse der Simulationen an, dann ist der erzielte Vorteil des GA.AS erheblich, wenn man bedenkt, daß der Algorithmus bei funktionaler Äquivalenz und äquivalent schneller Hardware nur den Vorteil des assoziativen Speicherkonzeptes nutzt.

Daß allein mit dieser Maßnahme der GA signifikant beschleunigt werden kann, zeigt die Relevanz von Architekturen wie z.B. dem AM^3, die neben dem ortsadressierten Speicher auch noch über einen inhaltsadressierten Speicher verfügen.

6.3 Anpassung genetischer Algorithmen an eine flagorientierte Datenspeicherung

6.3.1 Das flagorientierte Architekturkonzept ARAM

Einführung. Die sogenannte ARAM-Architektur (**A**ssociative **R**andom **A**ccess **M**emory) verwirklicht das Konzept der flagorientierten Datenspeicherung [Tav90], welches weiter unten erklärt wird. Der ARAM ist eine assoziative Speicherarchitektur, welche allerdings nach anderen Verarbeitungsprinzipien funktioniert als der AM^3. Zu Anfang der Ausführungen werden diejenigen Konzepte aus der ARAM-Architektur vorgestellt, die sich gut für GA eignen. Danach erfolgt eine Diskussion, wie GA geeignet auf eine solche Architektur abgebildet werden können.

Die Vorgehensweise bei der Ausnutzung der Architekturressourcen für GA ist grundlegend anders als beim AM^3. Während beim AM^3 die eigentlichen Berechnungen im Prozessor stattfinden, werden beim ARAM-Konzept diese direkt im Speicher durchgeführt. Der Speicher übernimmt beim ARAM deshalb (parallel) die meisten Aufgaben des Prozessors mit.

Flagorientierte Datenspeicherung. Das Konzept der flagorientierten Speicherung von Daten wird im folgenden vorgestellt. Die Daten sind zunächst als normale Binärzahlen abgespeichert. Ein Bitstring der Länge n kann bekanntlicherweise 2^n Binärzahlen kodieren. So ist es umgekehrt möglich, eine Decoderschaltung zu bauen, die zu jedem n bit langen Bitstring genau eine von 2^n Ausgangsleitungen mit einer 1 belegt. Jede dieser Einsen zeigt die "Anwesenheit" des dekodierten

Datums an. Deshalb wird dieser Wert in [Tav90] als MIF (**M**atch **I**ndicating **F**lag) bezeichnet.

Der Assoziativspeicher ARAM enthält solcherart kodierte Bitstrings. Seine interne Verarbeitung führt er auf den MIF-Vektoren aus. Die Daten können wieder kodiert und ausgelesen werden, was in Abb.6.9 illustriert wird. Der große Vorteil dieser Datenrepräsentation ist, daß solch ein Vektor nicht nur eine Binärzahl enthält, sondern bis zu 2^n verschiedene Binärzahlen speichern kann. Der MIF-Vektor wird nämlich dahingehend interpretiert, daß eine 1 das Vorhandensein der entsprechenden Binärzahl bedeutet. In Abb.6.9 wird dieser Sachverhalt anhand eines einfachen Beispiels verdeutlicht.

MIF-Vektor:
0001000100110001
(höherwertige Bits rechts)

entsprechende Binärzahlen:
0011
0111
1010
1011
1111

Abb.6.9: Kompakte Speicherung von Binärzahlen

Länge der Vektoren. Der Nachteil dieser Datenrepräsentation ist der hohe Speicheraufwand. Eine Verlängerung der Bitstrings um ein Bit führt zu einer Verdoppelung der Länge des MIF-Vektors; so läßt ein Binärstring von n=20 den MIF-Vektor auf 1MBit Länge anwachsen. Durch das exponentielle Wachstum des MIF-Vektors scheint das Konzept für praktische Anwendungen zunächst einmal unpraktikabel zu sein.

Beim Konzept der flagorientierten Datenverarbeitung wächst der Speicherbedarf exponentiell mit der Länge der zu speichernden

Datenworte. Deshalb wurde ein Konzept entwickelt, um einen Flagvektor "beliebiger" Länge aus kleineren Teilflagvektoren, welche als Assoziativspeicherbaustein realisierbar sind, zusammenzusetzen. In [Tav90] wird dieses Konzept als vertikales Assoziativspeicherfeld bezeichnet. Zur Realisierung eines solchen vertikalen Assoziativspeicherfeldes wird ein zu speicherndes Datum in zwei Teile unterteilt. Die niederwertigen Bits des Datums werden parallel an alle Assoziativspeicherbausteine angelegt. Über die höherwertigen Bits des Datums wird derjenige Baustein selektiert, welcher entsprechend seiner Wertigkeit das Datum enthalten muß. Bei dieser Art der Kaskadierung bleibt die Parallelität vollständig erhalten.

Konsequenzen für dieses Kapitel. Der Zweck dieses Kapitels ist die Prüfung der Eignung des ARAM-Konzeptes für GA. Die Vektoren können dabei je nach konkreter Hardwarerealisierung auf völlig unterschiedliche Art implementiert werden. Deshalb wird im folgenden der MIF-Vektor als abstrakter Datentyp betrachtet. Dies bedeutet, daß davon ausgegangen wird, daß die Verwaltung der MIF-Vektoren gegeben ist, wobei zu berücksichtigen ist, daß die volle Parallelität mit Sicherheit nicht gewährleistet ist.

Arithmetik-Logik-Einheit. Wenn alle Daten derart kodiert sind, können die Vorteile hochparallelen Suchens mit der parallelen Darstellung verschiedener Bitstrings verbunden werden. Eine Erweiterung der flagorientierten Assoziativspeicherarchitektur auf ein flagorientiertes Rechenwerk, welches sowohl arithmetische als auch boolesche Operationen auf den MIF-Vektoren durchführt, wird in [Tav90] ebenfalls diskutiert. Es wird ein Operand q dekodiert und vollparallel mit dem MIF-Speichervektor verknüpft (mittels einer AND/OR-Matrix). Damit können dann über fünfzig unterschiedliche Operationen (arithmetische und logische) ausgeführt werden.

Durch den Operandendecoder wird eine Menge von Bitstrings geschickt, welche den MIF-Speichervektor bilden. Diese Bitstrings wären im Falle der GA die Gene und Zielfunktionswerte. Eine Population von Individuen mit allen ihren Genen ist dann in *einem* MIF-Vektor gespeichert. Dieser Speichervektor wird in einer Recheneinheit mit einem Operanden Q verknüpft, welcher ebenfalls ein solcher Vektor sein kann oder aber auch eine "herkömmliche" Binärzahl. Die Ergebnisse werden identifiziert und als neuer MIF-Vektor ausgegeben. Der große Vorteil dieses Rechenwerkes ist, daß die Flags parallel manipuliert werden und damit Rechenzeit gespart wird. Im Prinzip könnten dann in einem Schritt sämtliche Gene aller Individuen manipuliert werden.

Im folgenden wird gezeigt, wie flagorientierte Arithmetik-Logik-Einheiten für GA eingesetzt werden können.

6.3.2 Die Kodierung

Die genetische Kodierung als bitstring erfolgt mittels der Darstellung $G^* = \{0,1\}^h \times \{0,1\}^i \times \{0,1\}^j$, mit h Bits Dateninformation und i bzw. j Bits für die laufende Nummer des Individuums bzw. dessen Gennummer. Die ganze Population kann im Prinzip mittels eines Operandendecoders in einen MIF-Speichervektor umgewandelt werden.

6.3.3 Die Rekombination

Ziel. Zur Rekombination muß bisher die Information aus dem Speicher ausgelesen und im Prozessor weiterverarbeitet werden. Die Rekombination soll mittels Crossing Over durchgeführt werden. Dazu genügt ein einfaches Rechenwerk auf der Basis der o.g. Ausführungen. Damit kann die gesamte Rekombination im ARAM durchgeführt werden, ohne die Daten auslesen zu müssen.

Verfahrensweise. Zur Durchführung des Crossing Over muß zunächst die Crossing Over Position bestimmt werden. Angenommen die Strings aus Abb.6.9 sollten rekombiniert werden, wobei jeweils die ersten beiden Bits des Vaters und die letzten beiden Bits der Mutter verknüpft werden. Die Operationen werden zunächst auf normalen bitstrings erläutert. Danach folgt die Erweiterung auf MIF-Speichervektoren. Zur

Durchführung der Rekombination sind dann folgende Schritte notwendig.

Rekombination mit Bitstrings:

a) Erstellen der Vater-Individuen
Die Bitstrings aus Abb.6.9 sind derart zu manipulieren, daß die ersten beiden Bits jedes Individuums übernommen werden, während die letzten beiden Bits auf Null zu setzen sind. Dazu werden die Bitstrings bitweise mit dem bitstring 1100 multipliziert (UND-verknüpft).

0011 * 1100 --> 0000
0111 * 1100 --> 0100
1010 * 1100 --> 1000
1011 * 1100 --> 1000
1111 * 1100 --> 1100

b) Erstellen der Mutter-Individuen
Die Bitstrings aus Abb.6.9 sind derart zu manipulieren, daß die letzten beiden Bits jedes Individuums übernommen werden, während die ersten beiden Bits auf Null zu setzen sind. Dazu werden die Bitstrings bitweise mit dem bitstring 0011 multipliziert.

0011 * 0011 --> 0011
0111 * 0011 --> 0011
1010 * 0011 --> 0010
1011 * 0011 --> 0011
1111 * 0011 --> 0011

c) Rekombination von jeweils einem Vater und einer Mutter
Ein Vater- und ein Mutter bitstring werden selektiert und zu einem neuen Individuum verknüpft. In unserem Beispiel geht das so, daß zwei wie in a) und b) manipulierte Individuen (ein Vater und eine Mutter) mit ODER verknüpft werden. So läßt sich durch

$(0100) \vee (0010) = 0110$

Crossing Over zwischen dem zweiten und dritten Individuum der Grundpopulation durchführen.

Rekombination mit flagorientierter Datenspeicherung:

Die fünf Individuen liegen als MIF-Vektor der Form

0001000100110001

vor. Um die Übersicht zu wahren, ist der Laufindex des Individuums ebensowenig berücksichtigt wie der Laufindex über die Gene des Individuums. Abb.6.10 zeigt eine Schaltung zur Realisierung der Erstellung der Väter und Mütter für die Population aus Abb.6.9. Als MIF-Speichervektor liegt der o.g. MIF-Vektor an; die Recheneinheit führt logisches AND durch und der Operand Q ist der Bitstring 1100 für die Väter (allgemein ist Q für die Väter dann ein Bitstring der Form 1^k0^{n-k}, wenn nach Position k Crossing Over durchgeführt wird). Als Resultat entsteht der MIF-Vektor 1000100010001000.

Dieser Vektor wird parallel bestimmt (Ausnutzen der Vorteile des Konzeptes von Tavangarian). Die Mütter werden mit der gleichen Schaltung erstellt, wobei als Q der Bitstring 0011 zu nehmen ist. Als Resultat entsteht der MIF-Vektor 0011000000000000.

Die beiden MIF-Vektoren sind nun dergestalt miteinander zu verknüpfen, daß der eine als Operand Q und der andere als Input für das Rechenwerk anliegt. Das Rechenwerk ist in der Lage, zwischen den MIF-Vektoren ODER-Verknüpfungen durchführen zu können (Abb.6.11).

Gibt es k_1 Väter und k_2 Mütter, werden k_1*k_2 Nachkommen erzeugt. Da die Operationen auf *einem* MIF-Vektor parallel ablaufen, können k_1 Nachkommen jeweils in einem Schritt erzeugt werden. Diese Schleife müßte dann k_2-mal durchlaufen werden (muß vom Rechenwerk intern erledigt werden). Die Nachkommen werden in einem dritten MIF-

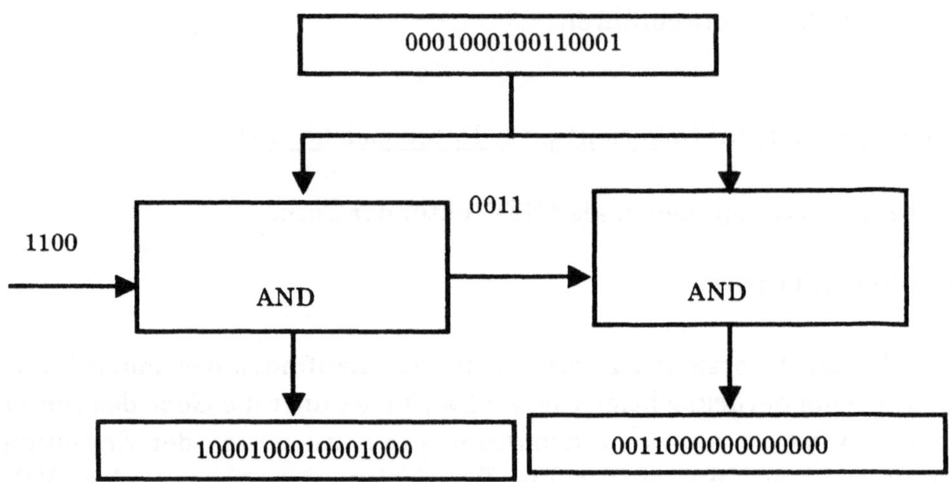

Abb.6.10: Blockschaltbild zum Erstellen der Eltern

Vektor gespeichert und die durch das Crossing Over benötigten MIF-Vektoren werden gelöscht.

6.3.4 Mutation

Vorgehensweise. Der durch die Rekombination entstandene MIF-Vektor der Nachkommenschaft muß noch mutiert werden. Hierzu werden zufällig einzelne Bits einzelner Individuen verändert. Die Mutation ist ebenfalls mittels eines Rechenwerkes (Abb.6.11) durchzuführen. Die Eingabe ist der MIF-Vektor mit der Nachkommenschaft nach dem Rekombinationsschritt. Die Mutation wäre z.B. so durchzuführen, daß als Operand Q ein Bitstring (Mutationsoperand) verwendet wird, der an einigen Stellen eine 1 enthält (und sonst lauter Nullen). Wird dieser Bitstring mit einem anderen mittels EXOR verknüpft, entsteht ein Bitstring, welcher sich exakt an der Stelle geändert hat, welche durch den Mutationsoperanden definiert worden ist. Es ergibt sich zum Beispiel

1100 ⊕ 0001 --> 1101

was der Mutation an einer Stelle entspricht.

Es ist auch möglich, bei der gesamten Nachkommenschaft parallel die gleichen Bits zu mutieren. Dieses ist aber wenig sinnvoll, so daß ein Konzept denkbar wäre, bei dem zufällig das Register Q seine Werte ändern würde und mit diesen Werten jeweils eine Teilmenge des MIF-Vektors mutiert.

Der mutierte MIF-Vektor wird zurückgeschrieben in den Speicher, wobei er mit dem MIF-Vektor seiner "Eltern" OR-verknüpft wird, was zu einer Elimination der Duplikate führt.

6.3.5 Bewertung

Die neuerzeugten Bitstrings sind einer Bewertungsfunktion zu unterziehen. Die Bewertung geschieht außerhalb des Speichers im Prozessor. Die bewerteten Individuen werden in den Speicher zurückgeschrieben.

6.3.6 Selektion

Um die Selektion durchzuführen, müssen einzelne Speicherworte gelöscht werden. Zu diesem Zwecke ist ein Assoziativspeicher von großem Nutzen, wie in Kap.6.2 schon erläutert worden ist. Die Bewertung ist dabei in die Genstruktur des Individuums einzubauen. Für ARAM ist das aus Gründen der Übersichtlichkeit in diesem Kapitel nicht geschehen. Wenn der Qualitätswert als Gen Nr.0 abgespeichert wäre, dann würden die Flags im MIF-Vektor schon sortiert vorliegen. Die k untersten Flags würden einfach gelöscht werden. Diese Operation ist dadurch so einfach, weil die gesamte Population sortiert vorliegt.

6.3.7 Zusammenfassung der Ergebnisse

Auf Grundlage der flagorientierten Darstellung lassen sich GA gut modellieren. Die beste Unterstützung für GA bietet ein pipelineähnliches Konzept (Abb.6.11).

Schaltung. Die Abbildung 6.11 stellt noch einmal eine Zusammenfassung der bisherigen Überlegungen dar. Eine binär kodierte Population $\rho=(\rho_0,\rho_1,\ldots,\rho_{n-1})$ wird durch eine Decoder-Schaltung als MIF-Speichervektor repräsentiert. Zwei Kopien dieses Vektors werden mittels einer logischen UND-Verknüpfung bei Eingabe einer geeigneten Maske von außen in Väter und Mütter zur Vorbereitung des Crossing Over aufgeteilt. Durch OR-Verknüpfungen der Väter und Mütter entsteht der Vektor der Nachkommenschaft. Dieser wird durch eine EXOR-Schaltung mutiert. Der so entstandene Vektor der Nachkommenschaft wird mit dem Vektor der Eltern OR-verknüpft, so daß die Duplikate automatisch entfernt werden.

Abschließende Bemerkungen. Das ARAM-Konzept unterstützt GA ideal. Sämtliche Operationen können parallel durchgeführt werden. Das einzige Problem liegt in der Verwaltung der Flags. Dieses Problem ist stark abhängig von der jeweiligen Hardware und hat mit GA direkt nichts zu tun. Deshalb ist in dieser Arbeit der Flagvektor als abstrakter Datentyp behandelt worden. Das hier vorgestellte Konzept bleibt damit hardwareunabhängig, stellt aber hohe Anforderungen an die Architektur des Assoziativspeichers.

Die Ergebnisse von Kap.6.1-6.3 lassen den Schluß zu, daß parallele assoziative Hardware eine hervorragende Unterstützung zur Verwaltung einer Population für GA darstellt. Wie schon mehrfach erwähnt basieren GA gerade auf möglichst großen Populationen und aufwendig gestalteten genetischen Operatoren. Mit zunehmender Verbreitung von GA gerade im kommerziellen Bereich wird deshalb der Bedarf nach Architekturen wie dem AM^3 oder ARAM deutlich zunehmen.

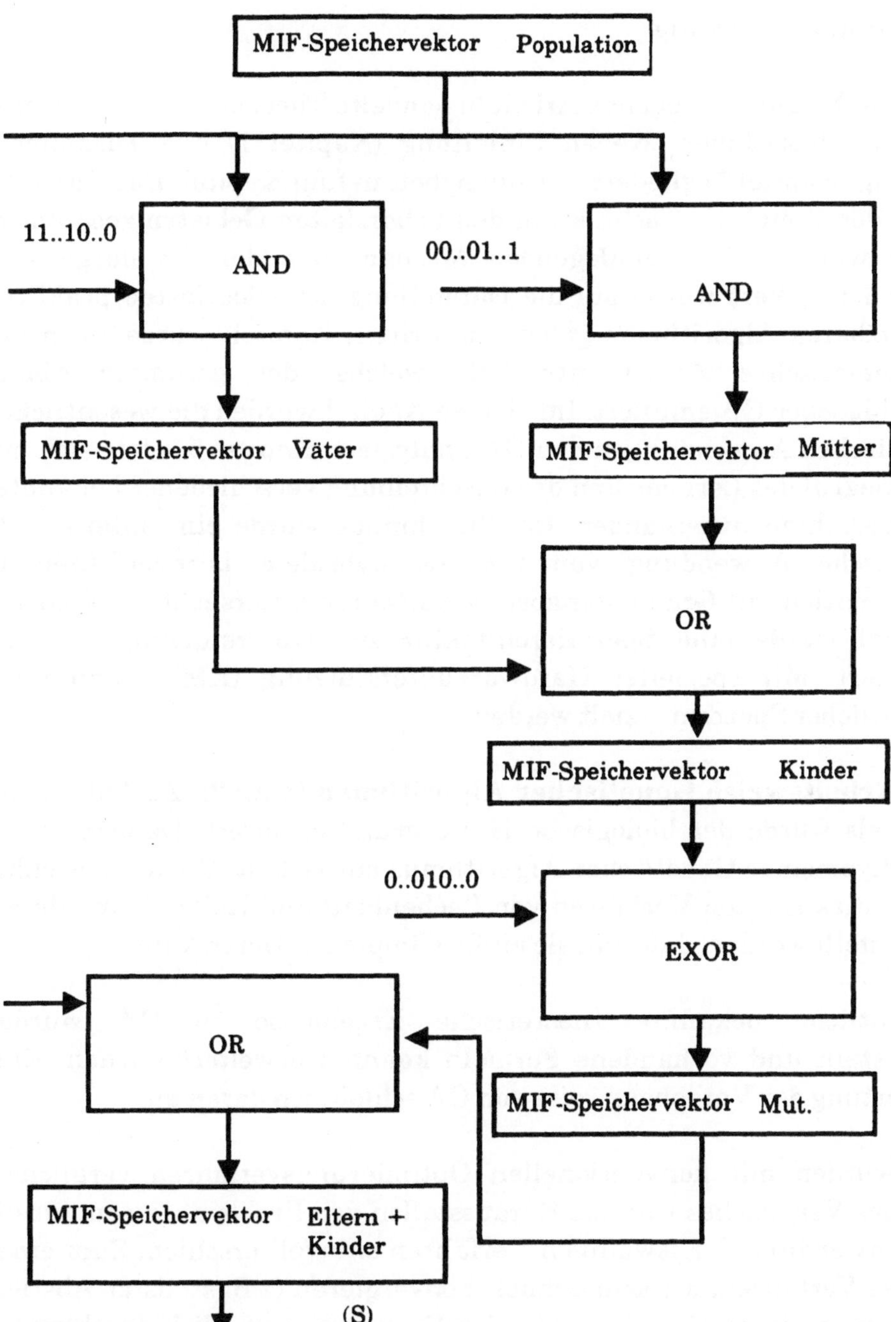

Abb.6.11: Blockschaltbild zum Ablauf des Genetischen Algorithmus

7. Zusammenfassung

Übersicht. Die vorliegende Arbeit behandelte Theorie und Praxis Genetischer Algorithmen. Neben Einleitung (Kapitel 1) und Zusammenfassung (Kapitel 7) gliedert sich die Arbeit in fünf Kapitel. Das Kapitel 2 faßte den Stand der Technik auf den behandelten Gebieten zusammen, dabei wurden die grundlegenden Mechanismen der GA dargestellt. Besonderer Wert wurde auf die Darstellung der wichtigsten praktisch einsetzbaren Algorithmen gelegt. Im dritten Kapitel wurde ein neues mathematisches Modell entwickelt, welches den gesamten Ablauf verschiedener GA emuliert. Im vierten Kapitel wurden die wesentlichen praktischen Anwendungen von GA analysiert. Kapitel 5 setzte sich mit dem Begriff des Lernens und der Beschreibung verschiedener bekannter Lernverfahren auseinander. Darüber hinaus wurde eine interessante praktische Anwendung von GA als hybridem Lernverfahren in Kombination mit Gradientenabstiegsverfahren untersucht. Im sechsten Kapitel wurde eine Spezialarchitektur zur Unterstützung von GA evaluiert. Mit spezieller Hardwareunterstützung (AM^3) konnte ein beachtlicher Speedup erzielt werden.

Die Arbeitsweise Genetischer Algorithmen (Kap.2). Zu Anfang des Kapitels wurde der biologische Hintergrund erläutert. Danach wurde ein allgemeiner Genetischer Algorithmus entwickelt. Die am Anschluß daran diskutierten Verfahren von Rechenberg und Holland sind derart dargestellt worden, daß man sie einfach implementieren kann.

Wesentliche bekannte theoretische Ergebnisse zu GA wurden vorgestellt und vorhandene Formeln konnten erweitert werden. Eine Bewertung der Vorgehensweise von GA schloß sich daran an.

GA wurden mit konventionellen Optimierungsverfahren verglichen. Ziel des Vergleiches war das Herausstellen von Problemklassen, für die die Anwendung der jeweiligen Verfahren sinnvoll erschien. Zum einen gibt es Verfahren, die sehr schnell konvergieren (z.B. steilster Abstieg) und zum anderen Verfahren, die den Suchraum gründlich durchforsten (z.B. GA mit großer Population). Es lassen sich leicht Probleme finden, für die Verfahren der einen Sorte jeweils Verfahren der anderen Sorte überlegen sind.

Das genetische Verfahren hat eindeutig seine Stärke in der Anfangsphase eines Optimierungsalgorithmus. Es wird mit hoher Wahrscheinlichkeit ein Teilgebiet des Suchraums mit guten lokalen Optima gefunden. Gradientenverfahren hingegen sind startwertabhängig und haben ihre Stärke in der schnellen Konvergenz. Wünschenswert sind Verfahren, welche gute Ergebnisse liefern, indem sie gerade die Vorteile beider Verfahren kombinieren. Ein hybrides Verfahren, bei dem ein GA beginnt, welcher später von einem Gradientenverfahren abgelöst wird, verbindet wesentliche Stärken beider Verfahren. Deshalb wurden zur Problemlösung für verschiedene Problemklassen auch verschiedene, neuartige hybride Optimierungsverfahren (Kombinationen von GA und Gradientenverfahren) vorgeschlagen.

Evaluierung Genetischer Algorithmen (Kap.3). Im Rahmen dieses Kapitels wurde ein Formalismus entwickelt, der zur Evaluierung der GA wesentliche Instrumente bereitstellt. Die Sichtweise des entwickelten abstrakten Modells ist dabei die Folgende: Der GA kopiert Genmaterial von einer Generation zur nächsten und wählt dabei gutes Genmaterial bevorzugt aus. Eine Generation bedeutet analog zu dem Begriff in der Umgangssprache das Ersetzen der aktuellen Population durch deren Nachkommenschaft. Von Generation zu Generation stirbt Genmaterial aus, so daß die Individuen einander immer ähnlicher werden - bis schließlich ein stationärer Zustand erreicht wird, in dem alle Individuen identisch sind. Das Modell rechnet Erwartungswert und Streuung einer Zufallsvariablen aus, welche die Anzahl der zu erzeugenden Generationen beschreibt.

Das erste Ziel war die Entwicklung des mathematischen Grundmodells, welches zunächst lediglich das Kopieren des Genmaterials untersuchte. Unter Zuhilfenahme dieses mathematischen Modells (beruhend auf Markov-Ketten) konnte das Verhalten von GA formal spezifiziert werden. Das Modell beschreibt nicht nur die Arbeitsweise des GA, sondern darüber hinaus noch dessen gesamten dynamischen Ablauf. In der Arbeit wurden Formeln entwickelt, die dem Anwender Aussagen über die erwartete Laufzeit beim Einsatz verschiedener Evolutionsverfahren geben. Aus dem Modell wurde ferner ersichtlich, für welche Problemklassen GA günstig eingesetzt werden können.

Einen weiteren wesentlichen Schwerpunkt bildete die Evaluierung der genetischen Operatoren. Als Hilfsmittel bei der Untersuchung standen das zuvor entwickelte Modell und die Formel aus Kap.2 zur Beschreibung von GA zur Verfügung. Damit wurden neue wichtige Kenntnisse über die Funktionsweise von GA gewonnen. Diese theoretischen Ergebnisse wurden mittels eines synthetischen Beispiels, welches eine Reihe von lokalen Minima aufwies, überprüft.

Anwendungen von Genetischen Algorithmen (Kap.4). Einige der Anwendungen von GA wurden vertieft untersucht im Rahmen dieses Buches. Die Anwendungen sind in zwei Unterkapitel gegliedert, nämlich Anwendungen mit der Evolutionsstrategie (im deutschsprachigen Raum) und Anwendungen mit "Genetic Algorithms" (in den USA).

Praktische Untersuchungen an Neuronalen Netzen (Kap.5). Lernen in NN wird in der Praxis in etwa als das Finden einer optimalen Kombination der Gewichte der Verbindungen verstanden. GA werden für Optimierungsaufgaben eingesetzt; sie konnten damit leicht als Lernverfahren für NN modelliert werden.

Verschiedene Lernverfahren wurden in einen Simulator für Neuronale Netze integriert und mit zwei Beispielen aus der Bild- bzw. Sprachverarbeitung getestet. Bei großen Problemen setzte sich erwartungsgemäß ein hybrides Verfahren durch, welches mittels eines GA zunächst vielversprechende Teile des Suchraums fand und danach mittels eines Gradientenverfahrens das Optimum approximierte. Für mittelgroße Probleme erwies sich ein hybrides Verfahren als sehr gut geeignet, welches über eine genetisch gesteuerte Schrittweite des Gradienten verfügte. Für kleine Spielbeispiele galt die Regel: je einfacher das Verfahren, desto schneller wurde die Lösung gefunden.

Parallele Architekturen (Kap.6). Ein Merkmal der GA ist die Tatsache, daß das zu lösende Problem nicht nur einmal, sondern mehrfach in einer Population genetisch kodiert wird. Durch die vorhandene Redundanz verschlechtert sich zunächst einmal die Laufzeit. Eine mögliche Lösung des Problems besteht in der Verkleinerung der Population. In den theoretischen Kapiteln der Arbeit wurde aber gezeigt, daß gerade die Größe der Population die Qualität des Verfahrens positiv beeinflußt. Die in dieser Arbeit verfolgte Lösung bestand darin, parallele Architekturen zur Unterstützung von GA einzusetzen. GA führen einige wenige Operationen (Kopieren der Geninformation, Bewerten, Selektieren) immer wieder auf gleiche Art und Weise aus. Statt diese Operationen sequentiell auf ein Individuum anzuwenden, kann gleichzeitig auf der kompletten Population gearbeitet werden. Nach diesem Prinzip funktionieren z.B. assoziative Architekturen. Deshalb sollte der Einsatz von solchen Architekturen eine meßbare Beschleunigung des GA ergeben. Am Beispiel der assoziativen Architektur AM^3 wurden Experimente durchgeführt, die einen deutlichen Speedup von GA ergaben.

8. Referenzen

[Abl87] Ablay,P.: Optimieren mit der Evolutionsstrategie; Spektrum der Wissenschaft S.104-115; July 1987.

[Akt90] Aktas,A et al.; Classification of Coarse Phonetic Categories in Continuous Speech: Statistical Classifiers vs. Temporal Flow Connectionist Network; International Conference on Acoustics, Speech, and Signal Processing; New Mexico 1990.

[Bäc92a] Bäck, T.: A User's Guide to GENEsYs 1.0; Bericht an der Universität Dortmund zur Beschreibung des Tools GENEsYs; Dortmund 1992.

[Bäc92b] Bäck, T.; Hoffmeister, F.; Schwefel, H.-P.: Applications of Evolutionary Algorithms; Technical Report No. SYS -2/92; Dortmund 1992.

[Asp86] Aspray,W.; Burks,A.: Papers of John von Neumann on Compu-ting and Computer Theory; Reprint Series for the History of Computers 1986.

[Bel61] Bellman, J.: Adaptive Control Processes: A Guided Tour; Princeton University Press Princeton 1961.

[Bel91] Belew,R.K.: Proceedings of the Fourth International Conference on Genetic Algorithms; Morgan Kaufman Publishers, San Mateo (California) 1991.

[Ber88] Bernasconi,J.: Simulated Annealing - eine Optimierungsmethode aus der statistischen Mechanik; Bulletin SEV (Schweizer Elektrotechnischer Verein) Bd. 79 S.1295-1299 1988.

[Bro70] Brockhaus Enzyklopädie; F.A. Brockhaus Bd.11 Wiesbaden 1970.

[Can90] Canditt,S.; Eckmiller,R.: Pulse Coding Hardware Neurons that Learn Boolean Functions; International Joint Conference on Neural Networks (IJCNN), Vol.2 S.102-105; Washington 1990.

[Cas87] Casotto,A.; Romeo,F.; Sangiovanni-Vincentelli,A.: A Parallel Simulated Annealing Algorithm for the Placement of Macro-Cells; IEEE Transactions on Computer-Aided Design, Vol. CAD-6 No.5 1987.

[Dav88] Davies,P.: Prinzip Chaos - Die neue Ordnung des Kosmos; Bertelsmann München 1988.

[Dav88] Davis,L.; Ritter,F.: Schedule Optimization with Probabilistic Search; 3rd IEEE Conference on Artificial Intelligence Applications S.231-236 1987.

[Daw78] Dawkins,R.: The Selfish Gene; Oxford University Press New York 1978.

[Dre85] Dreyfus,H.L.: Die Grenzen künstlicher Intelligenz. Was Computer nicht können; Athenum Königstein 1985.

[Dud73] Duda,R.O.; Hart,P.E.: Pattern Classification and Scene Analysis; John Wiley and Sons New York 1973.

[Ede87] Edelman,G.M.: Neural Darwinism; Basic Books New York 1987.

[Eib90] Eiben,A.E.; Aarts,E.H.L.; Van Hee,K.M.: Global Convergence of Genetic Algorithms: A Markov Chain Analysis; Tagungsband zum Workshop "Parallel Problem Solving From Nature"; Dortmund 1990.

[Eig75] Eigen,M; Winkler,R.: Das Spiel; Piper München 1975.

[Fah88] Fahlman,S.E.: Faster Learning Variations on Back Propagation: An Empirical Study; in Touretzky,D.; Hinton,G.; Sejnowski,T.(Eds.): Proceedings of the 1988 Connectionist Models Summer School.

[Fel68] Feller,W.: An introduction to probability theory and its applications; Wiley New York 1968.

[Fly72] Flynn, M.J.: Some Computer Organizations and Their Effectiveness; IEEE Trans. on Computers C-21,9; September 1972 S. 948-960.

[For93] Forrest,S.: Proceedings of the Fifth International Conference on Genetic Algorithms; Morgan Kaufman Publishers, San Mateo (California) 1993.

[Gar79] Garey,M.R.; Johnson,D.S.: Computers and Intractability - A Guide to the Theory of NP-Completeness; Freeman New York 1979.

[Gil81] Giloi,W.: Rechnerarchitektur; Springer Berlin Heidelberg New York 1981.

[Gle87] Gleick,J.: Chaos - die Ordnung des Universums; Droemer Knaur München 1987.

[Goe90] Goebel,R.: Learning Symbol Processing with Recurrent Networks; in Eckmiller,R.; Hartmann,G.; Hauske,G.(Eds.): Parallel Processing in Neural Systems and Compilers; Elsevier Science Publishers North-Holland 1990.

[Gol87] Goldberg,D.E.: Computer-Aided Gas Pipeline Operation using Genetic Algorithms and Rule Learning; PhD Thesis; Dissertation Abstracts International 44(10); University Microfilms No. 8402282.

[Gol87] Goldberg,D.E.: Finite Markov Chain Analysis of Genetic Algorithms; in Grefenstette,J.J.: Proceedings of the Second International Conference on Genetic Algorithms; Lawrence Earlbaum Associates, Hillsdale (New Jersey) 1987.

[Gol89] Goldberg,D.E.: Genetic algorithms in search, optimization and machine learning; Addison-Wesley 1989.

[Gon89] Gonauser,M.; Mrva,M. (Hrsg.): Multiprozessor-Systeme; Springer Berlin Heidelberg New York 1989.

[Gre85] Grefenstette,J.J.: Proceedings of the First International Conference on Genetic Algorithms; Lawrence Earlbaum Associates, Hillsdale (New Jersey) 1985.

[Gre87a] Grefenstette, J.J.: A User's Guide to GENEsYs; Navy Center for Applied Research in Artificial Intelligence; Washington, D.C. 1987.

[Gre87b] Grefenstette,J.J.: Proceedings of the Second International Conference on Genetic Algorithms; Lawrence Earlbaum Associates, Hillsdale (New Jersey) 1987.

[Hak83] Haken,H.: Synergetics. An Introduction; Springer Berlin Heidelberg New York 1983.

[Heb49] Hebb,D.O.: The Organization of Behavior; Wiley New York 1949.

[Hei89] Heistermann,J.; Eckardt,H.: Parallel Algorithms for Learning in Neural Networks with Evolution Strategy; Parallel Computing Conference; Leiden (1989).

[Hei90a] Heistermann,J.: Learning in Neural Nets by Genetic Algorithms; in Eckmiller,R.; Hartmann,G.; Hauske,G.(Eds.): Parallel Processing in Neural Systems and Compilers; Elsevier Science Publishers North-Holland 1990.

[Hei90b] Heistermann,J.: The Application of a Genetic Approach as an Algorithm for Neural Networks; Tagungsband zum Workshop "Parallel Problem Solving From Nature"; Dortmund 1990.

[Hei91] Heistermann,J.: A Parallel Hybrid Learning Approach to Artificial Neural Nets; Proceedings of the third IEEE Symposium on Parallel and Distributed Processing; Dallas 1991.

[Hei92a] Heistermann,J.: Zur Theorie genetischer Algorithmen; Bericht des FB Informatik Nr. 6/91; Frankfurt am Main 1992.

[Hei92b] Heistermann,J.: Zur Theorie genetischer Algorithmen; Interner Bericht der Siemens AG Nr. BeG 043/92; München 1992.

[Hei92c] Heistermann,J.: A Mixed Genetic Approach to the Optimization of Neural Controllers; Proceedings of the IEEE Conference on Computer Systems and Software Engineering (COMP EURO 92); Den Haag 1992.

[Hil73] Hilgard,F.R.; Bower,G.H.: Theorien des Lernens I; Klett Stuttgart 1973.

[Hin84] Hinton,G.E.; Sejnowski,T.J.; Ackley,D.H.: Boltzmann Machines: Constraint Satisfaction Networks that Learn; Technical Report CMU-CS-84-119, Carnegie-Mellon University 1984.

[Hin86a] Hinton,G.E.; McClelland,J.L.; Rumelhart,D.E.: Distributed Representations; in Rumelhart,D.E.; McCLelland,J.L.: Parallel Distributed Processing Vol.1; MIT Press Cambridge Massachusetts 1986.

[Hin86b] Hinton,G.E.; Sejnowski,T.J.: Learning Internal Representations in Boltzman Machines; in Rumelhart,D.E.; McCLelland,J.L.: Parallel Distributed Processing Vol.1; MIT Press Cambridge Massachusetts 1986.

[Hin89] Hinton,G.E.: Connectionist Learning Procedures; Artificial Intelligence 40; Elsevier Science Publishers B.V. (North-Holland) 1989.

[Hof84] Hofbauer,J.; Sigmund,K.: Evolutionstheorie und dynamische Systeme; Paul Parey Berlin und Hamburg 1984.

[Hof90] Hoffmeister,F.; Bäck,T.: Genetic Algorithms and Evolution Strategies: Similarities and Differences; First International Workshop on Parallel Problem Solving from Nature; Dortmund 1990.

[Hol73] Holland,J.H.: Genetic Algorithms and the Optimal Allocation of Trials; SIAM Journal of Computing 2(2); S.88-105 1973.

[Hol75] Holland,J.H.: Adaption in Natural and Artificial Systems; Ann Arbor The University of Michigan Press 1975.

[Hol78] Holland,J.H.; Reitman,J.S.: Cognitive Systems Based on Adaptive Algo-rithms; in Waterman,D.A.; Hayes-Roth,F. (Eds.): Pattern Directed Inference Systems (pp. 313-329); New York; Academic Press.

[Hol87] Holland,J.H.: Genetic Algorithms and Classifier Systems: Foundations and Future Directions; in Grefenstette,J.J.: Proceedings of the Second International Conference on Genetic Algorithms; Lawrence Earlbaum Associates, Hillsdale (New Jersey) 1987.

[Hop85] Hopfield,J.J.; Tank,D.W.: "Neural" Computation of Decisions in Optimization Problems; Biological Cybernetics 52, S.141-152 1985.

[Hwa85] Hwang,K.; Briggs,F.A.: Computer Architecture and Parallel Processing; McGraw Hill 1985.

[Ive88] Iversen,L.L.: Die Chemie der Signalübertragung; in Gehirn und Nervensystem; Spektrum der Wissenschaft Heidelberg 1988.

[Jan79] Jantsch,E.: Die Selbstorganisation des Universums; Carl Hanser München 1979.

[Jor86] Jordan,M.I.: An Introduction to Linear Algebra in Parallel Distributed Processing; in Rumelhart,D.E.; McCLelland,J.L.: Parallel Distributed Processing Vol.1; MIT Press Cambridge Massachusetts 1986.

[Jud87] Judd,S.: The Complexity of Learning in Constrained Neural Networks; IEEE Conference on Neural Information Processing Systems - Natural and Synthetic 1987.

[Kan88] Kandel,E.R.: Kleine Verbände von Nervenzellen; in Gehirn und Nervensystem; Spektrum der Wissenschaft Heidelberg 1988.

[Kem60] Kemeny,J.G.; Snell,J.L.: Finite markov Chains; Van Nostrand Princeton 1960.

[Kem88] Kemke,C.: Der neuere Konnektionismus; Informatik Spektrum Vol.11, S.143-162 1988.

[Key88] Keynes,R.D.: Ionenkanäle in Nervenmembranen; in Gehirn und Nervensystem; Spektrum der Wissenschaft Heidelberg 1988.

[Kir83] Kirkpatrick,S.; Gelatt,C.D.; Vecchi, M.P.: Optimization by Simulated Annealing; Science Vol.220, S.671-680 1983.

[Kle87] Klein,A.; Eckardt,H.; Istavrinos,P.: Parallelrechner-Architekturen - Eine Studie zum Stand der Technik; Studie der Siemens AG; München 1987.

[Kre91] Kreuzkamp,W.: Erstellung einer Sprachoberfläche für assoziative Operationen in C++; Diplomarbeit an der Universität Frankfurt; Fachbereich 20; Frankfurt 1991.

[Kur92] Kursawe, F.; Schwefel, H.-P.: Künstliche Evolution als Modell für natürliche Intelligenz; 2. Bionikmesse; Wiesbaden 1992.

[Lip87] Lippmann,R.P.: An Introduction to Computing with Neural Nets; IEEE ASSP Magazine(4) 1987.

[Lip87] Lorentz,G.G.: The 13th Problem of Hilbert; in Browder,F.E.(Ed.): Mathematical Developments arising from Hilbert Problems; American Mathematical Society 1976.

[Lue68] Luenberger,D.: Optimization by Vector Space Methods; Wiley New York 1968.

[Mal86] von der Malsburg,C.P.: Frank Rosenblatt: Principles of Neurodynamics: Perceptrons and the Theory of Brain Mechanisms; in Palm,G.; Aertsen,A.(Eds.): Brain Theory; Springer-Verlag Berlin 1986.

[McC79] McCorduck,P.: Machines Who Think; Freeman New York 1979.

[McC86a] McCLelland,J.L;. Rumelhart,D.E.: Parallel Distributed Processing Vol.2; MIT Press Cambridge Massachusetts 1986.

[McC86b] McCLelland,J.L;. Rumelhart,D.E.: A Distributed Model of Human Learning and Memory; in McCLelland,J.L;. Rumelhart,D.E.: Parallel Distributed Processing Vol.2; MIT Press Cambridge Massachusetts 1986.

[McC88] McCLelland,J.L.; Rumelhart,D.E.: Explorations in Parallel Distributed Processing; The MIT Press Cambridge Massachusetts 1988.

[Met53] Metropolis,N.; Rosenbluth,A.; Rosenbluth,M.; Teller,A.; Teller,E.: Equation of State Calculations by Fast Computing Machine; Journal of Chemical Physics Vol.21 1953.

[Min69] Minsky,M.; Papert,S.: Perceptrons; The MIT Press Cambridge Massachusetts 1969.

[Müh91] Mühlenbein,H.: Asynchronous Parallel Search by the Parallel Genetic Algorithm; Proceedings of the third IEEE Symposium on Parallel and Distributed Processing; Dallas 1991.

[Mül86] Müller,K.-D.: Optimieren mit der Evolutionsstrategie in der Industrie anhand von Beispielen; Dissertation an der Technischen Universität Berlin - Fachbereich 10 (Verfahrenstechnik); Berlin 1986.

[Neu75] Neumann,K.: Operations Research Verfahren Band 1-3; Carl Hanser Verlag München Wien 1975.

[Nij89] Nijhuis,J.A.G.; Spaanenburg,L.: NNSIM Internal Structure Reference Version 3.0; Technical Report IMS-TB-07/89; Institut für Mikroelektronik (IMS) Stuttgart 1989.

[Par57] Parkinson,C.N.: Parkinsons Gesetz und andere Untersuchungen über die Verwaltung; Econ Düsseldorf 1957.

[Pin87] Pineda,F.J.: Generalisation of Back Propagation to recurrent Neural Networks; Physical Review Letters Vol.59 1987.

[Pre88] Press,W.H.; Flannery,B.P.; Teukolsky,S.A.; Vetterling,W.T.: Numerical Recipes in C; Cambridge University Press New York 1988.

[Rec73] Rechenberg,I.: Evolutionsstrategie: Optimierung technischer Systeme nach Prinzipien der biologischen Evolution; Friedrich Frommann Stuttgart-Bad Cannstatt 1973.

[Rec89a] Rechenberg,I.: Evolutionsstrategie - Optimierung nach Prinzipien der biologischen Evolution; in Albertz,J. (Hrsg.): Evolution und Evolutionsstrategien in Biologie, Technik und Gesellschaft, Freie Akademie 1989, S. 26 - 72.

[Rec89b] Rechenberg,I.: Evolution Strategy: Nature's Way of Optimization; in Bergmann,H.W.(Hrs.): Lecture Notes in Engineering, Vol.47; Springer Berlin 1989.

[Ros59] Rosenblatt,F.: Two theorems of statistical separability in the perceptron; in mechanisation of thought processes: Proceedings of a symposium held at the National Physical Laboratory Vol.1, S.421-456, London 1958.

[Ros62] Rosenblatt,F.: Principles of Neurodynamics; Spartan New York 1962.

[Rum86a] Rumelhart,D.E.; McCLelland,J.L.: Parallel Distributed Processing Vol.1; MIT Press Cambridge Massachusetts 1986.

[Rum86b] Rumelhart,D.E.; McCLelland,J.L.: A General Framework for Parallel Distributed Processing; in Rumelhart,D.E.; McCLelland,J.L.: Parallel Distributed Processing Vol.1; MIT Press Cambridge Massachusetts 1986.

[Rum86c] Rumelhart,D.E.; Hinton,G.E.; Williams,R.J.: Learning Internal Representations by Error Propagation; in Rumelhart,D.E.; McCLelland,J.L.: Parallel Distributed Processing Vol.1; MIT Press Cambridge Massachusetts 1986.

[Rup82] Ruppert,M.: Reglersynthese mit Hilfe der mehrgliedrigen Evolutionsstrategie; VDI Düsseldorf 1982.

[Sch93] Schulz,M.: Die Softwareoberfläche für einen assoziativen Prozessor; Dissertation an der Universität Frankfurt; Frankfurt 1993.

[Sch87] Schaffer,D.J.: An Adaptive Crossover Distribution Mechanism for Genetic Algorithms; in Grefenstette,J.J.: Proceedings of the Second International Conference on Genetic Algorithms; Lawrence Earlbaum Associates, Hillsdale (New Jersey) 1987.

[Sch89] Schaffer,D.J.: Proceedings of the Third International Conference on Genetic Algorithms; Morgan Kaufman Publishers, San Mateo (California) 1989.

[Sch90] Schiffmann,W.; Mecklenburg,K.: Genetic Generation of Backpropagation Trained Neural Networks; in Eckmiller,R.; Hartmann,G.; Hauske,G.(Eds.): Parallel Processing in Neural Systems and Compilers; Elsevier Science Publishers North-Holland 1990.

[Sch80] Schriever,K.H.(Hrsg.): Enzyklopädie Naturwissenschaft und Technik; Verlag moderne Industrie 1980.

[Sch68] Schwefel,H.-P.: Projekt MHD-Staustahlrohr: Experimentelle Optimierung einer Zweiphasendüse, Teil 1. 11.034/68 Bericht 35, AEG Forschungsinstitut, Berlin, Oktober 1968.

[Sch77] Schwefel,H.-P.: Numerische Optimierung von Computer-Modellen mittels der Evolutionsstrategie; Birkhäuser Basel und Stuttgart 1977.

[Sch92] Schwefel,H.-P.; Bäck,T.: Künstliche Evolution - eine intelligente Problemlösungsstrategie; Künstliche Intelligenz (KI) 2/1992.

[Sej87] Sejnowski,T.J.; Rosenberg,C.R.: Parallel Networks that Learn to Pronounce English Text; Complex Systems 1, S.145-168 1987.

[Sig90] Siggelkow,A; Beltman,A.J.; Nijhuis,J.A.G.; Spaanenburg,L.: Pulse-density modulated Neural Networks on a semi-custom Gate Forest; IEEE/ITG Workshop on Microelectronics for Neural Networks, Dortmund 1990.

[Sip92] Sipf,B.: Anpassung des GNU C++ Compilers für den assoziativen Prozessor AM^3; Diplomarbeit an der Universität Frankfurt; Frankfurt 1992.

[Smi87] Smith,T.: Calibration of Neural Networks Using Genetic Algorithms, with Application to Optimal Path Planning; SOAR87 NASA Conference Publication 2491 1987.

[Spa90] Spaanenburg,L.; Beltman,A.J.; Nijhuis,J.A.G.; Reitsma,A.: A Case Study in the Migration of Software to Hardware using Asics; Euromicro Amsterdam 1990.

[Ste61] Steinbuch,K.: Die Lernmatrix; Kybernetik Vol.1 1961.

[Ste88] Stevens,C.F.: Die Nervenzelle; in Gehirn und Nervensystem; Spektrum der Wissenschaft Heidelberg 1988.

[Tav86] Tavangarian, D.: Flagorientierte Arithmetik-Logik-Einheiten für inhaltsadressierbare Daten.

[Tav90] Tavangarian, D.: Flagorientierte Assoziativspeicher und -prozessoren; Informatik-Fachberichte 240; Springer Verlag Berlin Heidelberg 1990.

[Taw88] Tawel,R.: Does the Neuron "Learn" like the Synapse?; IEEE Conference on Neural Information Processing Systems; Denver 1988.

[Tro91] Troll,A.: Optimierungsverfahren für die Lernphase bei Neuronalen Netzen; Diplomarbeit an der LMU München, Fachbereich Mathmatik; München 1991.

[Wal88] Walk,M.; Niklaus,J.: Some remarks on computer-aided design of optical lens systems; Journal of Optimization Theory and Applications, 59(2):173-181, 1988.

[Wal92] Waldschmidt,K.; Schulz,M.: Der assoziative Universalprozessor AM^3: Architektur, Befehlssatz und objekt-orientiertes Programmier-interface; ITG Fachtagung Kiel 1992.

[Wer88] Werner,F.: Ein adaptives stochastisches Suchverfahren für spe-zielle Reihenfolgeprobleme; Ekonomicko-Matematicky Obzor 24(1):50-67; 1988.

[Wid60] Widrow,B.; Hoff,M.E.: Adaptive Switching Circuits; 1960 IRE WESCON Conv. Record Part 4 1960.

[Wid85] Widrow,B.; Stearns,S.D.: Adaptive Signal Processing; Prentice-Hall New Jersey 1985.

[Wie61] Wiener,N.: Cybernetics, or Control and Communication in the Animal and the Machine; Wiley New York 1961.

9. Index

TEUBNER-TASCHENBUCH der Mathematik

Bronstein/
Semendjajew
Taschenbuch der Mathematik

Im Vorwort zur ersten deutschen Auflage, die 1958 im Verlag B. G. Teubner Leipzig erschien, heißt es zur Zielsetzung des Werkes:
Mit der Herausgabe der deutschen Übersetzung des Taschenbuches der Mathematik von Bronstein und Semendjajew hofft der Verlag, den angehenden und in der Praxis stehenden Ingenieuren und darüber hinaus auch Physikern und Mathematikern ein wirklich brauchbares Nachschlagewerk in die Hand zu geben und damit eine empfindliche Lücke in der deutschen mathematischen Literatur zu schließen. Auch als Repetitorium der Mathematik dürfte das Buch gute Dienste leisten.
Die vorliegende 25. Auflage basiert auf der 1979 völlig überarbeiteten 19. Auflage. Seine Vorzüge hat das Werk wohl am besten dadurch unter Beweis gestellt, daß seither 25 Auflagen mit über 800.000 Exemplaren erschienen sind.

Aus dem Inhalt:
Tabellen und graphische Darstellungen – Elementarmathematik – Analysis – Mengen, Relationen, Funktionen, Vektorrechnung, Differentialgeometrie, Fourierreihen, Fourierintegrale, Laplacetransformation – Wahrscheinlichkeitsrechnung und mathematische Statistik – Lineare Optimierung – Numerik

Von
Ilja N. Bronstein
und
Konstantin A. Semendjajew
Moskau

Herausgegeben von
Günter Grosche,
Viktor Ziegler und
Dorothea Ziegler, Leipzig

25. Auflage. 1991. XII,
840 Seiten mit 390 Bildern.
14,5 x 20 cm.
Geb. DM 36,–
ÖS 281,– / SFr 36,–
ISBN 3-8154-2000-8
Alleinauslieferung:
B. G. Teubner Stuttgart

B.G. Teubner Verlagsgesellschaft
Stuttgart · Leipzig

TEUBNER-TEXTE zur Informatik

Band 1: Buchmann/Ganzinger/Paul (Hrsg.)
Informatik. Festschrift zum 60. Geburtstag von Günter Hotz
VIII, 508 Seiten. Kart. DM 62,–

Band 2: Rupprecht, **Implementierung und parallele Verarbeitung von Kommunikationssoftware**
196 Seiten. Kart. DM 29,80

Band 3: Glässer, **A Distributed Implementation of Flat Concurrent Prolog on Message-Passing Multiprocessor Systems**
116 Seiten. Kart. DM 25,80

Band 4: Hohenstein, **Formale Semantik eines erweiterten Entity-Relationship-Modells**
207 Seiten. Kart. DM 39,80

Band 5: Zhao, **Handsketch-Based Diagram Editing**
220 Seiten. Kart. DM 39,80

Band 6: Saake, **Objektorientierte Spezifikation von Informationssystemen**
247 Seiten. Kart. DM 44,80

Band 7: Reinwald, **Workflow-Management in verteilten Systemen**
276 Seiten. Kart. DM 49,80

Band 8: Buchholz/Dunkel/Müller-Clostermann/Sczittnick/Zäske, **Quantitative Systemanalyse mit Markovschen Ketten**
270 Seiten. Kart. DM 49,80

Band 9: Heistermann, **Genetische Algorithmen**
298 Seiten. Kart. DM 49,80

B. G. Teubner Verlagsgesellschaft
Stuttgart · Leipzig